科学出版社"十三五"普通高等教育本科规划教材

新编大学物理实验

（第四版）

主编　罗　浩　谢英英

科　学　出　版　社

北　京

内 容 简 介

本书根据教育部高等学校大学物理课程教学指导委员会编制的《理工科类大学物理实验课程教学基本要求》(2023 年版)编写而成. 在第三版的基础上, 充分吸取了多年来本校物理实践教学各级教改项目、课程建设的研究成果, 集中体现了多维一体教学模式的实践与推广, 特别是新工科研究项目和实践成果, 改编了知识结构体系, 融入了课程思政元素, 增加了物理相近专业的普通物理实验章节, 以及操作过程的数字化资源, 既突出对学生基本能力的训练及科学思维、科学方法、科学精神和创新能力的培养, 又特别注意基础物理实验与专业特色之间的紧密结合, 使得物理实验教学更加密切联系工程实践, 提升学生的学习兴趣和工程实践能力. 本书内容涵盖测量误差与数据处理、基础性实验、专业大类实验、普通物理实验、开放性实验, 共五章.

本书可作为普通高等工科院校、综合大学和师范类院校非物理专业的物理实验教材, 也可供相关人员参考.

图书在版编目（CIP）数据

新编大学物理实验／罗浩, 谢英英主编. -- 4 版. -- 北京：科学出版社, 2024. 8. -- (科学出版社"十三五"普通高等教育本科规划教材). -- ISBN 978-7-03-079171-9

Ⅰ. O4-33

中国国家版本馆 CIP 数据核字第 2024BK5279 号

责任编辑：实京涛　赵　颖／责任校对：杨聪敏
责任印制：师艳茹／封面设计：无极书装

科 学 出 版 社　出版

北京东黄城根北街 16 号
邮政编码：100717
http://www.sciencep.com

石家庄继文印刷有限公司 印刷

科学出版社发行　各地新华书店经销

*

2010 年 7 月第　一　版　　开本：720×1000　1/16
2024 年 8 月第　四　版　　印张：20 3/4
2024 年 8 月第十六次印刷　　字数：418 000

定价：66.00 元
（如有印装质量问题, 我社负责调换）

前　言

本书是根据教育部高等学校大学物理课程教学指导委员会编制的《理工科类大学物理实验课程教学基本要求》(2023年版)，按照教育部《高等学校基础课实验教学示范中心建设标准》，依托我校省级物理基础课实验教学示范中心和省级物理与光电信息虚拟仿真教学中心，结合我校具体情况与专业特点、实验室仪器设备情况和教学实践，在不断探索高等教育改革与总结经验的基础上，对2019年由科学出版社出版的《新编大学物理实验》(第三版)进行修订而来.

本书以学生为中心，突出对学生基本能力的训练和对学生创新思维、创新方法、创新能力的培养. 知识体系从基础性实验出发，以专业大类实验为拓展，以开放性实验训练作为升华. 在教学实践中，贯穿"面向具有可持续竞争力新工科人才的多维一体物理实验培养模式"，以奥苏贝尔的动机理论为理论指导，以"尊重的教育、主动的教育、创造的教育"为教学理念，按照"兴趣驱动、问题引领、合作探究、深度培养"的教学思路，充分发挥翻转课堂、合作学习、发现式等现代化教学模式的作用，采用慕课(MOOC)、小规模限制性在线课程(SPOC)、实时演示系统、虚拟仿真、课堂演示、微课等相互融合的具有实验特色的教学手段，活跃课堂气氛，充分激发学生对物理实验课程学习的兴趣，调动学生主动学习的积极性，有效发掘学生投身能力拓展各环节的动力. 本书提高了物理实验在公共基础类课程中的核心竞争优势，还解决了地方高校实践教学中教师队伍的发展和学生核心竞争力的培养等一些共性教学问题.

本书根据本校学科特色编写了专业大类实验，将基础物理实验与专业特色更加紧密地结合，使得物理实验教学更加紧密联系工程实际，从而提升学生的学习兴趣和工程实验能力.

本书第1章是测量误差与数据处理，主要包括误差理论、标准不确定度的评定以及常见的几种手工和计算机数据处理方法；第2章是基础性实验，主要包括力学、电学、光学和近代物理共10个实验；第3章是专业大类实验，主要包括各专业大类的17个特色实验；第4章是普通物理实验，主要包括8个与物理关系比较密切的专业适合开设的实验；第5章是开放性实验，主要包括一系列仿真实验和演示实验. 本书主要针对48学时到80学时的理工科基础物理实验和普通物理实验课程开设，也可以作为文科物理实验教材和专科学生的素质课程教材.

本书由罗浩和谢英英担任主编，马婷婷、周磊、毛雪丽、陈喜芳担任副主编.

参编人员有万伟、罗晓琴、施鹏程、张海军、王正兴、周自刚、温才、韩艳玲、郭德成、王建新、刘莉、杨华、杨永佳、王来. 其中前言、绪论由罗浩负责编写，第 1 章由谢英英负责编写，第 2 章由周磊、毛雪丽、罗晓琴、万伟、张海军、施鹏程、王正兴等负责编写，第 3 章由罗浩、谢英英、周磊、毛雪丽、万伟、张海军、施鹏程、王正兴、马婷婷负责编写，第 4 章由温才、韩艳玲、郭德成、王建新、杨华、刘莉、杨永佳负责编写，第 5 章由马婷婷、周磊负责编写，课程思政元素由马婷婷负责编写，模拟练习试题和附录等由罗晓琴负责编写，最后由罗浩、谢英英、马婷婷、周磊、周自刚、温才、王来负责统稿和审核. 本书在编写过程中得到邱荣、田宝单、赵福海、林洪文、毛祥庆等老师和其他兄弟院校的大力支持，在此一并表示诚挚的谢意.

由于编者水平有限，书中不妥之处在所难免，敬请读者不吝批评指正.

西南科技大学物理实验教学团队教材编写组

2024 年 1 月于中国（绵阳）科技城西南科技大学

目　　录

绪　　论

　　物理学是一门实验科学，在物理学的建立和发展中，物理实验起到了直接的推动作用. 从经典物理到近代、现代物理，物理实验在发现新事物、建立新规律、检验理论、测量物理量等诸多方面发挥着巨大作用. 随着现代科学技术水平的高度发展，物理实验的思想、方法、技术与装置已广泛地渗透到了自然学科和工程技术的各个领域，解决了很多生产和科研问题.

　　大学物理实验是一门重要的基础课程，是学生进入大学后系统接受科学实验方法和实验技能训练的开端. 通过学习，可以提高学生用实验手段发现、分析和解决问题的能力，激发学生的创新意识和创造力，培养和增强学生独立开展科学研究的素质.

一、大学物理实验的地位和作用

　　科学的理论来源于科学的实验，并受到科学实验的检验. 物理学的理论就是通过观察、实验、抽象、假说等研究方法，并通过实验的检验而建立起来的.

　　观察和实验是物理学中的重要研究方法. 观察就是对自然界中发生的某种现象，在不改变自然条件的情况下，按照原来的样子加以观察研究；而实验则是人们按照一定的研究目的，借助规定的仪器设备，人为地控制或模拟自然现象，使自然现象以比较纯粹或典型的形式表现出来，进而对其进行反复观察和测试，探索其内部规律的一种方法.

　　物理学从本质上说是一门实验科学，无论是物理规律的发现，还是物理理论的验证，都有待于实验.

　　物理实验不仅在物理学的发展中占有重要的地位，而且在推动其他自然科学、工程技术的发展中也起着重要作用. 特别在不少交叉学科中，物理实验的构思、方法和技术与化学、生物学、天文学等学科的相互结合已取得丰硕的成果. 此外，物理实验还是众多高技术发展的源泉，如原子能、半导体、激光、超导和空间技术等最新科技成果，都是与物理实验密切相关的.

二、大学物理实验课的主要任务

(1) 学生通过对实验现象的观察分析和对物理量的测量，掌握物理实验的基本知识、基本方法和基本技能，运用物理学原理和物理实验方法研究物理规律，加深对物理学原理的理解.

(2) 培养和提高学生从事科学实验的能力，主要包括：

① 自学能力. 能够自行阅读实验教材与参考资料，正确理解实验内容，做好实验前的准备工作.

② 动手能力. 能借助教材与仪器说明书，正确调整和使用仪器，制作样品，发现和排除故障.

③ 思维判断能力. 运用物理学理论，对实验现象与结果进行分析和判断.

④ 书面表达能力. 能够正确记录和处理实验数据，绘制图表，分析实验结果，撰写规范、合格的实验报告或总结报告.

⑤ 综合运用能力. 能够将多种实验方法、实验仪器结合在一起，运用经典与现代测量技术和手段，完成某项实验任务.

⑥ 初步的实验设计能力. 根据课题要求，能够确定实验方法和条件，合理选择、搭配仪器，拟定具体的实施步骤.

(3) 培养学生从事科学实验的素质，包括理论联系实际、实事求是的科学作风；严肃认真的工作态度；不怕困难、勇于探索的创新精神；遵章守纪、爱护公物的优良品德；团结协作、共同进取的作风.

三、大学物理实验课的基本程序和要求

1. 实验预约

目前，大学物理实验课程大多采用开放式的教学方式，即学生可在物理实验中心提供的上课时间和开设的实验项目内，根据自己的专业特点、兴趣爱好及时间安排，自行选择实验项目和实验时间. 因此，做好上课前的预约工作是至关重要的. 实验预约主要通过计算机网络实现，学生在预约时应仔细阅读学校教务处选课系统及大学物理实验中心关于开放实验的有关管理规定和预约指南，合理地安排好自己的实验课表，保证实验课的顺利进行.

2. 实验前的预习

预习是训练和提高自学能力的极好途径，为了在规定时间内高质量地完成实

验内容，必须做好预习工作. 预习时，通过阅读实验教材及参考资料，重点考虑三个方面的问题：做什么(最终目的)；根据什么去做(实验原理和方法)；怎样做(实验方案、条件、步骤和关键要领). 在此基础上写好预习报告，报告的主要内容是：实验名称、简单实验原理(如主要计算公式、线路图等)、实验内容(需观察的现象或需测量的物理量、数据记录表格)、遇到的问题及注意事项. 每次实验前，教师应检查预习情况.

3. 实验操作

实验时应严格遵守实验室的规章制度. 在实验正式进行前，首先结合仪器实物，对照实验讲义或仪器说明书，认识和熟悉仪器的结构和使用方法；其次要全面考虑实验的操作程序，怎样做更为合理，不要急于动手. 因为对于操作程序中某些关键步骤而言，哪怕是很小的错误，都有可能使实验前功尽弃.

仪器的安装和调整是决定实验成败的关键一环，使用仪器进行测量时，必须满足仪器的正常工作条件.

实验测量应遵循"先定性、后定量"的原则，即先定性地观察实验全过程，确认整个实验装置工作是否正常，对所测内容要做到心中有数. 在可能的情况下，对数据的数量级和趋势做出估计后，再定量地读取和记录测量数据；测量时，观测者应集中精力、细心操作、仔细观察，并积极发挥主观能动性，以获得所用仪器可能达到的最佳效果.

原始数据是宝贵的第一手资料，是以后计算和分析问题的依据，要按有效数字的规则正确记录.

实验记录的内容应包括：日期、时间、地点、指导教师、仪器的名称和编号、原始数据及有关现象.

实验数据是否合理，学生应首先自查，然后交给指导老师审查. 对不合理的和错误的实验结果，应分析原因，及时补测或重做. 离开实验室前，应听从实验管理员和指导老师的指挥，自觉整理好仪器，并做好清洁工作.

4. 实验后的报告

实验报告是一次实验的总结. 由于实验是有目的和要求的，作为总结的报告，要对实验目的和要求给予回答.

报告的基本内容有：①目的；②理论依据；③仪器和用具；④实施实验的步骤；⑤记录；⑥数据处理；⑦结果与分析；⑧实验后的思考.

写实验报告也是学习的过程，绝不是抄写记录和计算结果，而是要思索，在思索中提高科学素养，增强独立进行实验的能力.

以下几点对写好报告有参考作用.

1) 标准不确定度的分析

测量不确定度的分析与计算是实验工作的重要方面. 计算标准不确定度的意义在于：

(1) 可以正确评定测量的质量.

(2) 从各来源的不确定度分量，说明测量有待改进的重点.

(3) 从由仪器引入的不确定度和由非仪器引入的不确定度的比较，说明仪器配置是否合理.

(4) 增强分析不确定度的能力，这对以后独立进行实验、预测不确定度是有利的基础.

2) 测量结果的评价

在实际工作中，对测量的质量总是有要求的，如实验要求相对不确定度不能大于百分之几. 在学生实验中往往不明确提出具体的质量指标，这时如何评价测量的质量呢？

(1) 计算标准不确定度和相对不确定度. 如果总的标准不确定度不是明显大于仪器的不确定度，就可以认为测量达到了仪器可以达到的精度.

(2) 测量结果(y)与其公认值(标准值)A_y 相差不超过其标准不确定度$u(y)$ 的 3 倍，即

$$|y - A_y| \leqslant 3u(y)$$

则可以认为测量结果与公认值在测量误差范围内是一致的.

(3) 当$|y - A_y| > 3u(y)$ 时，可能是：①测量有错误；②存在未发现的比较大的不确定度来源；③实验原理或仪器有问题；④A_y 作为 y 的近似真值是不合适的，即 y 不可与 A_y 进行比较.

经分析，重复测量或调整实验去探索问题的所在.

(4) 实际工作中的测量一般是面对未知的，因为如果已知，就不必测量了. 我们在不断地学习中，做各种测量和分析，提高测量与分析的准确性，从而对自己的测量结果和标准不确定度计算越来越有信心. 实验报告不仅是针对一个实验，而且是和我们的科学素质的提高密切相关的.

3) 分析与思考

实验后可供思考的问题很多，例如：

(1) 如何处理实验中遇到的困难？

(2) 实验设计的特点是什么，普遍意义何在？

例如，用单摆测重力加速度的实验，实验设计并不复杂，但是在测量设计上有很多巧妙之处. 重力加速度的值较大，从下落运动难以测准，而作为单摆，它使加速度由 g 变成 $g\sin\theta$，而 $\sin\theta$ 很小，所以单摆运动的加速度较小，振动较慢，容易测出振动周期；又因单摆将落下的单向运动变成等周期的往复运动，测量 n 个周期 T 的时间 $t = nT$，可减小测量误差，提高测量的准确度；再有，使用铁球为摆锤，由于铁的密度远大于空气的密度，因此空气浮力引入的误差将大大减小.

(3) 对实验设计改进的设想和问题.

(4) 对实验中出现的异常现象的分析与判断，等等.

学生实验一般是按指定的方法，使用指定的仪器进行的. 由于实验方法与仪器是经仔细设计和反复实验检验过的，一般均可获得较好的结果. 对于学生实验，虽然希望有好的结果，但从根本上讲，重要的不是结果如何好，而是对实验设计的认识，这才是实验全过程对学生的锻炼.

第1章 测量误差与数据处理

人类认识自然离不开观察和测量. 在物理实验中对自然界的物理现象或人工再现的物质运动形态的研究，不仅需要定性的观察，更需要定量的测量，以探索各物理量之间的定量关系，从而验证理论或发现规律.

测量是为确定被测对象的量值而进行的被测量与同类标准量(量具或仪器)相比较的过程. 因此，为进行测量，必须具备测量对象、测量单位、测量方法和测量准确度等四大要素. 测量的读数是被测量与计量单位的比值，测量数据(被测量量值)则必须包含测量值的大小和测量单位，二者缺一不可.

根据测量方法，测量可分为直接测量与间接测量.

直接测量是把待测量与标准量直接比较得出结果，例如，用米尺测量物体的长度、用天平称物体的质量、用电表测电流等.

间接测量是借助于函数关系由直接测量的结果计算出所要求的物理量. 例如，立方体的长(L)、宽(D)、高(H)由直接测量得出，而其体积则由公式 $V = L \cdot D \cdot H$ 计算得出，这就是间接测量.

在物理实验中有直接测量和间接测量，但大量的是间接测量. 因为在某些情况下，直接测量比较复杂或者测量精度不高，而另一些情况下直接测量无法实现.

根据测量条件，测量可分为等精度测量与非等精度测量. 等精度测量是指在同一(相同)条件下对同一待测量进行的多次测量. 例如，同一个人，用同一个仪器，每次测量的环境条件均相同. 等精度测量，每次测量的可靠程度相同. 若每次测量的条件不同，或测量方法改变，这样进行的一系列测量叫非等精度测量. 显然非等精度测量，每次测量的可靠程度也不相同. 物理实验中大多数采用等精度测量.

测量仪器是指用以直接或间接测出被测对象量值所用的器具，如游标卡尺、天平、停表、电表、分光计等.

测量结果给出被测量的量值，包括两部分，即数值和单位(不标出单位的数值不是量值).

一个国家的最准确的计量器具是一些主基准，在全国各地则有由主基准校准过的工作基准，实验室使用的仪器已直接或间接用工作基准进行校准过.

仪器的准确度等级在测量时是以仪器为标准进行比较的，当然要求仪器准确. 不过由于测量的目的不同，对仪器准确程度的要求也不同，如称量金戒指的天平必须准确到 0.001g，而粮店卖粮的台秤差几克都是无关紧要的. 为了适应各种测量对仪器准确程度的不同要求，国家规定工厂生产的仪器分为若干准确度等级. 各类各等级的仪器，又有对准确程度的具体规定. 例如，1 级螺旋测微器，测量范围小于 50mm，最大误差不超过 ±0.004mm；又如，1.0 级电流表，测量范围为 0～500mA，最大误差不超过 ±5mA.

实验时要恰当地选取仪器. 仪器使用不当对仪器和实验均不利. 表示仪器的性能有许多指标，其中最基本的是测量范围和准确度等级. 当被测量超过仪器原测量范围时，首先会对仪器造成损伤，其次可能测不出量值(如电流表)，或勉强测出(如天平)，但误差将增大. 对仪器原准确度等级的选择也要适当，一般是在满足测量要求的条件下，尽量选用准确程度低的仪器. 减少准确度高的仪器的使用次数，可以减少在反复使用时的损耗，延长其使用寿命.

1.1　测量与误差

1.1.1　测量的目的

测量的目的是确定被测量的量值大小. 被测量在一定时间、一定空间环境条件下，存在着不以人的意志为转移的真实大小，称此值为被测量的真值 x_0. 测量的理想结果是真值，但是由于诸多因素影响，真值是不能确知的，原因如下.

(1) 被测量的数值形式与标准量的比常常是不可通约的(不能以有限位数表示).

(2) 人类认识能力的不足和科学技术水平的限制，如测量仪器只能准确到一定程度；测量的理论和方法不完备，具有近似性；观测者的操作和读数不准确；环境条件的影响等.

因而测得值和真值总是不一致的，即测量结果都具有误差，误差自始至终存在于一切科学实验和测量过程之中，此称为误差公理.

为了衡量和表示误差的大小，规定测得值 x 减去真值 x_0 为测得值的误差 δ，即

$$\delta = x - x_0 \tag{1.1.1}$$

误差 δ 也称为绝对误差，是一个与测得值和真值具有相同单位的数据，且为一代数值. 当 $x \geqslant x_0$ 时，$\delta \geqslant 0$；当 $x < x_0$ 时，$\delta < 0$.

一般说来，真值是理想的概念，是不能确知的，因而测得值的误差也不能确知. 但是在某些情况下真值是可知的，而在另一些情况下从相对意义上说也是可知的.

真值可知和相对可知的情况如下.

(1) 理论真值：如平面三角形三个内角之和恒为 180°；理想电容和电感上，其电压和电流的相位差为 90°. 此外，还有理论设计值和理论公式表达值等.

(2) 计量学约定真值：由国际计量大会决议规定的基本物理量的计量标准，如长度单位——米(m)是光在真空中 1/299792458 s 的时间间隔内所经路径的长度.

(3) 标准器相对真值：高一级标准器的误差与低一级标准器或普通计量仪器的误差相比，为其 1/5(或 1/3~1/20)时，则可认为前者是后者的相对真值. 例如，一个高稳定度晶体振荡器输出的频率相对于普通频率计的频率而言是真值.

(4) 近似真值(近真值)——最佳估计值：直接测量时若不需要对被测量进行系统误差的修正，一般就取多次测量的算术平均值 $\bar{x}$ 作为近真值，即 $\bar{x} = (x_1 + x_2 + x_3 + \cdots + x_n)/n$，实验中有时只需测一次或只能测一次，该次测量值就为被测量的近真值. 若要求对被测量进行已定系统误差的修正，通常是将已定系统误差(即绝对值和符号都确定的可估计出的误差分量)从算术平均值 $\bar{x}$ 或一次测量值中减去，从而求得被修正后的直接测量结果的近真值. 例如，螺旋测微器测长度时，从被测量结果中减去螺旋测微器的零差. 在间接测量中，近真值 $\bar{N}$ 即为被测量的计算值，$\bar{N} = F(\bar{x}, \bar{y}, \bar{z}, \cdots)$.

同一被测量，在相同的环境条件下，采用当今最精确的方法和最高精度的仪器经多次测量所得结果，且为科技界公认的值，也作为一般测量的真值，如在标准大气压下 4℃的水的密度 $\rho_{公认} = 0.999973\text{g/cm}^3 \approx 1\text{g/cm}^3$、He-Ne 激光器橙色光波的波长 $\lambda_{公认} = 632.8\mu\text{m}$.

以上所述约定真值、近真值、公认值等，有的文献统称为约定真值.

1.1.2　测量的任务

基于以上理由，测量的任务是：

(1) 给出被测量真值的最佳估计值.

(2) 给出真值最佳估计值的可靠程度的估计.

最佳估计值是误差比较小的测量结果，为了减少误差就必须分析误差的来源，以便采取相应对策. 实际上任何测量的误差都是多种因素引入的综合效应，现以单摆测重力加速度实验为例进行分析.

理想的单摆模型是悬线质量为零、无弹性，摆锤为无大小的质点. 摆角接近于零，则摆长 l 和周期 T 之间满足关系 $T = 2\pi\sqrt{l/g}$，其中 g 为当地的重力加速度.

用实际的单摆测重力加速度时，误差来源大致为以下几方面：

(1) 测量仪器，如米尺和停表不准确.

(2) 对仪器的操作和读数不准确.

(3) 单摆本身不是理想模型，摆线质量不为零或摆线具有弹性、摆锤体积不为零、摆角大小不接近零.

(4) 空气的阻力和浮力的影响.

(5) 支点状态不理想、支架不稳定、存在振动和气流影响.

由此可见, 对误差的来源可概括为:

(1) 理论和方法.

(2) 元器件、仪器装置等.

(3) 实际环境条件.

(4) 观测者和监视器.

1.1.3　误差的表达形式

除上述绝对误差外, 为了比较两个或两个以上不同测量结果的可靠程度, 以及比较不同仪器的测量精确度, 还引入了相对误差和引用误差, 它们是比值, 没有单位, 通常用百分数来表示, 一般用 "四舍六入五看右左" 的舍入规则取两位有效数字.

$$相对误差 E_{\mathrm{r}} = \frac{\left|测量值 x - 真值 x_0\right|}{真值 x_0} \times 100\% \tag{1.1.2}$$

在真值不确知, 而误差 δ 较小时采用

$$相对误差 E_{\mathrm{r}} = \frac{\left|测量值 x - 近真值 \overline{x}\right|}{近真值 \overline{x}} \times 100\% = \frac{\Delta x}{\overline{x}} \times 100\% \tag{1.1.3}$$

引用误差是一种简化的和实用方便的相对误差, 一般用它来表示仪器、仪表的精确度等级. 在多挡和连续分度的仪器中, 其可测范围不是一个点而是一个量程, 各分度点的示值和对应的真值都不一样. 若用测得值(仪表示值)或真值来计算相对误差, 每一点的分母就不一样. 为了计算和划分准确度等级方便, 取该仪器的量程或测量上限值为分母

$$引用误差 S\% = \frac{绝对误差 \Delta x}{量程(或测量上限) x_{\mathrm{m}}} \times 100\% \tag{1.1.4}$$

仪表的准确度级别分为 0.1、0.2、0.5、1.0、1.5、2.5 和 5.0 七级, 即仪表所对应的最大引用误差为 0.1%, 0.2%, $\cdots$, 5.0%.

在实验中, 一般用仪表的准确度(即最大引用误差)求仪表读数的最大误差, 若某仪表的精度等级为 S, 取最大引用误差为 $S\%$, 满刻度值为 x_{m}, 则该仪表测量值 x 满足

$$绝对误差 \leqslant x_{\mathrm{m}} \times S\%$$

$$\text{相对误差} \leqslant \frac{x_{m}}{x} \cdot S\%$$

一般 $x < x_m$，由此可见，当 x 越接近 x_m 时，测量精确度越高，反之越低. 因此利用这类仪表测量时，应尽可能在仪表满刻度值 2/3 或 1/2 以上的量值内使用.

1.2　误差的分类

一般测量误差随着不同的测量次数、测量时刻或测量条件而改变，为研究和处理误差方便，根据误差产生的原因和表现形式，将误差划分为系统误差、随机误差和粗大误差.

1.2.1　系统误差

1. 系统误差的定义

在规定的测量条件下多次测量同一量时，误差的绝对值和符号保持恒定；或在该测量条件改变时，按某一确定规律变化的误差.

2. 系统误差的特性

系统误差具有确定性、规律性，即误差是恒定的或为某些因素的确定函数，此函数一般可用解析公式、曲线或数表来表达，如某些电量测量值是频率的函数，长度是温度的函数等.

3. 系统误差的检查

可以从系统误差产生的原因来检查系统误差是否存在.

(1) 理论方法方面：实验所用的理论公式、方法具有近似性和不完备性，以至于忽略了某些项或某些项取近似而引入系统误差. 例如，单摆测重力加速度时，忽略了空气阻力或摆角过大等.

(2) 仪器及环境方面：分析仪器和环境是否符合实验要求，如天平是否等臂，秒表是否准确，刻度是否偏心，环境温度、湿度是否在规定范围内，否则会产生系统误差.

(3) 检查测量数据：对某一物理量进行多次测量时，将各测量值的误差按测量先后次序排列，观察其变化，如果呈现规律性变化(线性增大或减小，或周期性变化)，则必有系统误差存在. 若用不同的方法或不同精度的仪器测量同一物理量，在随机误差允许范围内测量结果仍有明显的不同，则说明其中某种方法或某种仪器的测量结果存在系统误差.

4. 系统误差的消除

1) 消除产生系统误差的原因

在明确系统误差产生的原因后，应采取相应的方法在实验前进行消除，使它在实验过程中不再出现，这是消除系统误差的有效方法. 例如，系统误差的出现是由于仪器使用不当，就应该把仪器调整好，并按规定的使用条件去使用；如误差来源于环境因素的影响，应排除这种环境因素等.

2) 用实验方法消除系统误差

若有些系统误差在实验前不能消除，在实验过程中可采用适当的实验方法使系统误差互相抵消.

A. 恒定系统误差的消除

(1) 交换法. 将测量中的某些条件互相交换,使产生系统误差的原因对测量结果起相反的影响作用，从而抵消系统误差. 例如，为了消除天平不等臂带来的系统误差，可将被测物与砝码互换位置后再测量一次，若第一次测量结果为 $x = \dfrac{l_2}{l_1}P$，被测物与砝码互换位置后测量结果为 $x = \dfrac{l_1}{l_2}P'$，将两次测量结果相乘后再开方得 $x = \sqrt{PP'}$（P、P' 为两次测量的砝码质量），这就消除了不等臂系统误差.

(2) 代替法. 代替法是在测量条件不变的情况下，用一个标准量去代替被测量，并调整标准量使仪器原示值不变，这样被测量就等于标准量的数值. 由于在代替过程中，仪器的状态和示值都不变，故仪器原误差和其引起系统误差的因素对测量结果不产生影响. 例如，用电桥测电阻时，将电桥调平衡后，用一标准电阻代替被测电阻接入桥路，此时仅调整标准电阻仍使电桥平衡，读出标准电阻的值，即为测量结果.

(3) 异号法. 在实验过程中，可改变测量方法(如测量方向等)使两次测量中的符号相反，取平均值以消除系统误差. 例如，在用霍尔元件测磁场的实验中，为了消除不等势等因素带来的附加电压，在测量时要两次分别改变加在霍尔元件的电流方向和外加磁场方向，就是这个道理.

B. 周期性系统误差的消除

用半周期偶数观测法可有效地消除周期性系统误差，即测得一个数据后，相隔半个周期再测量一个数据，只要观测次数为偶数，取其平均值，就可以消除周期性系统误差对测量结果的影响. 例如，在光学实验中，用分光计测量角度时，为了消除轴偏心所带来的系统误差，采用相隔 180° 的一对游标读数.

3) 对系统误差进行修正

对于在实验前和在实验过程中没有得到消除的系统误差，应在测量结果中进行修正.

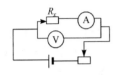

图 1.2.1　伏安法测电阻

例如，如图 1.2.1 所示，用伏安法测电阻时，测量值为 $R'_x = \dfrac{V}{I}$，若考虑电流表内阻 R_a 的影响，则被测电阻的客观实际值应为

$$R_x = R'_x - R_a = \frac{V}{I} - R_a$$

式中，R_a 就是用图 1.2.1 所示电路测量电阻时的修正值.

1.2.2　随机误差

1. 随机误差的定义

随机误差是在实际测量条件下多次测量同一量时，绝对值和符号变化时大时小，时正时负，以不可预知的方式变化的误差. 如对准标志(刻线汞柱、光标)的不一致，读数偏大与偏小有相同的可能性引起的误差. 天平的变动性、实验条件的波动等都会产生随机误差.

例如，用手控数字毫秒计测量一单摆的周期共 100 次，测量值的大小变化不定，现将测得值分布的区域等分为 9 个区间，统计各个区间内测量值的个数 N_i，以测量值为横坐标，N_i / N 为纵坐标(N 为总数)，作统计直方图，如图 1.2.2 所示.

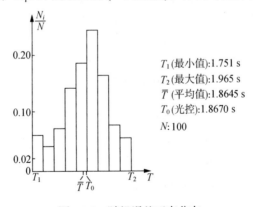

T_1(最小值):1.751 s
T_2(最大值):1.965 s
$\overline{T}$(平均值):1.8645 s
T_0(光控):1.8670 s
N:100

图 1.2.2　随机误差正态分布

从图 1.2.2 可见，比较多的测量值集中在分布区域的中部，而区域的左右两半的测量值个数都接近一半. 由此可以设想被测真值就在数据比较集中的部分.

由此可见，随机(偶然)误差虽然是不确定的，即具有随机性、偶然性，但这种偶然现象服从统计规律，即服从正态(高斯)分布.

2. 随机误差的特性

由图 1.2.2 的随机误差正态分布图可以看出，随机误差具有以下特性.

(1) 有界(限)性：在一定测量条件下，随机误差的绝对值不会超过一定的限度.

(2) 单峰性：绝对值小的误差出现的概率大，而绝对值大的误差出现的概率小.

(3) 对称性：绝对值相等的正误差和负误差出现的概率相等.

(4) 抵偿性(互补性)：在一列等精度测量中，随机误差的代数和有

$$\sum_{i=1}^{n} \delta_i \to 0 , \quad \lim_{n \to \infty} \sum_{i=1}^{n} \delta_i = 0$$

随机误差的以上四个特性，又称为随机误差的四个公理. 对于一系列测量，不论其条件优劣，只要这些测量是在相同条件下独立进行的，则所产生的一组随机误差必然具有上述四个特性，而测量值个数 n 越大，这种特性就表现得越明显.

误差存在于测量之中，测量与误差形影不离，分析测量过程中产生的误差，可将影响降低到最低程度.

由于实验条件所限，以及人的认识的局限，测量不可能获得待测量的真值，只能是近似值. 设某物理量的真值为 x_0，进行 n 次等精度测量，测量值分别为 $x_1, x_2, \cdots, x_n$ (测量过程无明显的系统误差)，它们的误差为

$$\delta_1 = x_1 - x_0 , \quad \delta_2 = x_2 - x_0 , \quad \cdots , \quad \delta_n = x_n - x_0$$

求和

$$\sum_{i=1}^{n} \delta_i = \sum_{i=1}^{n} x_i - nx_0$$

当测量次数 $n \to \infty$ 时，可以证明 $\dfrac{\sum\limits_{i=1}^{n} \delta_i}{n} \to 0$，则 $\dfrac{\sum\limits_{i=1}^{n} x_i}{n} = x_0$，$\bar{x}$ 是对同一待测量多次测量形成的测量列(x_1, x_2, $\cdots$, x_n)的算术平均值. 由此可见，在不存在系统误差的条件下，$\bar{x}$ 可以作为测量值的最佳估计值，也称近真值，即 $\bar{x} = \sum\limits_{i=1}^{n} x_i / n$.

为了估计误差，定义测量值与近真值的差值为偏差(残差)，即 $\Delta x = x - \bar{x}$.

当测量值的误差中包含已知的系统误差时，求和时不能抵消，此时应用算术平均值加上修正值为被测量真值的最佳估计值(修正值与系统误差绝对值相等，符号相反).

有时也将以上最佳估计值和相对真值等合称为约定真值.

标准偏差：具有偶然误差的测量值将是分散的，对分散情况的定量表示采用标准偏差 S，定义式为

$$S = \sqrt{\frac{\sum\limits_{i=1}^{n}(x_i - \bar{x})^2}{n-1}} = \sqrt{\frac{\sum\limits_{i=1}^{n}\Delta x_i^2}{n-1}} \qquad (1.2.1)$$

n 为测量值个数.

1.2.3　粗大误差

粗大误差，也称过失误差，简称粗差. 它是正常测量结果中不应出现的绝对值特别偏大的误差，是实验中出现错误造成的，可能是公式错了，装置安装错了，电路错了，对象观察错了，仪器操作、读数或计算错误等.

防止错误的关键是弄清实验原理、条件，明确要观察的现象，懂得正确使用仪器.

尽早发现实验中的错误是实验者的良好修养，初学者往往只顾观测及记录和处理数据，而忽视了对测量结果进行分析，发现错误.

1.3　测量结果和评定标准不确定度

测量的目的不但要得到待测量的近真值，而且要对近真值的可靠性做出评定(指出误差范围).

1.3.1　标准不确定度的含义

标准不确定度是"误差可能数值的测度"，表征所得测量结果代表被测量的程度，也就是因测量误差存在而对测量不能确定的程度，因而是测量质量的表征.

具体说来，标准不确定度是指测量值(近真值)附近的一个范围，测量值与真值之差(误差)可能落于其中. 标准不确定度小，测量结果可信赖程度高；标准不确定度大，测量结果可信赖程度低. 在实验和测量工作中，不确定度一词近似于不确知、不明确、不可靠、有质疑，是作为估计而言的，误差是未知的. 因此，不可能用指出误差的方法去说明可信赖程度，而只能用误差的某种可能值去说明可信赖程度，所以标准不确定度更能表示测量结果的性质和测量的质量. 此外，用标准不确定度评定实验结果的误差，其中包含了各种来源不同的误差对结果的影响，而它们的计算又反映了这些误差所服从的分布规律.

标准不确定度：对测量不确定度的评定，常以估计标准偏差表示大小，这时称为标准不确定度.

1.3.2　测量结果的表示和合成标准不确定度

科学实验中要求表示出的测量结果, 既要包含待测量的近真值 $\bar{x}$, 又要包含测量结果的标准不确定度 σ, 并写成物理含义深刻的标准表达形式, 即

$$x = \bar{x} \pm \sigma \, (单位) \tag{1.3.1}$$

式中, x 为待测量; $\bar{x}$ 为测量的近真值; σ 为合成标准不确定度, 一般用"四舍六入五看右左"的舍入规则, 保留一位有效数字.

测量结果的标准表达式, 给出了一个范围 $(\bar{x} - \sigma) \sim (\bar{x} + \sigma)$. 表示待测量的真值在 $(\bar{x} - \sigma) \sim (\bar{x} + \sigma)$ 的概率为 68.3%, 不要误认为真值一定在 $(\bar{x} - \sigma) \sim (\bar{x} + \sigma)$, 认为误差在 $-\sigma \sim +\sigma$ 是错误的.

标准式中, 近真值、标准不确定度、单位三要素缺一不可, 否则就不能全面表达测量结果. 同时在表达最后测量结果时, 应由误差确定其有效数字, 这是处理有效数字问题的依据, 故近真值 $\bar{x}$ 的末位数应与标准不确定度 σ 或绝对误差 $\overline{\Delta x}$ 的所在位对齐, 近真值 $\bar{x}$ 与标准不确定度 σ 的数量级、单位要相同.

1.3.3　合成标准不确定度的两类分量

标准不确定度是"误差可能数值的测度", 是对误差大小的估计, 由于误差的来源不同, 它对测量的影响也不同, 从测量值来看, 其影响表现可分为两类: 一类是偶然效应引起的, 使测量值分散开, 如手控停表测摆的周期, 由于手的控制存在偶然性, 每次测量值不会相同; 另一类则使测量值恒定地向某一方向偏移, 重复测量时, 此偏移的方向和大小不变, 如用电压表测一电阻两端的电压, 由于这时偶然效应很弱, 反复测量其值基本不变, 当用更精密的电势差计去测量时, 可以得知电压表的示值有恒定的偏差, 这是电压表的基本误差所致. 这两类影响都给被测量引入不确定度, 都要评定其标准不确定度, 但评定的方法不同, 因而按其评定方法不同将标准不确定度分为 A 类标准不确定度和 B 类标准不确定度.

1. A 类

统计不确定度, 是指可以采用统计方法(即具有随机误差性质)计算的不确定度, 如测量读数具有分散性、测量时温度波动的影响等. 这类不确定度被认为是服从正态分布规律, 因此可以像计算标准偏差那样, 用贝塞尔公式计算被测量的 A 类标准不确定度. A 类标准不确定度为

$$S = \sqrt{\frac{\sum_{i=1}^{n}(x_i - \bar{x})^2}{n(n-1)}} = \sqrt{\frac{\sum_{i=1}^{n}(\Delta x_i)^2}{n(n-1)}} \tag{1.3.2}$$

式中, $i = 1, 2, 3, \cdots, n$, 表示测量次数.

计算 A 类标准不确定度，也可以用最大偏差数、极差法、最小二乘法等，本书只采用贝塞尔公式法，并且着重讨论读数分散对应的不确定度. 用贝塞尔公式计算 A 类标准不确定度，可以用函数计算器直接读取，十分方便.

2. B 类

非统计不确定度，是指用非统计方法求出或评定的不确定度，如测量仪器不准确、标准不准确、量具质量老化等. 评定 B 类标准不确定度常用估计方法，要估计适当，需要确定分布规律，同时要参照标准，更需要估计者的实践经验、学识水平等，因此，往往意见纷纭，争论颇多. 本书对 B 类标准不确定的估计同样只简化处理，只讨论因仪器不准对应的不确定度. 仪器不准对应的不确定度主要用仪器误差来表示，所以因仪器不准对应的 B 类不确定度为

$$u = \frac{\Delta_{\text{仪}}}{C} \tag{1.3.3}$$

仪器产生的误差在仪器误差限的范围内按一定概率分布，多数小于仪器误差限. 同时，在相同的条件下大批量生产的同种仪器，其质量指标一般服从一定的统计分布. 常见的有正态分布($C=3$)、均匀分布($C=\sqrt{3}$)、三角分布($C=\sqrt{6}$). 在本书中，按均匀分布处理，$C=\sqrt{3}$. $\Delta_{\text{仪}}$ 为仪器误差或仪器的基本误差，或允许误差，或示值误差. 一般的仪器说明书中都以某种方式注明仪器误差，是制造厂或计量检定部门给定的. 在物理实验教学中，$\Delta_{\text{仪}}$ 由实验室提供，见表 1.3.1.

表 1.3.1 约定正确使用仪器时的 $\Delta_{\text{仪}}$ 值

测量工具	$\Delta_{\text{仪}}$ 值
米尺(分度值 1mm)	$\Delta_{\text{仪}} = 0.5\text{mm}$
游标卡尺(20 分度、50 分度)	$\Delta_{\text{仪}} = $ 最小分度值(0.05mm 或 0.02mm)
螺旋测微器	$\Delta_{\text{仪}} = 0.004\text{mm}$ 或 0.005mm
分光计	$\Delta_{\text{仪}} = $ 最小分度值(1′)
移测显微镜	$\Delta_{\text{仪}} = 0.005\text{mm}$
各类数字式仪表	$\Delta_{\text{仪}} = $ 仪器最小读数
计时器(1s、0.1s、0.01s)	$\Delta_{\text{仪}} = $ 仪器最小分度(1s、0.1s、0.01s)
物理天平(0.1g、0.02g、0.05g)	$\Delta_{\text{仪}} = 0.1\text{g}、0.02\text{g}、0.05\text{g}$
电桥(QJ24 型)	$\Delta_{\text{仪}} = K\% \cdot R$ (K 是准确度或级别，R 为示值)
电势差计(UJ37 型)	$\Delta_{\text{仪}} = K\% \cdot V$ (K 是准确度或级别，V 为示值)

续表

测量工具	$\Delta_{仪}$ 值
电阻箱	$\Delta_{仪} = K\% \cdot R$ （K 是准确度或级别，R 为示值）
电流表、电压表	$\Delta_{仪} = K\% \cdot M$ （K 是准确度或级别，M 为量程）
其他仪器、量具	$\Delta_{仪}$ 是根据实际情况由实验室给出的示值误差限

合成标准不确定度 σ：对于标准不确定度的 A 类分量和 B 类分量的合成按"方和根"计算，为简化起见，本书讨论在简单情况下，即 A、B 两类分量各自独立变化，互不相关，且两者均可折合成标准偏差表示，则合成标准不确定度为

$$\sigma = \sqrt{\sum S_i^2 + \sum u_i^2} \tag{1.3.4}$$

标准不确定度的计算结果，一般按"宁大勿小"原则保留一位有效数字. 相对不确定度的计算结果，一般按"宁大勿小"原则保留两位有效数字，并用百分数表示.

1.3.4　直接测量的标准不确定度

如前所述，对 A 类标准不确定度，主要讨论多次等精度测量条件下读数分散对应的不确定度，并且用贝塞尔公式计算 A 类标准不确定度. 对 B 类标准不确定度，主要讨论仪器不准对应的不确定度，并直接采用仪器误差. 然后将 A、B 两类不确定度求"方和根"，即得合成标准不确定度. 下面通过几个例子加以说明.

例 1　用毫米刻度的米尺测量物体长度十次，其测量分别为

l(cm) = 53.27，53.25，53.23，53.29，53.24，53.28，53.26，53.20，53.24，53.21

试计算合成标准不确定度，并写出测量结果.

解　(1) 计算 l 的近真值

$$\bar{l} = \frac{1}{n}\sum_{i=1}^{10} l_i = \frac{1}{10} \times (53.27+53.25+53.23+\cdots+53.21) = 53.25 \text{(cm)}$$

(2) 计算 A 类标准不确定度

$$S_l = \sqrt{\frac{\sum_{i=1}^{n}(l_i - \bar{l})^2}{n(n-1)}} = \sqrt{\frac{(53.27-53.25)^2 + (53.25-53.25)^2 + \cdots + (53.21-53.25)^2}{10 \times (10-1)}}$$

$$= 0.07\overline{6} \text{ (cm)} = 0.08\text{(cm)}$$

(3) 计算 B 类标准不确定度

$$\text{米尺的仪器差 } \Delta_{\text{仪}} = 0.05\text{cm}$$

$$u_l = \Delta_{\text{仪}} / \sqrt{3} = 0.05\text{cm}/\sqrt{3} = 0.03\text{cm}$$

(4) 合成标准不确定度

$$\sigma_l = \sqrt{S_l^2 + u_l^2} = \sqrt{0.08^2 + 0.03^2} = 0.08\,\overline{54}\,(\text{cm}) = 0.09(\text{cm})$$

(5) 测量结果的标准式为

$$l = (53.25 \pm 0.09)\,\text{cm}$$

例 2　用感量为 0.1g 的物理天平称物体质量，其读数值为 35.41g，求测量结果.

解　用物理天平称质量，重复测读数值往往相同，故一般只需进行单次测量. 单次测量的读数值即为近真值，$m = 35.41\text{g}$.

物理天平的示值误差通常取感量的 1/2，并且作为仪器误差，即 $\Delta_{\text{仪}} = 0.05\text{g}$，故

$$u_m = \Delta_{\text{仪}} / \sqrt{3} = 0.05\text{g}/\sqrt{3} = 0.03\text{g}$$

测量结果

$$m = (35.41 \pm 0.03)\,\text{g}$$

本例中，因单次测量($n=1$)，合成不确定度 $\sigma = \sqrt{S_m^2 + u_m^2}$ 中的 $S_m = 0$，所以 $\sigma = u_m = \Delta_{\text{仪}} / \sqrt{3}$，即单次测量的合成不确定度等于非统计(B 类)不确定度，但并不表明单次测量的 σ 就小，因为 $n=1$ 时，S_m 发散，其随机分布特征是客观存在的，测量次数 n 越大，置信概率就越高，因而测量的平均值就越接近真值.

例 3　用螺旋测微器测量小钢球的直径，5 次的测量值分别为

$$d(\text{mm}) = 11.922,\ 11.923,\ 11.922,\ 11.922,\ 11.922$$

螺旋测微器的最小分度值为 0.01mm，试写出测量结果的标准式.

解　(1) 求直径 d 的算术平均值

$$\bar{d} = \frac{1}{n}\sum_{i=1}^{5} d_i = \frac{1}{5} \times (11.922 + 11.923 + 11.922 + 11.922 + 11.922) = 11.922(\text{mm})$$

(2) 计算 A 类标准不确定度

$$S_d = \sqrt{\frac{\sum\limits_{1}^{5}(d_i - \bar{d})^2}{n(n-1)}} = \sqrt{\frac{4\times(11.922-11.922)^2 + (11.923-11.922)^2}{5\times(5-1)}}$$

$$= 0.0002\overline{2} = 0.0002(\text{mm})$$

(3) 计算 B 类标准不确定度:

螺旋测微器的仪器误差 $\varDelta_{\text{仪}} = 0.004\text{mm}$ ，则 $u_d = \dfrac{\varDelta_{\text{仪}}}{\sqrt{3}} = \dfrac{0.004\text{mm}}{\sqrt{3}} = 0.002\text{mm}$ (国际计量规定一级螺旋测微器的仪器误差为 0.004mm).

(4) 合成标准不确定度

$$\sigma_d = \sqrt{S_d^2 + u_d^2} = \sqrt{0.0002^2 + 0.002^2}$$

式中，由于 $0.0002 < \dfrac{1}{3}\times 0.002$ ，故可略去 S_d ，于是 $\sigma_d = 0.002\text{mm}$.

(5) 测量结果

$$d = \bar{d} \pm \sigma_d = (11.922 \pm 0.002)\,\text{mm}$$

由例 3 可以看出，当有些不确定分量的数值很小时，相对而言可以略去不计.

在计算合成标准不确定度，求"方和根"时，若某一平方值小于另一平方值的 1/9 ，则该项就可以略去不计，这叫微小误差准则，利用微小误差准则可减少不必要的计算.

此外，有时需将测量结果的近真值 $\bar{x}$ 与公认值 $x_{\text{公}}$ 进行比较，得到测量结果的百分偏差 E_r ，定义为

$$E_\text{r} = \frac{|\bar{x} - x_{\text{公}}|}{x_{\text{公}}}\times 100\% = \frac{\Delta x}{x_{\text{公}}}\times 100\% \tag{1.3.5}$$

1.3.5　间接测量结果的合成标准不确定度

间接测量的近真值和合成标准不确定度是由直接测量结果通过函数式计算出来的，设间接测量的函数式为

$$N = F(x, y, z, \cdots)$$

式中，N 为间接测量的量，有 K 个直接观测量 $x, y, z, \cdots$ ，各直接观测量的测量结果分别为

$$x = \bar{x} \pm \sigma_x$$
$$y = \bar{y} \pm \sigma_y$$
$$z = \bar{z} \pm \sigma_z$$
$$\vdots$$

(1) 若将各直接观测量的近真值代入函数式中，即间接测量的近真值

$$\overline{N} = F(\overline{x}, \overline{y}, \overline{z}, \cdots)$$

(2) 求间接测量的合成标准不确定度，由于标准不确定度均为微小量，类似于数学中的微小增量. 对函数式 $N = F(x, y, z, \cdots)$ 求全微分，即得

$$dN = \frac{\partial F}{\partial x}dx + \frac{\partial F}{\partial y}dy + \frac{\partial F}{\partial z}dz + \cdots$$

式中，$dN, dx, dy, dz, \cdots$ 均为微小增量，代表各变量的微小变化，dN 的变化由各自变量的变化决定；$\frac{\partial F}{\partial x}, \frac{\partial F}{\partial y}, \frac{\partial F}{\partial z}, \cdots$ 为函数对自变量的偏导数，记为 $\frac{\partial F}{\partial A_i}$. 将微分符号 "d" 改为标准不确定度符号 σ，并将微分式中的各项求 "方和根"，即为间接测量的合成标准不确定度

$$\sigma_N = \sqrt{\left(\frac{\partial F}{\partial x}\sigma_x\right)^2 + \left(\frac{\partial F}{\partial y}\sigma_y\right)^2 + \left(\frac{\partial F}{\partial z}\sigma_z\right)^2 + \cdots} = \sqrt{\sum_{i=1}^{K}\left(\frac{\partial F}{\partial A_i}\sigma_{A_i}\right)^2} \quad (1.3.6)$$

式中，K 为直接观测量的个数；A 为 $x, y, z, \cdots$ 各个自变量(直接观测量). 上式表明，间接测量的函数式确定后，测出它所包含的直接观测量的结果，将各直接观测量的标准不确定度 σ_{A_i} 乘函数对各变量(直接测量)的偏导数 $\left(\frac{\partial F}{\partial A_i}\sigma_{A_i}\right)$，求 "方和根"，

即 $\sqrt{\sum_{i=1}^{K}\left(\frac{\partial F}{\partial A_i}\sigma_{A_i}\right)^2}$ 就是间接测量结果的不确定度.

当间接测量的函数式为积商(或含和差的积商形式)，为使运算简便起见，可以先将函数式两边同时取自然对数，然后再求全微分，即

$$\frac{dN}{N} = \frac{\partial \ln F}{\partial x}dx + \frac{\partial \ln F}{\partial y}dy + \frac{\partial \ln F}{\partial z}dz + \cdots$$

同样将微分号改为不确定度符号，求其 "方和根"，即为间接测量的相对不确定度 E_σ，即

$$E_\sigma = \frac{\sigma_N}{\overline{N}} = \sqrt{\left(\frac{\partial \ln F}{\partial x}\sigma_x\right)^2 + \left(\frac{\partial \ln F}{\partial y}\sigma_y\right)^2 + \left(\frac{\partial \ln F}{\partial z}\sigma_z\right)^2 + \cdots}$$

$$= \sqrt{\sum_{i=1}^{K}\left(\frac{\partial \ln F}{\partial A_i}\sigma_{A_i}\right)^2} \quad (1.3.7)$$

已知 E_σ、$\overline{N}$，由定义式即可求出合成标准不确定度

$$\sigma_N = \overline{N} \cdot E_\sigma \quad (1.3.8)$$

这样计算 σ_N 较直接求全微分简便得多，特别是对函数式很复杂的情况，尤其显示出它的优越性.

今后在计算间接测量的标准不确定度时，对函数式仅为"和差"形式，可以直接利用式(1.3.6)，求出间接测量的合成标准不确定度 σ_N，若函数式为积商(或积商和差混合)等较为复杂的形式，可直接采用式(1.3.7)和式(1.3.8)，先求出相对不确定度，再求合成标准不确定度 σ_N.

例 1　已知电阻 $R_1 = (50.2 \pm 0.5)\Omega$，$R_2 = (149.8 \pm 0.5)\Omega$，求它们串联的电阻 R 和合成标准不确定度 σ_R.

解　串联电阻的阻值为

$$\bar{R} = \bar{R}_1 + \bar{R}_2 = 50.2 + 149.8 = 200.0(\Omega)$$

合成标准不确定度

$$\sigma_R = \sqrt{\sum_{i=1}^{2}\left(\frac{\partial R}{\partial R_i}\sigma_{R_i}\right)^2} = \sqrt{\left(\frac{\partial R}{\partial R_1}\sigma_1\right)^2 + \left(\frac{\partial R}{\partial R_2}\sigma_2\right)^2} = \sqrt{\sigma_1{}^2 + \sigma_2{}^2} = \sqrt{0.5^2 + 0.5^2} = 0.7(\Omega)$$

相对不确定度

$$E_\sigma = \frac{\sigma_R}{\bar{R}} = \frac{0.7}{200.0} \times 100\% = 0.35\%$$

测量结果

$$R = (200.0 \pm 0.7)\Omega$$

例 1 中，由于 $\dfrac{\partial R}{\partial R_1} = 1$，$\dfrac{\partial R}{\partial R_2} = 1$，$R$ 的总合成标准不确定度为各直接观测量的标准不确定度平方求和后开方.

间接测量的标准不确定度计算结果保留一位数，相对不确定度保留两位数.

例 2　测量金属环的内径 $D_1 = (2.880 \pm 0.004)\mathrm{cm}$，外径 $D_2 = (3.600 \pm 0.004)\mathrm{cm}$，厚度 $h = (5.575 \pm 0.004)\mathrm{cm}$，求金属环的体积 V 的测量结果.

解　环体积公式为

$$V = \frac{\pi}{4}h(D_2^2 - D_1^2)$$

(1) 环体积的近真值为

$$\bar{V} = \frac{\pi}{4}\bar{h}(\bar{D}_2{}^2 - \bar{D}_1{}^2) = \frac{3.141\bar{6}}{4} \times 5.575 \times (3.600^2 - 2.880^2) = 20.43(\mathrm{cm}^3)$$

(2) 首先将环体积公式两边同时取自然对数，再求全微分

$$\ln V = \ln\left(\frac{\pi}{4}\right) + \ln h + \ln(D_2^2 - D_1^2)$$

$$\frac{\mathrm{d}V}{V} = 0 + \frac{\mathrm{d}h}{h} + \frac{2D_2\mathrm{d}D_2 - 2D_1\mathrm{d}D_1}{D_2^2 - D_1^2}$$

则相对不确定度为

$$E_V = \frac{\sigma_V}{V} = \sqrt{\left(\frac{\sigma_h}{h}\right)^2 + \left(\frac{2D_2\sigma_{D_2}}{D_2^2 - D_1^2}\right)^2 + \left(\frac{-2D_1\sigma_{D_1}}{D_2^2 - D_1^2}\right)^2}$$

$$= \left[\left(\frac{0.004}{5.575}\right)^2 + \left(\frac{2\times 3.600 \times 0.004}{3.600^2 - 2.880^2}\right)^2 + \left(\frac{-2\times 2.880 \times 0.004}{3.600^2 - 2.880^2}\right)^2\right]^{1/2}$$

$$= 0.79\overline{3}\times 10^{-2} = 0.79\%$$

(3) 合成标准不确定度为

$$\sigma_V = \overline{V}\cdot E_V = 20.43 \times 0.79\% = 0.1\overline{6}(\mathrm{cm}^3) = 0.2\ (\mathrm{cm}^3)$$

(4) 环体积的测量结果

$$V = (20.4 \pm 0.2)\mathrm{cm}^3$$

V 的标准式中，$V = 20.43\mathrm{cm}^3$ 应与标准不确定度 σ 的位数取齐，因此将小数点后的第二位数 "3" 按数字修约原则舍去，故为 $20.4\mathrm{cm}^3$.

例 3　用物距像距测凸透镜的焦距，测量时若固定物体和透镜的位置，移动像屏，反复测量成像位置，试求透镜的测量结果.

已知：物体位置 $A = 170.15\mathrm{cm}$；透镜位置 $B = 130.03\mathrm{cm}$；像的位置重复测量 5 次的测量值为

$$C(\mathrm{cm}) = 61.95,\ 62.00,\ 61.90,\ 61.95,\ 62.00$$

A、B 为单次测量值，刻度尺分度值为 $0.1\mathrm{cm}$.

解　(1) 由已知条件求出物距 u 的结果

$$u = (40.12 \pm 0.05)\ \mathrm{cm}$$

其中，$0.05\mathrm{cm}$ 为单次测量的仪器误差，也是单次测量物距的合成标准不确定度

$$\sigma_u = \frac{\Delta_{仪}}{\sqrt{3}} = 0.03\ \mathrm{cm}$$

由已知条件，成像位置 $\overline{C} = 61.96\,\mathrm{cm}$，$v$ 的 A 类标准不确定度

$$S = \sqrt{\frac{\sum_{i=1}^{5} \Delta C_i^2}{n(n-1)}} = 0.02 \text{cm}$$

v 的 B 类标准不确定度

$$u = \frac{\Delta_{仪}}{\sqrt{3}} = 0.03 \text{ cm}$$

v 的合成不确定度

$$\sigma_v = \sqrt{S^2 + u^2} = \sqrt{0.02^2 + 0.03^2} = 0.03\overline{6} \,(\text{cm}) \approx 0.04(\text{cm})$$

像距

$$v = (68.07 \pm 0.04) \text{cm}$$

(2) 求焦距的近真值

$$\overline{f} = \frac{\overline{u}\,\overline{v}}{\overline{u} + \overline{v}} = \frac{40.12 \times 68.07}{40.12 + 68.07} = 25.24 \,(\text{cm})$$

f 所取位数是由有效数字的运算法则所决定的.

$$E_f = \frac{\sigma_f}{\overline{f}} = \left[\left(\frac{1}{u} - \frac{1}{u+v} \right)^2 \sigma_u^{\,2} + \left(\frac{1}{v} - \frac{1}{u+v} \right)^2 \sigma_v^{\,2} \right]^{1/2}$$

$$= \left[\left(\frac{v\sigma_u}{u(u+v)} \right)^2 + \left(\frac{u\sigma_v}{v(u+v)} \right)^2 \right]^{1/2}$$

$$= 4.9 \times 10^{-4}$$

$$\sigma_f = \overline{f} \cdot E_f = 25.24 \times 4.9 \times 10^{-4} = 0.012(\text{cm}) \approx 0.02(\text{cm})$$

焦距的测量结果

$$f = (25.24 \pm 0.02) \text{ cm}$$

【附录】

数字修约的国家标准 GB/T 8170—2008

在国家标准 GB/T 8170—2008 中，对需要修约的各种测量、计算的数值，已有明确的规定：

(1) 原文"拟舍弃数字的最左一位数字小于 5，则舍去，保留其余各位数字不变"．例如，在 3.605643 数字中拟舍去"43"时，4<5，则应为 3.6056，我们简称为"四舍"．

(2) 原文"拟舍弃数字的最左一位数字大于 5，则进一，即保留数字的末位数字加 1，即所拟保留的末位数字加一"．例如，在 3.605<u>623</u> 数字中拟舍去 "623" 时，6>5，则应为 3.606，我们简称为 "六入"．

(3) 原文 "拟舍弃数字的最左一位数字是 5，且其后有非 0 数字时进一，即保留数字的末位数字加 1"．例如，在 3.605<u>123</u> 数字中拟舍去 "5123" 时，5 = 5，其右边的数字为非零的数，则应为 3.61，我们简称为 "五看右"．

(4) 原文 "拟舍弃数字的最左一位数字为 5，且其后无数字或皆为 0 时，若所保留的末位数字为奇数(1，3，5，7，9)则进一，即保留数字的末位数字加 1；若所保留的末位数字为偶数(0，2，4，6，8)则舍去"．例如，在 3.60<u>50</u> 数字中拟舍去 "50" 时，5 = 5，其右边的数字皆为零，而拟保留的末位数字为偶数(含 "0")时则不进，故此时应为 3.60，简称为 "五看右左"．

上述规定可概述为：舍弃数字中最左边一位数为小于四(含四)舍、为大于六(含六)入、为五时则看五后若为非零的数则入、若为零则往左看拟保留数的末数为奇数则入为偶数则舍，可简述为 "四舍六入五看右左"．

可见，采取惯用 "四舍五入" 法进行数字修约，既粗糙又不符合国标的科学规定，类似的不严谨甚至是错误的提法和做法有："大于 5 入、小于 5 舍、等于 5 保留位凑偶"；尾数 "小于 5 舍，大于 5 入，等于 5 则把尾数凑成偶数"；"若舍去部分的数值大于所保留的末位 0.5，则末位加 1，若舍去部分的数值小于所保留的末位 0.5，则末位不变……" 等．

还要指出，在修约最后结果的标准不确定度时，为确保其可信性，还往往根据实际情况执行 "宁大勿小" 原则．

1.4　有效数字及其运算法则

前面已经指出，测量不可能得到被测量的真实值，只能是近似值．实验数据的记录反映了近真值的大小，并且在某种程度上表明了误差，因此有效数字是测量结果的一种表示，它应当是有意义的数，而不允许无意义的数存在，如果把测量结果写成(24.3839 ± 0.05)cm 是错误的，由标准不确定度 0.05cm 得知，数据的第二位小数 0.08 已不可靠，把它后面的数字写出来没有多大意义，正确的写法应当是(24.38 ± 0.05)cm.

1.4.1　有效数字的概念

若用最小分度值为 1mm 的米尺测量物体的长度，读数值为 5.63cm，其中 "5" 和 "6" 这两个数是从米尺上的刻度准确读出的，可以认为是准确的，叫可靠数；末尾 "3" 是在米尺最小分度值的下一位上估计出来的，是不准确的，叫欠准确数. 虽然是欠准可疑, 但不是无中生有, 而是有根据有意义的, 显然有这位欠准数, 就使测量值更接近真实值, 更能反映客观实际, 因此应当保留到这一位. 即使估计数是 "0", 也不能舍去, 测量结果应当而且只能保留一位欠准数, 两位或两位以上的欠准数毫无意义. 故将测量数据定义, 几位可靠数加上最后一位欠准数称为有效数字, 有效数字数码的个数叫作有效位数, 如上述的 5.63cm 称为三位有效数.

1.4.2　直接测量的有效数字记录

(1) 测量值的最末一位一定是欠准数, 这一位应与仪器误差位对齐, 仪器误差在哪一位发生, 测量数据的欠准位就记录到哪一位, 不能多记, 也不能少记, 即使估计是 "0", 也必须写上. 测量数据的欠准位不但反映了数据本身的准确程度, 而且对于直接测量数据, 其欠准位也反映了所使用的量具或仪器的精密度. 例如, 用米尺测量物长为 25.4mm, 仪器误差为十分之几毫米, 改用游标卡尺测量, 测得值为 25.40mm, 仪器误差为百分之几毫米, 显然 25.4mm 与 25.40mm 是不同的, 是用不同仪器测量的, 误差位不同, 不能将它们等同看待.

(2) 凡是仪器上读出的, 有效数字中间或末尾的 "0" 均应算作有效位数. 例如, 2.004cm、2.200cm 均是四位有效数字; 在记录数据中, 有时根据计量单位需要, 在小数点前添 "0", 这不应算作有效位数, 如 0.0563m 是三位有效数字而不是四位有效数字.

(3) 在十进制单位换算中, 其测量数据的有效位数不变, 如 5.36cm, 若以米或毫米为单位, 0.0563m 或 56.3mm 的有效位数仍然是三位, 为避免单位换算中位数很多时写一长串, 或计位时错位, 常用科学表达式, 通常在小数点前保留一位整数, 用 10^n 表示, 如 5.63×10^{-2} m、5.63×10^4 μm 等, 这样既简单明了, 又便于计算和定位.

(4) 直接测量结果的有效位数, 取决于被测物本身的大小和所使用的仪器精度, 对同一个被测物, 高精度的仪器, 测量的有效位数多, 低精度的仪器, 测量的有效位数少. 例如, 长度约为 2.5cm 的物体, 若用分度值为 1mm 的米尺测量, 其测量值为 2.50cm, 若用螺旋测微器测量(最小分度值为 0.01mm), 其测量值为 2.5000cm, 显然, 螺旋测微器的精度较米尺高很多, 所以测量结果的位数较米尺的测量结果多两位数. 反之用同一精度的仪器, 被测物大的物体, 测量结果的有效位数多; 被测物小的物体, 测量结果的有效位数少.

(5) 有些仪器, 如数字式仪表或游标卡尺, 是不可能估计出最小刻度下一位数字的, 所以我们就不去估计, 而把直接读出的数记录下来, 仍然认为最后一位数字是欠准的, 因为在数字式仪表中, 最后一位数总有 ±1 的误差.

1.4.3　有效数字的运算法则

测量结果的有效数字只能保留一位欠准数,直接测量是如此,间接测量的计算结果也是这样,根据这一原则,为了简化有效数字的运算,约定下列规则.

1. 加法或减法运算

例 1　$14.6\underline{1} + 2.21\underline{6} + 0.0067\underline{2} = 16.8\underline{3272} = 16.8\underline{3}$ 有效数字下面加横线表示为欠准数.

根据保留一位欠准数原则,计算结果应为 $16.8\underline{3}$,其欠准位与参与求和运算的三个数中 $14.6\underline{1}$ 的欠准位最高者相同.

例 2　$19.6\underline{8} - 5.84\underline{8} = 13.8\underline{32} = 13.8\underline{3}$.

保留一位欠准数,结果为 $13.8\underline{3}$,其欠准位与参与运算的各量中的欠准位最高者相同. 由此得出结论, <u>当若干个数进行加法或减法运算时,其结果的欠准位与运算各数中欠准位最高者相同</u>. 中间运算时,可先将各数应保留的欠准位多留一位进行运算,最后结果按保留一位欠准数进行取舍,这样可以减少繁杂的数字计算. 如

$$28.2 + 3.4623 + 102.057 - 46.35504 = 87.3\underline{6} = 87.\underline{4}$$

推论 1　若干个<u>直接测量</u>进行加法或减法计算,选用精度相同的仪器最为合理.

2. 乘法和除法运算

例 3　$4.17\underline{8} \times 10.\underline{1} = 42.\underline{1978} = 42.\underline{2}$.

只保留一位欠准数,其结果应为 $42.\underline{2}$,三位有效数字,与乘数 $10.\underline{1}$ 的位数相同.

例 4　$4812\underline{8} \div 12.\underline{3} = 391\underline{2.8} \approx 3.9\underline{1} \times 10^3$.

只保留一位欠准数,其结果应为 $39\underline{1}$ 三位有效数字,同样与除数的有效位数相同.

由此得出结论:有效数字进行乘法或除法运算,乘积或商的结果的有效位数与参与运算的各量中有效位数最少者相同.

例 5　$\dfrac{25^2 + 943.0}{489.0 - 10.00} = \dfrac{625 + 943.0}{479.0} = 3.27$.

推论 2　测量的若干个量,若是进行乘除法运算,应按有效位数相同的原则来选择不同精度的仪器.

推论 3　乘方、开方运算的有效位数与其底的有效位数相同.

推论 4　凡不是测量而得的值(常数或常量),不存在欠准数,因此可以视为无穷多位有效数,书写也不必写出后面的"0",如 $D = 2R$,D 的位数仅由(视 2 为

无穷位)直接测量 R 的位数决定.

推论 5 无理常数 π，$\sqrt{2}$，$\sqrt{3}$，… 的位数也可以看成无穷多位，计算过程中这些常数项参加运算时，其取的位数应比测量数据中位数最少者多一位. 例如，$L = 2\pi R$，若测量值 $R = 2.35 \times 10^{-2}\,\text{m}$，$\pi$ 应取为 $3.14\overline{2}$，则 $L = 2 \times 3.14\overline{2} \times 2.35 \times 10^{-2} = 1.48 \times 10^{-1}\,(\text{m})$.

1.5 数 据 处 理

用简明而严格的方法找出实验数据所反映事物内在的规律性，并把它表示出来就是数据处理. 它是指从获取数据起到得到结果为止的整个数据加工过程，包括数据记录、整理、计算、分析与处理方法，这里主要介绍常见的列表法、作图法、最小二乘法等.

1.5.1 列表法

列表法是记录数据的基本方法. 欲使实验结果一目了然，避免混乱，避免丢数据，便于查对，列表法是记录的最好方法，将数据中的自变量、因变量的各个数值一一对应排列出来，可以简单明确地表示出有关物理量之间的关系；检查测量结果是否合理，及时发现问题；有助于找出有关量之间的联系和建立经验公式. 这就是列表法的优点，设计记录表格要求如下：

(1) 利于记录、运算和检查，便于一目了然地看出有关量之间的关系.

(2) 表中各栏要用符号标明，数据所代表物理量和单位要交代清楚，单位写在符号标题栏.

(3) 表格记录的测量值和测量偏差，应正确反映所用仪器的精度.

(4) 一般记录表格还有序号和名称.

例如，要求测量圆柱体的体积、圆柱体高 H 和直径 D 的记录如表 1.5.1 所示.

表 1.5.1 圆柱体高 H 和直径 D 数据

测量次数 i	H_i/mm	ΔH_i/mm	D_i/mm	ΔD_i/mm
1	35.32	−0.004	8.135	−0.0003
2	35.30	0.016	8.137	−0.0023
3	35.32	−0.004	8.136	−0.0013
4	35.34	−0.024	8.133	0.0017
5	35.30	0.016	8.132	0.0027
6	35.34	−0.024	8.135	−0.0003
7	35.28	0.036	8.134	0.0007

续表

测量次数 i	H_i /mm	ΔH_i /mm	D_i /mm	ΔD_i /mm
8	35.30	0.016	8.136	−0.0013
9	35.34	−0.024	8.135	−0.0003
10	35.32	−0.004	8.134	0.0007
平均	35.31$\overline{6}$		8.134$\overline{7}$	

注：ΔH_i 是测量值 H_i 的偏差，ΔD_i 是测量值 D_i 的偏差；测 H_i 是用精度为 0.02mm 的游标卡尺，仪器误差 $\Delta_{仪} = 0.02$mm；测 D_i 是用精度为 0.01mm 的螺旋测微器，其仪器误差 $\Delta_{仪} = 0.005$mm.

由表 1.5.1 中所列数据，可计算出高、直径和圆柱体体积的测量结果(近真值和合成标准不确定度)

$$H = (35.32 \pm 0.03) \text{ mm}$$
$$D = (8.135 \pm 0.005) \text{ mm}$$
$$V = (1.836 \pm 0.003) \times 10^3 \text{ mm}^3$$

1.5.2　作图法

作图法是在坐标纸上用图形描述各物理量之间的关系，将实验数据用几何图形表示出来. 作图法的优点是直观、形象，便于比较研究实验结果，求某些物理量，建立关系式等. 作图要注意以下几点：

(1) 作图一定要用坐标纸，根据函数关系选用直角坐标纸、单对数坐标纸、双对数坐标纸、极坐标纸等，本书主要采用直角坐标纸.

(2) 坐标纸的大小及坐标轴的比例，应当根据所测得数据的有效数字和结果的需要来确定，原则上数据中的可靠数字在图中应当为可靠的，数据中的欠准位在图中应是估计的，要适当选取 X 轴和 Y 轴的比例和坐标分度值，使图线充分占据图纸空间，不要缩在一边或一角；坐标轴分度值比例的选取一般选间隔 1、2、5、10 等，便于读数或计算. 除特殊需要外，分度值起点一般不必从零开始，X 轴和 Y 轴比例可以采用不同的值.

(3) 标明坐标轴，一般自变量为横轴，因变量为纵轴，采用粗实线描出坐标轴，并用箭头表示出方向，注明所示物理量的名称、单位，坐标轴上标明分度值(注意有效位数).

(4) 描点，根据测量数据，用直尺笔尖使其函数对应点准确地落在相应的位置，当一张图纸上画上几条实验曲线时，每条图线应用不同的标记如 "×" "⊙" "△" 等，以免混淆.

(5) 连线，根据不同函数关系对应的实验数据点的分布，连成直线或光滑曲线时，图线并不一定通过所有的点，而是使数据点均匀地分布在图线的两侧，个别偏离很大的点应当舍去,即在处理时不予考虑,但原始数据点应保留在图中. 把点连成直线或光滑的曲线或折线,连线必须用直尺或曲线板,而校正曲线要连成折线.

(6) 写图名,在图纸下方或空白位置处写上图的名称,一般将纵轴代表的物理量写在前面,横轴代表的物理量写在后面,中间用"-"连接,并图中附上适当的图注,如实验条件等.

(7) 最后写明实验者姓名和实验日期,并将图纸贴在实验报告的适当位置.

1.5.3　图解法

作出实验曲线后,可由曲线求经验公式,此方法称为图解法. 在物理实验中经常遇到的曲线是直线、抛物线、双曲线、指数曲线、对数曲线等,而其中以直线最简单.

1. 建立经验公式的一般步骤

(1) 根据解析几何知识判断图线的类型.

(2) 由图线的类型判断公式的可能特点.

(3) 利用半对数、对数或倒数坐标纸,把原曲线改变为直线.

(4) 确定常数,建立经验公式的形式,并用实验数据来检验所得公式的准确程度.

2. 直线方程的建立

如果作出的实验曲线是一条直线,则经验公式为直线方程

$$y = kx + b \qquad (1.5.1)$$

欲建立此方程,必须由实验直接求出 k 和 b. 一般有两种方法.

1) 斜率截距法

由解析几何知, k 为直线的斜率, b 为直线的截距. 求 k 时,在图线上选取两点 $P_1(x_1, y_1)$ 和 $P_2(x_2, y_2)$,则斜率为

$$k = \frac{y_2 - y_1}{x_2 - x_1} \qquad (1.5.2)$$

要注意,所取两点不得为原实验数据点,并且所取的两点不要相距太近,以减小误差. 其截距 b 为 $x = 0$ 时的 y 值;若原实验图线并未给出 $x = 0$ 段直线,可将直线用虚线延长交 y 轴,则可测量出截距.

2) 端值求解法

在直线两端取两点(但不能取原始数据点),分别得出它的坐标为 (x_1, y_1), (x_2, y_2),将坐标值代入式(1.5.1)得

$$\begin{cases} y_1 = kx_1 + b \\ y_2 = kx_2 + b \end{cases}$$

联立解两方程得 k 和 b.

经验公式得出之后还要进行校验，校验的方法是：对于一个测量值 x_i，由经验公式可写出一个 y_i 值，由实验测出一个 y_i' 值，其偏差 $\delta = y_i' - y_i$，各个偏差之和 $\sum(y_i' - y_i)$ 趋于零，则经验公式就是正确的.

有的实验并不需要建立经验公式，而仅需要求出 k 和 b.

例1　一金属导体的电阻随温度变化的测量值如表 1.5.2 所示，试求经验公式 $R = f(T)$ 和该金属的电阻-温度系数.

表 1.5.2　电阻和温度的数据

温度/℃	19.1	25.0	30.1	36.0	40.0	45.1	50.0
电阻/μΩ	76.30	77.80	79.75	80.80	82.35	83.90	85.10

解　根据所测数据绘出电阻-温度(R-T)图，如图 1.5.1 所示，求出直线的斜率

$$k = \frac{8.00}{27.0} = 0.296(\mu\Omega / ℃)$$

截距 $b = 72.00\mu\Omega$. 于是得经验公式

$$R = 72.00 + 0.296T$$

该金属的电阻-温度系数为

$$a = \frac{k}{b} = \frac{0.296}{72.00} = 4.11\times10^{-3}(℃^{-1})$$

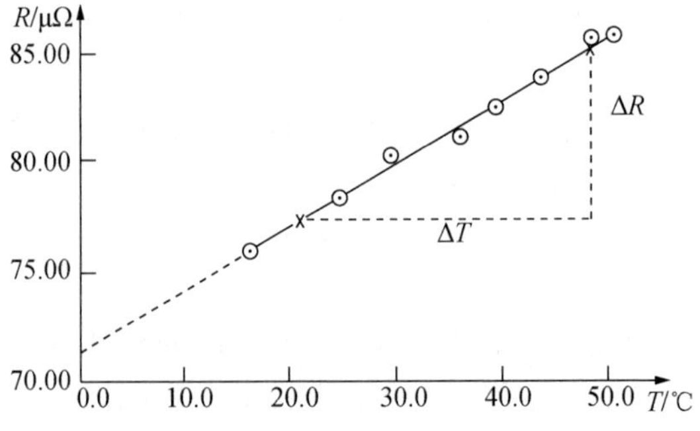

图 1.5.1　某金属丝电阻-温度曲线

3. 曲线改直，曲线方程的建立

由曲线图直接建立经验公式一般是困难的，但是我们可以用变数置换法把曲

线图改为直线图，再建立直线方程来解决问题.

例 2　在恒定温度下，一定质量气体的压强 p 随容积 V 而变，作 p-V 曲线，是双曲线型，如图 1.5.2 所示.

用变数 $\dfrac{1}{V}$ 置换 V，则 p-$\dfrac{1}{V}$ 为一直线，如图 1.5.3 所示. 直线的斜率为 $pV=C$，即玻意耳–马里奥特定律.

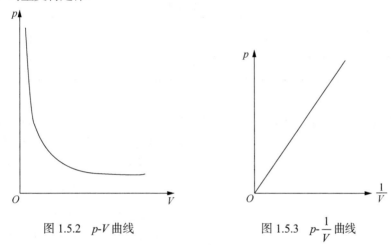

图 1.5.2　p-V 曲线　　　　　图 1.5.3　p-$\dfrac{1}{V}$ 曲线

例 3　单摆的周期 T 随摆长 L 而变,绘出 T-L 实验曲线为抛物线型,如图 1.5.4 所示.

若作 T^2-L 曲线则为直线型，如图 1.5.5 所示. 斜率为

$$k=\frac{T^2}{L}=\frac{4\pi^2}{g}$$

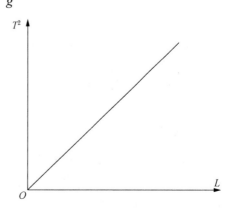

图 1.5.4　T-L 曲线　　　　　图 1.5.5　T^2-L 曲线

由此可写出单摆的周期公式

$$T = 2\pi\sqrt{\frac{L}{g}}$$

例4　阻尼振动实验中,测得每隔 1/2 周期($T = 3.11$)振幅 A 的数据如表 1.5.3 所示.

表 1.5.3　周期和振幅的数据

$t\big/\left(\dfrac{T}{2}\right)$	0	1	2	3	4	5
A /格	60.0	31.0	15.2	8.0	4.2	2.2

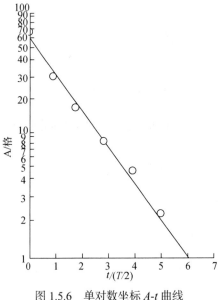

单对数坐标纸的一个坐标是刻度不均匀的对数坐标,另一个坐标是刻度均匀的直角坐标. 用单对数坐标纸作图, 如图 1.5.6 所示, 得一直线, 对应的方程为

$$\ln A = -\beta t + \ln A_0 \qquad (1.5.3)$$

从直线上两点可求出其斜率(即式中 $-\beta$), 注意 A 要取对数值, t 取图上标的数值, 即

$$\beta = \frac{\ln 1 - \ln 60}{(6.2 - 0) \times \dfrac{3.11}{2}} = -0.42 (\mathrm{s}^{-1})$$

式(1.5.3)可改写为

$$A = A_0 \mathrm{e}^{-\beta t}$$

这说明阻尼振动的振幅是按指数规律衰减的. 单对数坐标纸作图常用来检验函数是否服从指数关系.

图 1.5.6　单对数坐标 A-t 曲线

1.5.4　逐差法

有些间接测量,其直接测量是等间距变化的多次测量. 例如, 在光杠杆法中, 每次增加重量为 1kg, 连续增重 7 次, 则可读得 8 个标尺读数: n_0, n_1, n_2, $\cdots$, n_7, 求其平均值, 则

$$\Delta n = \frac{(n_1 - n_0) + (n_2 - n_1) + \cdots + (n_7 - n_6)}{7} = \frac{n_7 - n_0}{7}$$

可见，中间值全部抵消，只有始末两次测量值起作用，与增重 7kg 的单次测量等价. 为了保持多次测量的优越性，通常可把数据分成两组，一组是 n_0，n_1，n_2，n_3；另一组是 n_4，n_5，n_6，n_7. 取相应增重 4kg 的差值的平均值为

$$\Delta n = \frac{(n_4 - n_0) + (n_5 - n_1) + (n_6 - n_2) + (n_7 - n_3)}{4}$$

这种方法称为逐差法，其优点是能充分利用测量数据和相对误差，还可以绕过一些具有定值的未知量，求出所需要的实验结果.

应该指出，用逐差法处理数据时，应具备以下两个条件.

(1) 函数可以写成 x 的多项式，即

$$y = a_0 + a_1 x \quad \text{或} \quad y = a_0 + a_1 x + a_2 x^2$$

(2) 自变量 x 是等间距变化的. 这也是逐差法的局限性.

1.5.5　用最小二乘法求经验方程

求经验公式除可采用上述图解法外，还可从实验数据求经验方程，称为方程的回归问题.

方程的回归首先要确定函数的形式，一般要根据理论的推断或从实验数据变化的趋势而推测出来. 如果推断出物理量 y 和 x 之间的关系是线性关系，则函数的形式可写为

$$y = b_0 + b_1 x$$

如果推断出是指数关系，则写为

$$y = C_1 e^{C_2 x} + C_3$$

如果不能清楚判断函数的形式，则可用多项式来表示

$$y = b_0 + b_1 x + b_2 x^2 + \cdots + b_n x^2$$

式中，$b_0, b_1, b_2, \cdots, b_n, C_1, C_2, C_3$ 等均为参数，可以认为，方程的回归问题就是用实验数据来求方程的待定参数.

用最小二乘法处理实验数据，可以求出上述待定参数. 设 y 是变量 x_1，x_2，$\cdots$ 的函数，有 m 个待定参数 $C_1, C_2, \cdots, C_m$，即

$$y = f(C_1, C_2, \cdots, C_m; x_1, x_2, \cdots)$$

现对各个自变量 $x_1, x_2, \cdots$ 和对应的因变量 y 作 n 次观测，得

$$x_{1i}, x_{2i}, \cdots, y_i \quad (i = 1, 2, \cdots, n)$$

于是 y 的观测值 y_i 与由方程所得计算值 y_{0i} 的偏差为

$$y_i - y_{0i} \quad (i = 1, 2, \cdots, n)$$

所谓最小二乘法，就是要求上面的 n 个偏差在平方和最小的情况下，使得函数 $y = f(C_1, C_2, \cdots, C_m; x_1, x_2, \cdots)$ 与观测值 $y_1, y_2, \cdots, y_n$ 最佳拟合，也就是参数 $C_1, C_2, \cdots, C_m$ 应使

$$Q = \sum_{i=1}^{n} \left[y_i - f(C_1, C_2, \cdots, C_m; x_{1i}, x_{2i}, \cdots) \right]^2 = 最小值$$

由微分学的求极值方法可知，$C_1, C_2, \cdots, C_m$ 应满足下列方程组：

$$\frac{\partial Q}{\partial C_i} = 0 \quad (i = 1, 2, \cdots, n)$$

下面从一最简单的情况看怎样用最小二乘法确定参数. 设已知函数形式是

$$y = a + bx \tag{1.5.4}$$

这是一个一元线性回归方程，由实验测得自变量 x 与因变量 y 的数据是

$$x = x_1, x_2, \cdots, x_n$$

$$y = y_1, y_2, \cdots, y_n$$

由最小二乘法，a、b 应使

$$Q = \sum_{i=1}^{n} \left[y_i - (a + bx_i) \right]^2 = 最小值$$

Q 对 a 和 b 求偏微商应等于零，即

$$\begin{cases} \dfrac{\partial Q}{\partial a} = -2 \sum_{i=1}^{n} \left[y_i - (a + bx_i) \right] = 0 \\ \dfrac{\partial Q}{\partial b} = -2 \sum_{i=1}^{n} \left[y_i - (a + bx_i) \right] x_i = 0 \end{cases} \tag{1.5.5}$$

由上式可得

$$\begin{cases} \bar{y} - a - b\bar{x} = 0 \\ \overline{xy} - a\bar{x} - b\overline{x^2} = 0 \end{cases} \tag{1.5.6}$$

式中，$\bar{x}$ 为 x 的平均值，即 $\bar{x} = \dfrac{1}{n} \sum_{i=1}^{n} x_i$；$\bar{y}$ 为 y 的平均值，即 $\bar{y} = \dfrac{1}{n} \sum_{i=1}^{n} y_i$；$\overline{x^2}$ 为 x^2 的平均值，即 $\overline{x^2} = \dfrac{1}{n} \sum_{i=1}^{n} x_i^2$；$\overline{xy}$ 为 xy 的平均值，即 $\overline{xy} = \dfrac{1}{n} \sum_{i=1}^{n} x_i y_i$. 解方程(1.5.6)得

$$b = \frac{\overline{x}\,\overline{y} - \overline{xy}}{\overline{x}^2 - \overline{x^2}} \tag{1.5.7}$$

$$a = \overline{y} - b\overline{x} \tag{1.5.8}$$

在待定参数确定以后，为了判断所得的结果是否合理，还需要计算相关系数 r，对于一元线性回归方程，r 定义为

$$r = \frac{\overline{xy} - \overline{x}\,\overline{y}}{\sqrt{(\overline{x^2} - \overline{x}^2)(\overline{y^2} - \overline{y}^2)}}$$

可以证明，$|r|$ 的值在 $0 \sim 1$. $|r|$ 越接近于 1，说明实验数据能密集在求得的直线的近旁，用线性函数进行回归比较合理；相反，如果 $|r|$ 值远小于 1 而接近于零，说明实验数据对求得的直线很分散，即用线性回归不妥当，必须用其他函数重新试探.

非线性回归是一个很复杂的问题，并无一定的解法，但是通常遇到的非线性问题多数能够化为线性问题. 已知函数形式为

$$y = C_1 \mathrm{e}^{C_2 x}$$

两边取对数得

$$\ln y = \ln C_1 + C_2 x$$

令 $\ln y = z$，$\ln C_1 = a$，$C_2 = b$，则上式变为

$$z = a + bx$$

这样就转化成一元线性回归.

1.6　常用计算机数据处理及作图软件

物理实验学习过程中，同学们可通过自学以下两款软件，熟悉利用计算机进行数据分析、数据处理及作图等工作. 在提高效率完成实验报告的同时，也利于巩固和加强计算机应用能力的训练，同时为今后的学习、研究工作打下良好的基础.

1.6.1　Microsoft Excel

Microsoft Excel 是微软公司的办公软件 Microsoft Office 的组件之一，是由 Microsoft 为 Windows 和 Apple Macintosh 操作系统的计算机而编写和运行的一款试算表软件. Excel 是微软办公套装软件的一个重要组成部分，它可以进行各种数据的处理、统计分析和辅助决策操作，广泛地应用于管理、统计财经、金融等众

多领域.

用户可以使用 Excel 创建工作簿(电子表格集合)并设置工作簿格式, 以便分析数据和做出更明智的业务决策. 特别是, 可以使用 Excel 跟踪数据, 生成数据分析模型, 编写公式以对数据进行计算, 以多种方式透视数据, 并以各种具有专业外观的图表来显示数据. 简而言之, Excel 是用来更方便地处理数据的办公软件.

Excel 中有大量的公式函数可以应用选择, 使用 Microsoft Excel 可以执行计算, 分析信息并管理电子表格或网页中的数据信息列表与制作数据资料图表, 可以实现许多方便的功能, 带给使用者方便. Excel 支持 VBA 编程, VBA 是 Visual Basic For Application 的简写形式. VBA 的使用可以达成执行特定功能或是重复性高的操作.

1.6.2 Origin

Origin 是美国 Origin Lab 公司(其前身为 Microcal 公司)开发的图形可视化和数据分析软件, 是公认的简单易学、操作灵活、功能强大的软件, 既可以满足一般用户的制图需要, 也可以满足高级用户数据分析、函数拟合的需要, 是科研人员和工程师常用的高级数据分析和制图工具.

Origin 自 1991 年问世以来, 由于其操作简便、功能开放, 很快就成为国际流行的分析软件之一, 是公认的快速、灵活、易学的工程制图软件.

1. 软件特点

当前流行的图形可视化和数据分析软件有 MATLAB、Mathematica 和 Maple 等. 这些软件功能强大, 可满足科技工作中的许多需要, 但使用这些软件需要具备一定的计算机编程知识和矩阵知识, 并熟悉其中大量的函数和命令. 而使用 Origin 就像使用 Excel 和 Word 那样简单, 只需点击鼠标, 选择菜单命令就可以完成大部分工作, 并获得满意的结果.

像 Excel 和 Word 一样, Origin 是一个多文档界面应用程序, 它将所有工作都保存在 Project(*.OPJ)文件中. 该文件可以包含多个子窗口, 如 Worksheet、Graph、Matrix、Excel 等; 各子窗口之间是相互关联的, 可以实现数据的即时更新; 子窗口可以随 Project 文件一起存盘, 也可以单独存盘, 以便其他程序调用.

2. 软件功能

Origin 具有两大主要功能:数据分析和绘图. Origin 的数据分析主要包括统计、信号处理、图像处理、峰值分析和曲线拟合等各种完善的数学分析功能. 准备好数据后, 进行数据分析时, 只需选择所要分析的数据, 然后再选择相应的菜单命令即可. Origin 的绘图是基于模板的, Origin 本身提供了几十种二维和三维绘图模板，而且允许用户自己定制模板，绘图时，只要选择所需要的模板就行. 用户可以自定义数学函数、图形样式和绘图模板，可以和各种数据库软件、办公软件、图像处理软件等方便地连接.

Origin 可以导入包括 ASCII、Excel、pClamp 在内的多种数据. 另外，它可以把 Origin 图形输出到多种格式的图像文件，如 JPEG、GIF、EPS、TIFF 等.

Origin 里面也支持编程，以方便拓展 Origin 的功能和执行批处理任务. Origin 里面有两种编程语言——LabTalk 和 Origin C.

在 Origin 的原有基础上，用户可以通过编写 X-Function 来建立自己需要的特殊工具. X-Function 可以调用 Origin C 和 NAG 函数，而且可以很容易地生成交互界面. 用户可以定制自己的菜单和命令按钮，把 X-Function 放到菜单和工具栏上，以后就可以非常方便地使用自己的定制工具.

1.7 用计算器进行实验数据处理

科学函数计算器拥有基本的计算、分布、数据表格、函数表格、方程求解、不等式、复数、向量、统计与回归分析、复数、进制转换与位运算等功能，内置了各种科学常数与单位换算功能，因此利用科学函数计算器来处理实验数据可以快速得到实验结果，若发现问题，可以及时处理，对提高实验效率有极大的帮助. 本书以卡西欧 fx-999CN CW 中文版科学函数计算器为例(图 1.7.1)，介绍如何使用科学函数型计算器处理实验数据.

例 1 用分度值为 0.02mm 的游标卡尺来测量铝柱的高度 h (mm)，5 次测量值分别为：50.02、50.08、50.06、50.12、50.02，试写出测量结果的标准表达式.

解 (1) 求铝柱高度 h 的算术平均值.
平均值的计算公式为

$$\bar{h}=\frac{1}{n}\sum_{i=1}^{n}h_i$$

这里使用 fx-999CN CW 的统计功能进行

图 1.7.1 卡西欧 fx-999CN CW 中文版科学函数计算器

求解. 按⊙打开主屏幕，选择"统计"应用，按⊛进入.

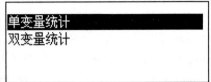

按⊛进入单变量统计，屏幕出现数据输入界面. 每输入一个数据，按⊛将该数据录入到表中. 如果数据输入有误，可以使用方向键移动到有问题的数据处，重新输入正确的数据并按⊛录入即可.

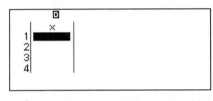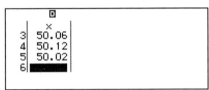

按⊛打开数据处理菜单，选择"单变量结果"，按⊛确认. 所有统计量以一个列表的形式呈现出来，可以使用方向键"⟨∧⟩""⟨∨⟩"反复翻看.

从计算器给出的结果列表可知，平均值 $\bar{x}$ 为 50.06，因此铝柱高度 h 的算术平均值为

$$\bar{h} = 50.06\text{mm}$$

(2) 计算 A 类标准不确定度.

A 类标准不确定度的计算公式为

$$S_h = \sqrt{\frac{\sum\limits_{i=1}^{5}(h_i - \bar{h})^2}{n(n-1)}} = \frac{s_h}{\sqrt{n}}$$

式中，s_h 是样本标准差，已经显示在计算器给出的统计结果列表中，接下来讲解如何在算式中调用.

　　按⑤返回到数据输入界面后，按⑩打开数据处理菜单，按方向键⑨选择"统计计算"，按⑩确认. 再按⑩打开目录菜单，选择"统计"子菜单，按⑩进入，按⑨选择"均值/方差/标准差/…"，按⑩进入. 按两次⑨选择样本标准差"sx"，按⑩调用. 按照公式补充完整计算式并计算，其中数据个数"n"的调用方法与"sx"类似.

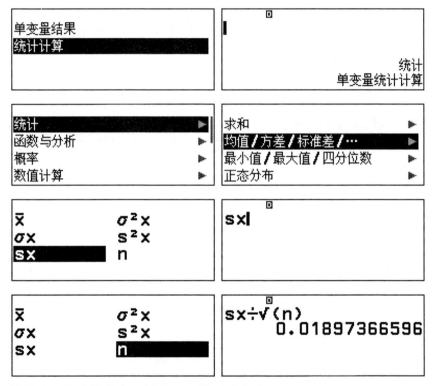

结果取一位有效数字，因此，A 类不确定度

$$S_h = 0.02\text{mm}$$

(3) 计算 B 类标准不确定度.

已知游标卡尺的分度值即是游标卡尺的仪器误差，因此

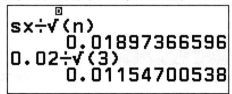

$$U_h = \frac{\Delta_{仪}}{\sqrt{3}} = \frac{0.02}{\sqrt{3}} \approx 0.01(\text{mm})$$

(4) 合成标准不确定度:

```
                    D
0.02÷√(3)
            0.01154700538
√(0.02²+0.01²)
            0.02236067977
```

$$\sigma_h = \sqrt{S_h^2 + U_h^2} = \sqrt{0.02^2 + 0.01^2} \approx 0.02(\text{mm})$$

(5) 写出测量结果的标准表达式为

$$h = \bar{h} \pm \sigma_h = (5.006 \pm 0.002) \times 10^1 \text{mm}$$

例2　线性回归计算(最小二乘法).

硅压阻式力敏传感器由弹性梁和贴在梁上的传感器芯片组成, 其中芯片由四个硅扩散电阻集成一个非平衡电桥, 当外界压力作用于金属梁时, 在压力作用下, 电桥失去平衡, 此时将有电压信号输出, 输出电压大小与所加外力成正比, 即 $\Delta U = KF$. 式中, F 为外力的大小, K 为硅压阻式力敏传感器的灵敏度, ΔU 为传感器输出电压的大小. 数据记录如下:

砝码质量 m/g	0	0.50	1.00	1.50	2.00	2.50	3.00	3.50
输出电压 U/mV	0	15.0	29.8	44.9	59.9	74.9	87.4	103.0

求此硅压阻式力敏传感器的灵敏度.

解　已知硅压阻式力敏传感器工作时, 输出电压大小与所加外力成正比, 因此, 根据线性回归法应用最小二乘法来求解其灵敏度系数.

这里使用 fx-999CN CW 的统计功能进行求解. 按⊙打开主屏幕, 选择"统计"应用, 按⑩进入. 按⊗选择"双变量统计", 按⑩进入, 屏幕出现数据输入界面. 先按顺序在 x 列中输入砝码的质量, 然后按方向键⊗、⊗或者方向键⊗、⊗, 将光标移至 y 列第一行, 并在 y 列中输入输出电压.

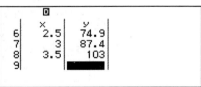

按⑩打开数据处理菜单, 按⑨选择 "回归计算结果", 按⑩进入, 选择 "*y=ax+b*", 按⑩确认, 此时得到最小二乘法线性回归方程.

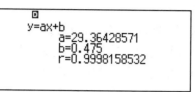

计算的回归直线表达式结果的斜率 a 就是所求的系数 K, 因此

$$K = 2.94 \times 10^3 \, \text{mV/N}$$

第 2 章 基础性实验

实验 2.1 长度的测量

长度是一个最基本的物理量,许多其他物理量的测量也常常化为长度的测量,一些测量仪器的读数部分都是根据游标卡尺或螺旋测微器的原理制作的. 为适应不同的待测长度和不同的测量精度的要求,相应的长度测量仪器有许多种类,最常用的有米尺、游标卡尺、螺旋测微器、移测显微镜等.

为了测量长度,必须首先规定长度的单位标准. 在国际单位制中长度的单位为米,米(m)是光在真空中 1/299792458 s 的时间间隔内所经路径的长度.

在科研和生产中,测量长度需要一定的精度. 直接测量长度的技术现已达到十分完善的地步,如比长仪等一系列的特殊仪器,用它们来测量长度可达 $1\mu m(10^{-6}m)$ 的精度. 这些仪器大都基于显微镜及其他光学装置,但它们的读数装置几乎都附有游标或测微器. 为了掌握长度测量的基本方法和技能,必须熟悉几种常用的测量长度的仪器,了解它们的测量原理和仪器构造,并能熟练地使用它们.

【实验目的】

(1) 学习测量误差有效数据的基本概念及标准不确定度的评定.
(2) 了解常用长度测量仪器的构造原理、使用方法和读数的一般规则.

【实验原理】

1. 游标卡尺测长度

1) 游标原理

为了提高标准米尺(主尺)的估读精度,通常在主尺上附带一个可以沿尺身移动的游标. 游标上的分度值 x 与主尺的分度值 y 之间有一定的关系,一般使游标的全部 m 个分格的长度等于主尺的 $(m-1)$ 个分格的长度,即

$$mx = (m-1)y \tag{2.1.1}$$

$$y - x = \frac{y}{m} = \Delta L_{仪} \tag{2.1.2}$$

式中，$\Delta L_{仪}$ 为主尺分度与游标分度值之差，称为游标的精度[①]或者准确度，也就是该游标的最小读数值. 常用游标的精度有 1/10、1/20 和 1/50，其对应的测量精度分别为 0.1mm、0.05mm 和 0.02mm.

图 2.1.1(a)示出了游标与主尺的刻度关系，图 2.1.1(b)则示出了游标卡尺的读法.

第一步：从主尺上读得游标零刻线所在的整数分度值(15.0mm).

第二步：先大致估计不满一格的小数值(约 0.5mm)，再到游标上找与主尺刻线准确对齐的游标分度值(5×1/10 = 0.5mm).

第三步：得到测量值 L = 15.0 + 0.5 = 15.5(mm). 有时游标上的所有刻度线可能都不与主尺上的某一条刻线严格对齐，此时，就应取与主尺刻线对齐最好的那条刻线作为最终读数值. 显然，此时的测读误差小于 ΔL 标的 1/2，即测读误差不会超过游标精度的 1/2.

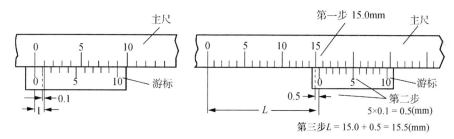

(a) 游标与主尺的刻度关系
(主尺上9格等于游标上10格)

(b) 游标卡尺读法

图 2.1.1　游标原理(精度 0.1mm)

由此可见，使用游标只能提高估读数的正确程度，而不能提高测量值的精确度. 要提高测量值的精确度，必须增加游标的刻度格数. 为此，在设计制造游标时还须考虑游标系数γ. 游标系数由下式定义：

$$mx = (\gamma m - 1)y \tag{2.1.3}$$

游标系数γ一般取 1 或 2，如取 3，将给游标的制造和使用带来很大困难.

利用游标原理测量角度时，制成弯游标. 比如分光计就是使用弯游标来测量角度的一个典型例子. 由于角度值与分值是按 60 进位的，故一般将弯游标制成半度值的 1/30，即将半度的弧长作为分度值进行细分，这样 1/30 的弯游标的测角精度为 1′.

2) 游标卡尺的构造和使用方法

游标卡尺主要由主尺和游标两部分构成，如图 2.1.2 所示. 游标紧贴着主尺滑动，外量爪用来测量厚度和外径，内量爪用来测量内径，深度尺用来测量槽的深

[①] 游标卡尺不分精密度等级，故这里统称精度.

度，紧固螺钉用来固定量值读数. 使用游标卡尺时，一手拿物体，另一手持尺，轻轻把物体卡住，应特别注意保护量爪不被磨损，不允许用游标卡尺测量粗糙的物体，更不允许被夹紧的物体在卡口内挪动.

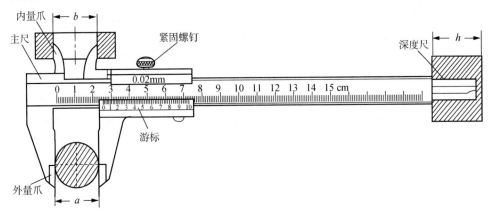

图 2.1.2　游标卡尺的结构和使用

3) 游标卡尺的零误差

在游标主尺与游标之间未放待测物、两外量爪靠拢时，若游标零刻线与主尺零刻线不重合，就称为游标卡尺的零误差. 如果游标零刻线在主尺零刻线右侧，零误差为正，与正常测量时读数方法一致；如果游标零刻线在主尺零刻线左侧，零误差为负，以游标卡尺的最大刻线向零方向看第 n 格与主尺刻线对齐，则零误差即为$-(n×$精度)，如图 2.1.3 所示，此时的零点误差为-0.5mm(该游标卡尺的精度为 0.1mm).

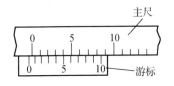

图 2.1.3　游标卡尺的负零点读数

2. 螺旋测微器(千分尺)

1) 螺旋测微原理

在一根带有毫米刻度的测杆上加工出高精度的螺纹，并配上与之相应的精制螺母套筒，在套筒周界上准确地等分 n 格刻度，这样，就构成了一个测微螺旋. 根据螺旋推进原理，套筒每转过一周(360°)，测杆就前进或后退一个螺距 p(mm)，如图 2.1.4 所示. 只要螺距准确相等，则按照套筒转过的角度，就可以估读出测杆端部移动的距离，即套筒转动 $1/n$ 周，螺杆移动 p/n(mm).

例如，当螺距为 0.5mm 时，套筒周界等分成 50 分格，则当套筒转过 1/50 周(即转动 1 分格)时，螺杆移动距离为 0.5/50 = 0.01(mm). 一般这种测微螺旋可估读到 1/1000mm，这就是所谓机械放大原理.

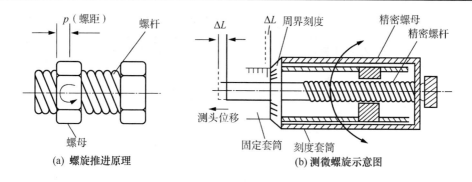

(a) 螺旋推进原理   (b) 测微螺旋示意图

图 2.1.4 螺旋测微原理

2) 螺旋测微器的构造和使用方法

螺旋测微器是比游标卡尺更精确的测量仪器，它的主要结构是一个微动螺旋杆(固定套筒)和一个与活动套筒相连的测量轴，如图 2.1.5 所示. 使用螺旋测微器时必须注意以下几点.

(1) 使用前应按操作要求了解各部件间的相互关系，特别是棘轮、活动套筒、测量轴与锁紧手柄间相互联动和制约的关系.

(2) 使用前必须先弄清楚固定套筒的刻度值、螺距和活动套筒的分度值以及它们之间的相互关系.

(3) 测量前必须读取初读数. 转动棘轮，使测量轴与砧台刚好接触，并听到"咯!咯!咯!"的响声，即停止转动棘轮，读取固定套筒上的横线在活动套筒上的示值，即为初读数，如图 2.1.6(a)所示. 注意初读数的正、负值.

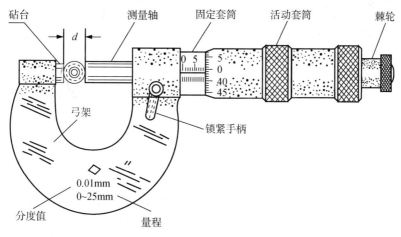

图 2.1.5 螺旋测微器

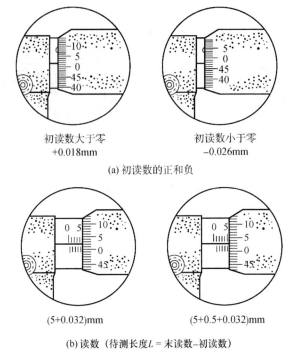

初读数大于零
+0.018mm

初读数小于零
−0.026mm

(a) 初读数的正和负

(5+0.032)mm

(5+0.5+0.032)mm

(b) 读数 （待测长度L = 末读数−初读数）

图 2.1.6　螺旋测微器的读数法

(4) 读取末读数时应注意螺杆标尺上的读数是否超过 0.5mm，如图 2.1.6(b)左图所示螺杆标尺读数为 5mm，未超过 0.5mm，活动套筒读数为 0.032mm，故末读数为 5.032mm；如图 2.1.6(b)右图所示螺杆标尺读数为 5mm，已超过 0.5mm，活动套筒读数仍为 0.032mm，其末读数应为 5.532mm. 测量结果左边两图应为 5.032−0.018 = 5.014(mm)，右边两图应为 5.532−(−0.026) = 5.558(mm).

(5) 测量过程中，应尽量保证每次测量时测量轴、待测物、砧台间的松紧程度一致，以减小操作误差. 测量完毕后，应使砧面间留出一个间隙 d，以避免因热膨胀而损坏螺纹.

3. 读数显微镜

如图 2.1.7 所示的读数显微镜是物理实验中常用的一种,它既可作长度测量又可作观察用的光学仪器，用于观测近距离的微小物体. 虽然读数显微镜的型号和规格很多，但基本结构相同，主要由显微镜和长度测量装置组成.

显微镜是一种常用的用于放大待测物体对人眼所张视角的助视光学仪器，也常被组合在其他光学仪器中(如干涉显微镜就是由显微镜和干涉仪组合而成). 如图 2.1.8 所示，显微镜主要由焦距较长的目镜 L_e 和焦距很短的物镜 L_o 组成；作测

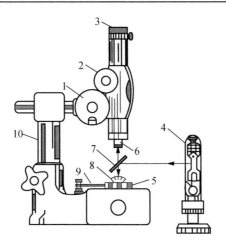

图 2.1.7　读数显微镜结构图

1. 读数鼓轮；2. 物镜调节螺钉；3.目镜；4. 钠光灯；5. 平板玻璃；6. 物镜；7. 反射玻璃片；8. 平凸透镜；9. 载物台；10. 支架

量用的显微镜，为了测量或对准物像，在其目镜的物方焦点附近偏向目镜的一侧还有一个刻有叉丝或标尺的分划板 C_s. 工作时，待测物体先通过物镜在分划板上成一个倒立放大的实像，然后由目镜将此实像和叉丝一并在观察者的明视距离 D(因人眼而定，一般为 25cm)处成放大的虚像. 显微镜的横向放大率 β 与视角放大率 M 相同，都等于物镜的放大率 M_o 与目镜的放大率 M_e 之积，即

$$\beta = M = M_o \cdot M_e = \frac{\Delta}{f_1'} \cdot \frac{D}{f_2}$$

式中，f_1' 为物镜的像方焦距；f_2 为目镜的物方焦距；Δ 为物镜像方焦点 F_1' 到目镜物方焦点 F_2 之间的距离(又称显微镜的光学间隔，一般取 16～19cm).

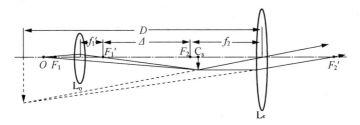

图 2.1.8　显微镜光路图

由于显微镜的光学间隔 Δ 一般具有确定的值，给定物镜和目镜后，显微镜的筒长 $L(L = f_1' + \Delta + f_2)$、工作距离(能观测的物体到物镜的距离)也随之确定. 观测时，需要调节待测物体到物镜的距离(将显微镜对物体进行调焦)才能看到清晰的物像.

显微镜的调节步骤如下：

(1) 将待测物体放在载物台上，待测部分对准显微镜的物镜.

(2) 旋转目镜，调节目镜到叉丝分划板的距离，直到通过目镜能看到清晰的叉丝.

(3) 旋转调焦螺旋，调节待测物体到物镜的距离，直到物镜所成物像与分划板完全重合. 通过目镜能同时看到清晰的物像和叉丝，并且眼睛晃动时物像和叉丝之间不存在视差.

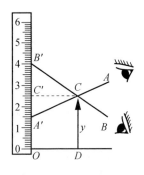

图 2.1.9　视差示意图

所谓视差是指两静止物体之间的位置关系随观察位置变化而改变的一种视觉差异现象. 如图 2.1.9 所示，当被测物体 DC 与标尺不共面时，不论人眼在 A 点测得的物高 $OA'(< y)$ 还是在 B 点测得的物高 $OB'(> y)$ 都不正确；只有当被测物与标尺共面，C 点与 C' 点重合时，所测结果 $OC'(= y)$ 才不随人眼的观测位置而改变，即不存在视差. 显微镜的视差是指通过目镜观察到的物像与叉丝之间的位置关系随人眼晃动而改变的现象，它是由物像与叉丝不在同一平面引起的，消除它的方法是仔细调焦(仔细调节待测物体到物镜的距离，使物体通过物镜所成的像恰好落在叉丝的分划板上).

调焦时，为了避免显微镜的物镜与反射玻璃或被测物体相接触，损坏显微镜物镜、反射玻璃或被测物体，可先从显微镜外侧观察，旋转调焦螺旋使显微镜尽可能地降到最低位置，然后通过目镜观察，同时反向旋转调焦螺旋使显微镜自下而上移动，直到能同时看到清晰的物像和叉丝并且两者之间不存在视差.

读数显微镜的长度测量装置是根据螺旋测微原理或游标原理制成的，用来精确测量读数显微镜滑动部件横向或纵向移动的距离. 图 2.1.10 是根据螺旋测微原理制成的读数显微镜的长度测量装置，它由量程为 50mm 的毫米刻度尺(又称主尺)和被分为 100 等份的测微螺旋(又称螺尺)组成，测微螺旋每旋转一周将带动读数显微镜的滑动部件在固定支架上移动 1mm，其最小分度为 0.01mm，仪器误差取 0.004mm. 读数时，先读滑动部件上主尺读数基准线所在的主尺读数(只读到毫米位)，再读固定支架上螺尺读数基准线所在的螺尺读数(估读一位)，如图 2.1.10 所示的读数为 $27+0.485 = 27.485$(mm).

具体测量时，先转动测微螺旋使叉丝刻线与待测物体相切于某点 A，记录读数 x_A，再沿同一方向转动测微螺旋使叉丝刻线与待测物体相切于另一点 B，记录读数 x_B，两次读数之差 $|x_A - x_B|$ 即为 A、B 两点之间的距离. 测量时，所有相关

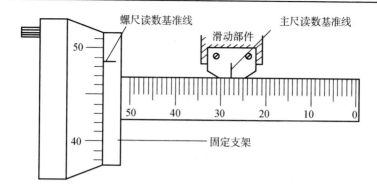

图 2.1.10　读数显微镜装置图

点的位置读数必须在测微螺旋往某个方向的某次转动过程中逐个读出，以消除读数显微镜长度测量装置存在的系统误差——空回误差.

　　读数显微镜的空回误差是指测微螺旋正转途中突然反转时滑动部件并不立即随之反向移动的现象. 如图 2.1.11 所示，空回误差是由连接测微螺旋的旋转螺杆和连接滑动部件的滑动螺母耦合时存在空气间隙所引起的. 通过下述方法可粗略地测量读数显微镜存在的空回误差：先往某个方向旋转测微螺旋，待读数显微镜的滑动部件移动到某一位置 x_1 时再反向旋转测微螺旋，记录下滑动部件刚要反向移动时的读数 x_2，两读数之差 $|x_2 - x_1|$ 即为仪器的

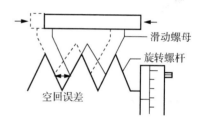

图 2.1.11　空回误差示意图

空回误差. 消除空回误差的方法是在测微螺旋往某个方向的某次转动过程中逐个读出所有相关联的数据. 利用显微镜、望远镜、投影仪等光学仪器测量长度时，一般读数的准确度可达 $(1/1000)\text{mm} = 1\mu\text{m}$，比长仪则可达 $(1/10000)\text{mm} = 0.1\mu\text{m}$.

【实验仪器】

　　米尺、游标卡尺、螺旋测微器、移测显微镜、待测物品等.

【实验内容】

　　测铝柱体积：
　　(1) 记录游标卡尺和螺旋测微器的分度值和零点读数值.
　　(2) 用游标卡尺测铝柱长度 L，在不同方向测量 6 次.
　　(3) 用螺旋测微器测铝柱直径，在不同部位测量 6 次，将测量数据一并填在表 2.1.1 中，计算测量的平均值及体积的平均值并评定其不确定度，最后写出结果.

【数据处理】

1. 测铝柱的长度和直径

$$\begin{cases}游标卡尺\Delta_{仪}=\underline{\hspace{2cm}}\text{mm}\\ 螺旋测微器\Delta_{仪}=\underline{\hspace{2cm}}\text{mm}\end{cases}\text{零点读数}\begin{cases}游标卡尺L_0=\underline{\hspace{2cm}}\text{mm}\\ 螺旋测微器d_0=\underline{\hspace{2cm}}\text{mm}\end{cases}$$

表 2.1.1　测量数据

次数	1	2	3	4	5	6	平均值
读数 L'/mm							—
长度 $L_i=L'-L_0$							
$\Delta L=\bar{L}-L_i$							—
ΔL^2							$\sum\Delta L^2=$
读数 d'/mm							—
直径 $d_i=d'-d_0$							
$\Delta d=\bar{d}-d_i$							—
Δd^2							$\sum\Delta d^2=$

2. 铝柱体积的计算

$$\bar{V}=\frac{\pi}{4}\bar{d}^2\cdot\bar{L}=\underline{\hspace{2.5cm}}$$

3. 标准不确定度的计算

(1) L 的不确定度计算.

A 类：$S_L=\sqrt{\dfrac{\sum\Delta L^2}{n(n-1)}}=\underline{\hspace{1.5cm}}$　　　　B 类：$u_L=\Delta_{仪}/\sqrt{3}=\underline{\hspace{1.5cm}}$

合成不确定度 $\sigma_L=\sqrt{S_L^2+u_L^2}=\underline{\hspace{1.5cm}}$

(2) d 的不确定度计算.

A 类：$S_d=\sqrt{\dfrac{\sum\Delta d^2}{n(n-1)}}=\underline{\hspace{1.5cm}}$　　　　B 类：$u_d=\Delta_{仪}/\sqrt{3}=\underline{\hspace{1.5cm}}$

合成不确定度 $\sigma_d=\sqrt{S_d^2+u_d^2}=\underline{\hspace{1.5cm}}$

(3) V 的合成标准不确定度.

$$E_\sigma = \sqrt{\left(\frac{\partial \ln V}{\partial L}\right)^2 \sigma_L^2 + \left(\frac{\partial \ln V}{\partial d}\right)^2 \sigma_d^2} = \sqrt{\left(2\frac{\sigma_d}{\bar{d}}\right)^2 + \left(\frac{\sigma_L}{\bar{L}}\right)^2} = \underline{\hspace{2cm}}$$

$$\sigma_V = E_\sigma \cdot \bar{V} = \underline{\hspace{2cm}}$$

4. 测量结果

$$V = \bar{V} \pm \sigma_V = \underline{\hspace{2cm}}$$

【思考题】

(1) 请将表 2.1.2 中几种游标卡尺的准确度填入空白处.

表 2.1.2　不同游标卡尺的准确度

游标分度数/格	50	20	20	10	10
与游标分度数对应的主尺读数/mm	49	39	19	19	9
测量准确度/mm					

(2) 已知游标卡尺的准确度为 0.01mm，其主尺的最小分度的长度为 0.5mm，试问游标的分度数(格数)为多少？以毫米为单位，游标的总长度至少应取多少？

实验 2.2　固体密度的测量

质量是基本物理量. 天平是测量物体质量的仪器，也是物理实验的基本仪器之一. 密度表征了单位体积中所含物质的多少，是物质的基本属性之一；本实验通过对规则和不规则固体密度的测量来介绍物理天平的使用.

【实验目的】

(1) 学习用流体静力称衡法测定固体的密度.
(2) 熟悉物理天平的构造原理，并学会正确的使用方法.
(3) 掌握标准不确定度的评定方法.

【实验原理】

单位体积的某种均匀物质的质量叫作这种物质的密度，其表达式为

$$\rho = \frac{m}{V} \tag{2.2.1}$$

因而只要测出被测物质的体积 V 和质量 m，即可求得该物质的密度 ρ. 物体的质量可以用天平测量，问题的关键是如何测量几何形状不规则的固体的体积. 流体静力称衡法把体积的测量转化成质量的测量，从而提高了测量的精度.

1. 规则物体的密度测定

对于长度为 L，直径为 d 的形状规则的圆柱体，其体积为

$$V = \frac{1}{4}\pi d^2 L \tag{2.2.2}$$

因此只要测量出圆柱体的质量以及圆柱体的长度和直径，就可以求出其密度.

圆柱体的长度测量使用游标卡尺，直径测量使用螺旋测微器，质量测量使用物理天平.

2. 不规则物体的密度测定——物体密度大于水的密度

用流体静力称衡法首先称出待测物在空气中的质量 m[图 2.2.1(a)]，然后将物体没入水中，称出其在水中的质量 m_1[图 2.2.1(b)]，则物体在水中受到的浮力为

$$F = (m - m_1)g \tag{2.2.3}$$

根据阿基米德原理，浸没在液体中的物体所受浮力的大小等于所排开的同体积液体的重量. 因此

$$F = \rho_0 V g \tag{2.2.4}$$

式中，ρ_0 为液体(本实验中为水)的密度；V 为排开水的体积，如果物体全部浸入水中，就是物体的体积. 联立式(2.2.3)和式(2.2.4)得

$$V = \frac{m - m_1}{\rho_0} \tag{2.2.5}$$

由此

$$\rho = \frac{m}{V} = \frac{m}{m - m_1} \cdot \rho_0 \tag{2.2.6}$$

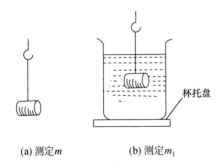

(a) 测定 m　　　　(b) 测定 m_1

图 2.2.1　测定不规则物体的密度

物体密度大于水的密度

如果将上述物体再浸入密度为 ρ' 的待测液体中，称得此时物体质量为 m_1'，则物体在待测流体中浮力为 $(m - m_1')g = \rho' V g$. 考虑到 $m - m_1 = \rho_0 V$，解两式得待测液体密度

$$\rho' = \frac{m - m_1'}{m - m_1} \cdot \rho_0 \tag{2.2.7}$$

3. 不规则物体的密度测定——物体密度小于水的密度

如果物体的密度比水小，用上述方法物体无法浸没在水中．这时可将另一个重物用细线悬挂在待测重物的下面(图 2.2.2)．先将重物没入水中而使待测物在液面之上，用天平称得质量为 m_2 [图 2.2.2(a)]，再将重物连同待测物体一起浸没水中，用天平称得质量为 m_3 [图 2.2.2(b)]，则可求得待测物体没入水中所受的浮力

$$F = (m_2 - m_3)g \tag{2.2.8}$$

由式(2.2.4)，得到

$$V = \frac{m_2 - m_3}{\rho_0} \tag{2.2.9}$$

此时物体的密度为

$$\rho = \frac{m}{V} = \frac{m}{m_2 - m_3} \cdot \rho_0 \tag{2.2.10}$$

式中，m 为待测物体在空气中称衡的质量．

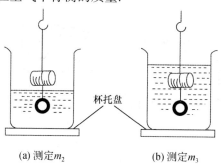

(a) 测定 m_2　　　　　　　　　　(b) 测定 m_3

图 2.2.2　测定不规则物体的密度
物体密度小于水的密度

【仪器介绍】

天平是一个简单的等臂杠杆．设左、右臂长(悬盘刀口到中心刀口的距离)分别为 L_1 和 L_2，两臂的等效质量(所有重物包括悬盘和悬盘折合到悬盘刀口的质量)分别为 M_1 和 M_2，则平衡时有

$$M_1 g L_1 = M_2 g L_2 \tag{2.2.11}$$

式中，g 为重力加速度，是一个常量．

再分别在两盘中放入砝码(质量为 m_0)和待测物(质量为 m)，则天平再处于平衡时有

$$(M_1 + m_0)gL_1 = (M_2 + m)gL_2 \qquad (2.2.12)$$

如果 $L_1 = L_2$，将式(2.2.11)代入式(2.2.12)得到

$$m = m_0 \qquad (2.2.13)$$

由此可见，天平是利用待测物与砝码的质量相比较而得到待测物质量的.

上述的讨论表明，达到此目的需要满足两个重要的条件：

(1) 要保证两个臂长相等，即 $L_1 = L_2$.

(2) 在测量前要先将天平调好平衡.

条件(1)在天平制造时予以保证，条件(2)需要测量者预先调整. 此外，为保证天平工作正常还需预先调好天平的水平.

物理天平是常用的测量物体质量的仪器，其外形示意图见图 2.2.3. 天平的横梁上装有三个刀口，中间刀口置于支柱上，两侧刀口各悬挂一个秤盘. 横梁下面固定一个指针，当横梁摆动时，指针尖端就在支柱下方的标尺前摆动. 制动旋钮可以使横梁上升或下降，横梁下降时，制动架就会把它托住，以避免磨损刀口. 横梁两端的两个平衡螺母是天平空载时调平衡用的. 横梁上装有游码，用于 1g 以下的称量. 支柱左边的托板，可以托住不被称衡的物体.

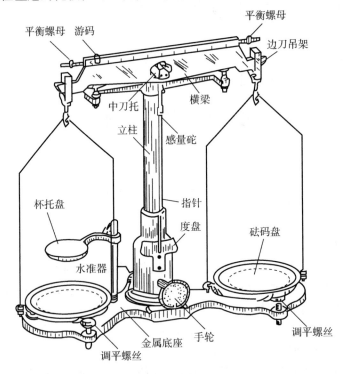

图 2.2.3　物理天平

物理天平的规格由下列两个参量表示：

(1) 感量，是指天平平衡时，为使指针产生可觉察的偏转在一端需加的最小质量. 感量越小，天平的灵敏度越高. 如图 2.2.3 所示天平的感量为 0.05g.

(2) 称量，是允许称量的最大质量. 该天平的称量为 500g.

使用物理天平时应当注意以下几点：

(1) 使用前，应调节天平底脚螺钉，使气泡位于水准仪中央，以保证支柱铅直.

(2) 要调准零点，即先将游码移到横梁左端零线上，支起横梁，观察指针是否停在零点；如不在零点，可以调节平衡螺母，使指针指向零点.

(3) 称物体时，被称物体放在左盘，砝码放在右盘，加减砝码，必须使用镊子，严禁用手.

(4) 取放物体和砝码，移动游码或调节天平时，都应将横梁制动，以免损坏刀口.

注意事项：

(1) 天平的刀口是天平的核心部件，要加倍爱护. 取放物体和砝码或暂时不使用天平时，必须将天平制动，启动和制动天平时动作要轻.

(2) 天平的负载不得超过最大称量.

(3) 砝码必须用镊子夹取，不得放在桌面上.

(4) 用天平测量质量前要先调好水平和平衡.

【实验仪器】

游标卡尺、螺旋测微器、物理天平、烧杯、待测物等.

【实验内容】

1. 学习调整和使用天平

使用前要认真了解物理天平的构造原理、装置介绍和使用注意事项.

天平的正确使用可以归纳为四句话：调水平；调零点(注意游码一定要放在零线位置)；左称物；常制动(加减物体或砝码、移动游码或调平衡螺母都要关闭天平，只有在判断天平是否平衡时才能开启天平).

2. 不规则金属块的密度(表 2.2.1)

(1) 测定金属块在空气中的质量 m.

(2) 测定金属块浸没在水中时的质量 m_1.

(3) 计算金属块的密度及评定标准不确定度，写出测量结果.

3. 测定不规则橡皮管的密度(表 2.2.2)

(1) 测量橡皮管在空气中的质量 m.

(2) 将橡皮管下面系一重物，测量重物浸没在水中时的质量 m_2.

(3) 将橡皮管与重物一起浸入水中，测量此时的质量 m_3.

(4) 计算橡皮管的密度及评定标准不确定度，写出测量结果.

【数据处理】

天平分度值 $\Delta_{仪} =$ _____ g,   天平最大称量 $m_{\max} =$ _____ g

环境温度 $T =$ _____ ℃,   水密度 $\rho_0 =$ _____ g / cm^3

表 2.2.1 不规则金属块的密度测定

空气中直接称量	$m =$ _____ g
放入水中后称量	$m_1 =$ _____ g
金属块密度	$\bar{\rho} = \dfrac{m\rho_0}{m - m_1} =$ _____ g / cm^3

表 2.2.2 不规则橡皮管的密度测定

空气中直接称量	$m =$ _____ g
重物在水中、橡皮管在空气中	$m_2 =$ _____ g
重物与橡皮管同置于水中	$m_3 =$ _____ g
橡皮管密度	$\bar{\rho} = \dfrac{m\rho_0}{m_2 - m_3} =$ _____ g/cm^3

1. 计算不规则金属块密度及其标准不确定度的评定

(1) 标准不确定度的计算.

m 　　A 类： $S_m = 0$ ， B 类： $u_m = \Delta_{仪} / \sqrt{3} =$ _____

　　　　合成： $\sigma_m = \sqrt{S_m^2 + u_m^2} = u_m =$ _____

m_1 　A 类： $S_{m_1} = 0$ ， B 类： $u_{m_1} = \Delta_{仪} / \sqrt{3} =$ _____

　　　　合成： $\sigma_{m_1} = \sqrt{S_{m_1}^2 + u_{m_1}^2} = u_{m_1} =$ _____

ρ 　　$E_\rho = \sqrt{\left(\dfrac{\partial \ln \rho}{\partial m}\right)^2 \sigma_m^2 + \left(\dfrac{\partial \ln \rho}{\partial m_1}\right)^2 \sigma_{m_1}^2} = \sqrt{\left(\dfrac{m_1 \sigma_m}{m(m - m_1)}\right)^2 + \left(\dfrac{\sigma_{m_1}}{m - m_1}\right)^2} =$ ___

　　　　$\sigma_\rho = E_\rho \cdot \bar{\rho} =$ _____

(2) 测量结果：$\rho = \bar{\rho} \pm \sigma_{\rho} = $ _____

2. 计算不规则橡皮管密度及其标准不确定度的评定

(1) 标准不确定度的计算.

m　A 类：　$S_m = 0$，B 类：　$u_m = \Delta_{仪} / \sqrt{3} = $ _____

　　合成：　$\sigma_m = \sqrt{S_m^2 + u_m^2} = u_m = $ _____

m_2　A 类：　$S_{m_2} = 0$，B 类：　$u_{m_2} = \Delta_{仪} / \sqrt{3} = $ _____

　　合成：　$\sigma_{m_2} = \sqrt{S_{m_2}^2 + u_{m_2}^2} = u_{m_2} = $ _____

m_3　A 类：　$S_{m_3} = 0$，B 类：　$u_{m_3} = \Delta_{仪} / \sqrt{3} = $ _____

　　合成：　$\sigma_{m_3} = \sqrt{S_{m_3}^2 + u_{m_3}^2} = u_{m_3} = $ _____

ρ　$E_{\rho} = \sqrt{\left(\dfrac{\partial \ln \rho}{\partial m}\right)^2 \sigma_m^2 + \left(\dfrac{\partial \ln \rho}{\partial m_2}\right)^2 \sigma_{m_2}^2 + \left(\dfrac{\partial \ln \rho}{\partial m_3}\right)^2 \sigma_{m_3}^2}$

$\quad = \sqrt{\left(\dfrac{\sigma_m}{m}\right)^2 + \left(\dfrac{\sigma_{m_2}}{m_2 - m_3}\right)^2 + \left(\dfrac{\sigma_{m_3}}{m_2 - m_3}\right)^2} = $ _____

$\quad \sigma_{\rho} = E_{\rho} \cdot \bar{\rho} = $ _____

(2) 测量结果：$\rho = \bar{\rho} \pm \sigma_{\rho} = $ _____

【思考题】

(1) 测量不规则金属块密度时，测量中为什么没有计入悬丝的质量？

(2) 测量橡皮管的密度时，为什么没有计入下面悬丝的质量？

(3) 由天平平衡原理考虑一下，如何检查天平两臂长度是否相等？如果天平不等臂，又怎样确定待测物体的质量？

实验 2.3　力敏传感器测液体表面张力系数

授课视频

　　液体的表面张力系数是表征液体性质的一个重要参数. 测量液体表面张力系数有多种方法，拉脱法是测量液体表面张力系数常用的方法之一. 该方法的特点是，用测量仪器直接测量液体的表面张力，测量方法直观，概念清楚. 用拉脱法测量液体的表面张力，对测量力的仪器要求较高，由于用拉脱法测量液体表面张力在 $1 \times 10^{-3} \sim 1 \times 10^{-2}$N，因此需要一种量程范围较小、灵敏度高且稳定性好的测量力的仪器. 近年来，新发展的硅压阻式力敏传感器张力测定仪正好能满足测量液体表面张力的需要，它比传统的焦利秤、扭秤等灵敏度高、稳定性好，且可数字信号显示，利于计算机实时测量. 为了对各类液体的表面张力系数的不同有深刻的理解，在对水进行测量以后，再对不同浓度的酒精溶液进行测量，可以明显观察到表面张力系数随液体浓度的变化而变化的现象，从而对这个概念加深理解.

2022 年"天宫课堂"第二课，基于液体表面张力，在中国空间站展示了液桥演示实验.

【实验目的】

(1) 了解液体表面的性质及表面张力产生的微观机制.
(2) 掌握用拉脱法测量室温下液体的表面张力系数.
(3) 学习力敏传感器的定标方法.

【实验原理】

1. 液体分子受力情况

液体表面层中分子的受力情况与液体内部不同. 在液体内部，分子在各个方向上受力均匀，合力为零. 而在表面层中，由于液面上方气体分子数较少，表面层中的分子受到的向上的引力小于向下的引力，合力不为零，这个合力垂直于液体表面并指向液体内部，如图 2.3.1 所示. 所以，表面层的分子有从液面挤入液体内部的倾向，从而使得液体的表面自然收缩，直到达到动态平衡(即表面层中分子挤入液体内部的速率与液体内部分子热运动而达到液面的速率相等). 这时，就整个液面来说，如同拉紧的弹性薄膜. 这种沿着表面使液面收缩的力称为表面张力.

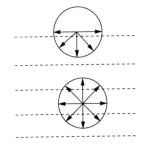

图 2.3.1　液体分子受力示意图

假想液面被一直线 AB 分为两部分(I)和(II)，则(I)作用于(II)的力为 f_1，而(II)作用于(I)的力为 f_2，如图 2.3.2 所示. 这对平行于液面且与 AB 垂直的大小相等、方向相反的力就是表面张力，其大小与 AB 的长度成正比，即

$$f = \alpha L_{AB} \qquad (2.3.1)$$

式中，比例系数 α 为表面张力系数，其大小与液体的成分、温度、纯度有关. 温度升高，α 下降；杂质越多，α 越小. α 的单位为 N/m.

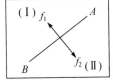

图 2.3.2　液体表面张力受力示意图

2. 金属吊环测量原理

测量一个已知周长的金属片从待测液体表面脱离时需要的力，求得该液体表面张力系数的实验方法称为拉脱法. 若金属片为环状，考虑一级近似，可以认为脱离力为表面张力系数乘上脱离表面的周长，即

$$F = \alpha \cdot \pi (D_1 + D_2) \tag{2.3.2}$$

式中，F 为脱离力；D_1 和 D_2 分别为圆环的外径和内径；α 为液体的表面张力系数.

3. 力敏传感器的测量原理

硅压阻式力敏传感器由弹性梁和贴在梁上的传感器芯片组成，其中芯片由四个硅扩散电阻集成一个非平衡电桥，当外界压力作用于金属梁时，电桥失去平衡，此时将有电压信号输出，输出电压大小与所加外力成正比，即

$$\Delta U = KF \tag{2.3.3}$$

式中，F 为外力的大小；K 为硅压阻式力敏传感器的灵敏度；ΔU 为传感器输出电压的大小. 因此，液体表面张力系数为

$$\alpha = \frac{\Delta U}{K\pi(D_1 + D_2)} \tag{2.3.4}$$

【实验仪器】

硅压阻式力敏传感器、力敏传感器转换器、固定底座、力敏传感器配套仪器盒、游标卡尺.

(1) 硅压阻式力敏传感器，又称半导体应变计，是由四个硅扩散电阻组成的非平衡电桥，用于测量液体与金属相接触的表面张力. 该传感器灵敏度高、线性度好、稳定性好. 电压由数字万用表输出显示. 其技术指标如下.

① 受力量程：0～0.098N.

② 灵敏度：约 3.00V/N(用砝码质量作单位定标).

③ 非线性误差：≤0.2%.

④ 供电电压：直流 3～6V.

(2) 力敏传感器转换器，用于测量电桥失去平衡时输出电压大小的数字电压表，其技术指标如下.

① 读数显示：200 mV 三位半数字万用表.

② 连接方式：5 芯航空插头.

(3) 固定底座, 由固定支架、升降台、玻璃器皿、底板及水平调节装置组成.

(4) 力敏传感器配套仪器盒: 外径 D_1 约 3.5cm、内径 D_2 约 3.3cm、高 0.8cm 的金属吊环; 砝码盘及 0.5g 砝码 7 只.

(5) 游标卡尺, 用于测量金属吊环的内、外径. 该工具的使用可参看长度的测量.

图 2.3.3 为液体表面张力系数测定装置, 其中, 液体表面张力系数测定仪包括硅扩散电阻非平衡电桥的电源和测量电桥失去平衡时输出电压大小的数字电压表. 其他装置包括铁架台、微调升降台、装有力敏传感器的固定杆、盛液体的玻璃皿和金属吊环. 实验证明, 当环的直径在 3cm 左右且液体和金属环接触的接触角近似为零时, 运用式(2.3.2)测量各种液体的表面张力系数的结果较为正确.

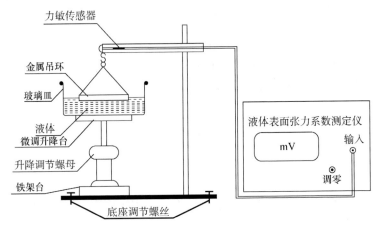

图 2.3.3　液体表面张力系数测定装置

【实验内容】

1. 力敏传感器的定标

每个力敏传感器的灵敏度都有所不同, 在实验前, 应先将其定标, 定标步骤如下:

(1) 打开仪器的电源开关, 将仪器预热.

(2) 在传感器梁端头小钩中挂上砝码盘, 调节调零旋钮, 使数字电压表显示为零.

(3) 在砝码盘上分别加 0.5g、1.0g、1.5g、2.0g、2.5g、3.0g 等质量的砝码,

记录在相应砝码力 F 作用下数字电压表的读数值 U.

(4) 用最小二乘法作直线拟合，求出传感器灵敏度 K.

2. 环的测量与清洁

(1) 用游标卡尺测量金属吊环的外径 D_1 和内径 D_2.

(2) 环的表面状况与测量结果有很大的关系，实验前应将金属吊环在 NaOH 溶液中浸泡 20～30s，然后用净水洗净.

3. 液体的表面张力系数

(1) 将金属吊环挂在传感器的小钩上，调节升降台，将液体升至靠近吊环的下沿，观察吊环下沿与待测液面是否平行，如果不平行，将金属吊环取下后，调节吊环上的细丝，使吊环与待测液面平行.

(2) 调节容器下的升降台，使其渐渐上升，将环片的下沿部分全部浸没于待测液体，然后反向调节升降台，使液面逐渐下降，这时，金属吊环和液面间形成一环形液膜，继续下降液面，测出环形液膜即将拉断前一瞬间数字电压表读数值 U_1 和液膜拉断后一瞬间数字电压表读数值 U_2，则有

$$\Delta U = U_1 - U_2 \tag{2.3.5}$$

(3) 将实验数据代入式(2.3.2)和式(2.3.3)，求出液体的表面张力系数，并与标准值进行比较.

【注意事项】

(1) 吊环须严格处理干净. 可用 NaOH 溶液洗净油污或杂质后，用清洁水冲洗干净，并用热吹风烘干.

(2) 吊环水平须调节好，注意偏差 1°，测量结果引入误差为 0.5%；偏差 2°，则误差为 1.6%.

(3) 仪器开机需预热 15min.

(4) 在旋转升降台时，尽量使液体的波动要小.

(5) 实验室内不可有风，以免吊环摆动致使零点波动，所测系数不正确.

(6) 若液体为纯净水，在使用过程中要防止灰尘和油污及其他杂质污染，特别注意手指不要接触被测液体.

(7) 力敏传感器使用时用力不宜大于 0.098N，拉力过大则传感器容易损坏.

(8) 实验结束须将吊环用清洁纸擦干，用清洁纸包好，放入干燥缸内.

【数据处理】

1. 传感器灵敏度的测量(表 2.3.1)

表 2.3.1　传感器灵敏度的测量

砝码 m/g	0	0.50	1.00	1.50	2.00	2.50	3.00
电压 V/mV							

经最小二乘法拟合得 $K = $ _____mV/N，拟合的线性相关系数 $r = $ _____.

2. 圆环的内径、外径测量

用游标卡尺测量金属环外径 $D_1 = $ _____cm，内径 $D_2 = $ _____cm，水的温度 $t = $ _____℃.

3. 水的表面张力系数的测量(表 2.3.2)

表 2.3.2　水的表面张力系数的测量

次数	U_1/mV	U_2/mV	ΔU/mV	F/N	α/(N/m)	$\bar{\alpha}$/(N/m)
1						
2						
3						
4						
5						

根据书后附录，查得当前水温下水的表面张力系数的标准值 $\alpha_0 = $ _____，计算相对误差

$$E_r = \frac{\left|\bar{\alpha} - \alpha_0\right|}{\alpha_0} \times 100\%$$

【思考题】

分析本实验系统可能的误差来源.

【附录】

用科学函数型计算器进行线性回归计算(最小二乘法)

例　硅压阻式力敏传感器由弹性梁和贴在梁上的传感器芯片组成，其中芯

片由四个硅扩散电阻集成一个非平衡电桥，当外界压力作用于金属梁时，在压力作用下，电桥失去平衡，此时将有电压信号输出，输出电压大小与所加外力成正比，即 $\Delta U = KF$. 式中，F 为外力的大小，K 为硅压阻式力敏传感器的灵敏度，ΔU 为传感器输出电压的大小. 数据记录如下：

砝码质量 m/g	0	0.50	1.00	1.50	2.00	2.50	3.00	3.50
输出电压 U/mV	0	15.0	29.8	44.9	59.9	74.9	87.4	103.0

解 已知硅压阻式力敏传感器工作时，输出电压大小与所加外力成正比，因此根据线性回归法应用最小二乘法来求解其灵敏度系数.

这里使用 fx-999CN CW 的统计功能进行求解. 与单变量统计类似，按"菜单""6"进入统计模式，然后按"2"选择线性回归模型($y = ax + b$). 此时出现的界面可供输入两列数据. 先按顺序在 x 列中输入砝码的质量，然后按方向键"→""↓"或者方向键"↓""→"，将光标移至第一行，在 y 列中输入/输出电压.

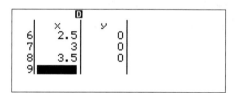 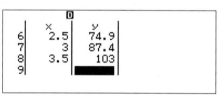

按"AC"退出数据编辑界面. 按"OPTN"打开选项菜单，按"3"选择回归计算.

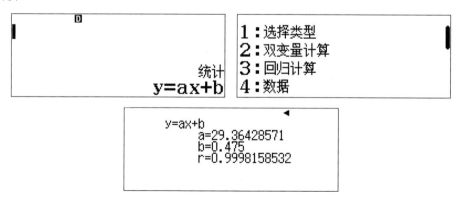

计算的回归直线表达式结果的斜率 a 就是所求的系数 K，因此

$$K = 2.94 \times 10^3 \text{mV/N}$$

实验 2.4　示波器的使用

示波器又称阴极射线示波器,它是一种常用的电子仪器,主要用于观察和测量电信号. 配合各种传感器,把各种电学量(如电流、功率、阻抗等)和非电学量(如温度、速度、位移、强度、频率、相位等)转化为电信号,它可以用来观察各种电学量和非电量的变化过程,是一种用途广泛的测量仪器. 由于电子射线的惯性很小,因此示波器可以在很高的频率范围内工作,采用高增益放大器可以观察微弱信号;多踪示波器,则可以比较几个信号之间的相应关系.

示波器有多种类型和型号,虽然基本原理是相同的,但具体电路比较复杂,不是本实验要讨论的内容. 本实验仅限于学习示波器的使用方法.

【实验目的】

(1) 了解示波器的主要组成部分、结构以及波形显示原理.
(2) 学习使用示波器,用比较法测量电信号的方法.
(3) 学习使用示波器观察电信号和李萨如图形.

【实验原理】

示波器是由示波管和复杂的电子线路构成的,其基本结构如图 2.4.1 所示,主要部分有示波管、电压放大与衰减系统、扫描与同步系统、电源等.

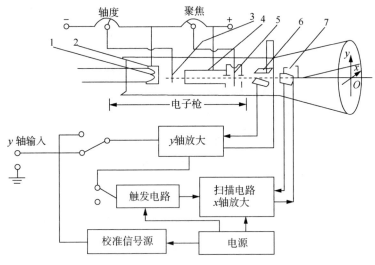

图 2.4.1　示波器的基本结构

1. 灯丝;2. 阴极;3. 栅极;4. 第二阳极;5. 第一阳极;6. y 轴偏转极;7. x 轴偏转极

1. 示波管的构造及示波原理

示波管是示波器的心脏. 示波管由电子枪、偏转板和荧光屏组成，电子枪包括灯丝、阴极、栅极、第一阳极和第二阳极等部分. 电子枪用来发射电子束；偏转板用来控制电子束运动；电子束打到荧光屏发光，显示出观察的电压波形. 荧光屏上光点的亮度取决于电子束中电子的数量，光点的粗细则由电子束的粗细决定. 它们分别由面板上辉度及聚焦旋钮来调节.

2. 偏转板对电子束的作用

(1) 当 x、y 轴偏转板上的电压 $U_x = 0$，$U_y = 0$ 时，电子束打在荧光屏中心.

(2) 当 $U_x > 0$，$U_y = 0$ 时，电子束将受到电场力的作用，使电子束向正极板偏转，光点将由荧光屏中点移动到右边；当 $U_x < 0$，$U_y = 0$ 时，光点则移动到荧光屏左边.

(3) 当 $U_x = 0$，$U_y > 0$ 时，光点向上移动；当 $U_x = 0$，$U_y < 0$ 时，光点则向下移动. 光点移动的距离与偏转板所加电压成正比，即光点沿 y 轴方向上下移动的距离正比于 U_y，沿 x 轴方向左右移动的距离正比于 U_x.

(4) 若在 y 轴偏转板上加正弦波电压($U_y = U_0 \sin \omega t$)，x 轴偏转板不加电压($U_x = 0$)，光点将沿 y 轴方向振动. 由于 U_y 是按正弦规律变化的，所以光点在 y 轴方向移动的距离也按正弦规律变化；因为 $U_x = 0$，所以光点在 x 轴方向无移动，在荧光屏上只能看到一条 y 轴方向的直线(图 2.4.2)，而不是正弦波. 如何才能在荧光屏上展现正弦波呢？就需要将光点沿 x 轴方向拉开，即必须在 x 轴偏转板上也加上电压. 由于 y 轴上加的电压的波形是随时间变化的，所以 x 轴光点的移动代表时间 t，且 x 轴的电压(U_x)随时间的变化关系应是线性的(图 2.4.2).

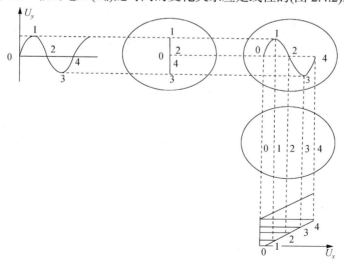

图 2.4.2　正弦波形的合成

我们用比较直观的作图法将电子束受 U_y 和 U_x 的电场力作用后的轨迹表示为图 2.4.2，在示波管的 x、y 轴偏转板上分别同时加上线性电压和正弦波电压，若它们的周期相同，将一个周期分为相同的 4 个时间间隔，U_y 和 U_x 的值分别对应光点在 y 轴和 x 轴偏离的位置. 将 U_x 和 U_y 的各投影光点连起来，即得被测电压波形(正弦波). 完成一个波形后的瞬间，光点立刻反跳回到原点，完成一个周期，这根反跳线称为回扫线. 因这段时间很短，线条比较暗，有的示波器采取措施(消隐电路)将其消除.

光点沿 x 轴线性变化及反跳的过程称为扫描，电压 U_x 称为扫描电压(锯齿波电压)，它是由示波器内的扫描发生器(锯齿波发生器)产生的. 这样，电子束不仅受到 U_y 电场力使其上下运动，同时受到 U_x 电场力使其展开成正弦波.

上面讨论的波形因 U_y 和 U_x 的周期相等,荧光屏上出现一个正弦波,若 $f_y = nf_x$, $n = 1, 2, 3,\cdots$, 则荧光屏上将出现 1 个、2 个、3 个……稳定的正弦被. 只有当 f_y 为 f_x 的整数倍时，波形才稳定，但 f_y 是由被测电压决定的，而 f_x 由示波器内锯齿波发生器决定，两者相互无关.

某些型号的示波器，为了得到稳定的波形，采用整步的方法，即把 y 轴输入信号电压接至锯齿波发生器的电路中,强迫 f_x 跟随信号频率变化而变化(内整步)，以保证 $f_y = nf_x$，荧光屏上的波形即可稳定.

3. 触发扫描

在有些示波器中，为了在荧光屏上得到稳定不动的信号波形，采用被测信号来控制扫描电压的产生时刻，称为触发扫描. 调节触发电平高低，使被测信号达到某一定值时扫描电路才开始工作，产生一个锯齿波，将被测信号显示出来. 由于每次被测信号都达到这一定值时扫描电路才开始工作，产生锯齿波，所以每次扫描显示的波形相同. 这样，在荧光屏上看到的波形就稳定不动. 图 2.4.3 表示了触发扫描的原理.

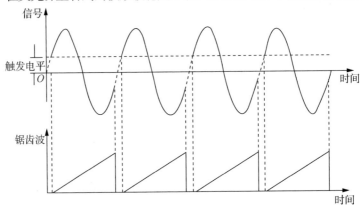

图 2.4.3　触发扫描

4. 电压放大与衰减

由于示波管本身偏转板的偏转灵敏度不高,当加于偏转板的信号电压较小时,电子束不能发生足够的偏转,以致屏上光点位移过小,不便观测. 为了便于观察较小的电信号,就需要预先将输入信号加以放大,再加到 x 或 y 轴偏转板上. 为此设置了 x、y 轴两路放大系统.

当输入信号电压过大时,为避免放大器过荷失真,需在信号输入放大器前加以衰减而设置衰减器. 通常衰减器有三挡: 1、10、100.

5. 示波器的应用

1) 测量交流电波形的电压有效值

示波器能把待测信号波形显示在荧光屏上,并可以通过比较法定量求出待测信号电压的大小,即对示波器进行定标. 简单的示波器的标准信号(或已知信号)是从外部输入的,一般用低频信号发生器作为信号源. 较高级的示波器内部有标准信号(有的称比较信号或校正信号),只要拨动相应开关就可进行定标,叫作定标法测电压.

标准信号和待测信号输入示波器进行比较时,必须使示波器输入端的振幅保持不变. 分别记录标准信号和待测信号的图形以及标准信号的电压有效值,就可求出待测信号的电压有效值.

2) 测量交流电波形的频率

(1) 利用扫描频率求未知频率. 由扫描原理可知,只有当输入信号频率为扫描频率的整数倍时,波形才是稳定的. 利用这个关系,可以求得未知频率(某些示波器能直接精确得到扫描频率).

(2) 利用李萨如图形求未知频率. 如果示波管的 x、y 轴偏转板都加上随时间变化的正弦信号,那么电子束在荧光屏上形成的轨迹是两个互相垂直的振动的合成. 当这两个正弦信号频率成简单整数比时,亮点轨迹为一稳定的闭合曲线——李萨如图形. f_y 和 f_x 成简单整数比的几个图形示于图 2.4.4.

当一个正弦信号频率为已知,利用李萨如图形,可以求未知正弦信号的频率. 李萨如图形与振动频率之间有如下关系:

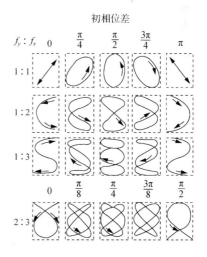

图 2.4.4　简单整数比的李萨如图形

$$\frac{N_x(x\text{方向切线对图形切点数})}{N_y(y\text{方向切线对图形切点数})}=\frac{f_y}{f_x}$$

【实验仪器】

示波器、信号发生器等.

【实验内容】

1. 熟悉示波器的操作方法及波形观察

(1) 仔细理解示波器的操作程序，熟悉示波器面板上各旋钮的作用.

(2) 观察待测信号源中的交流波形，按照指导教师要求，在示波器上显示出各种整数个周期的波形，并画出观察到的波形；同时记录下示波器的扫描挡位和被观测信号的频率.

2. 测量交流电波形的电压有效值和峰-峰值

(1) 比较法测量：用两种方法测量待测信号源中交流电波形的电压有效值，即先输入已知信号再送待测信号和先输入待测信号再送已知信号，并从有效数字的角度比较上述两种方式的优劣.

(2) 定标法测量：将待测信号输入后，示波器面板上的"y 增益微调"和"扫描微调 SWP"应位于校准位置，此时可根据屏幕的 y 轴坐标刻度，利用示波器 y 轴灵敏度选择开关的 V/格挡级标称值，直接读出信号波形的峰-峰值为 D (格)(图 2.4.5).

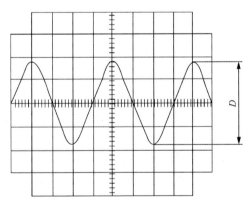

图 2.4.5　信号波形的峰-峰值

例如，示波器 "V/格" 选择 5V 挡级，则检测信号波形的峰-峰值为 $V_{p\text{-}p}=$ 5V/格 $\times D$ 格 = $5D$(V). 由测得的峰-峰值可计算交流信号的电压有效值为

$$V_{有效} = \frac{V_{p-p}}{2\sqrt{2}}$$

3. 测量正弦交流信号的频率

(1) 将待测信号源中未知频率的正弦信号输入，根据屏幕水平坐标格数读出被测交流信号的周期，由公式 $f = 1/T$，求得其频率.

(2) 利用李萨如图形测量正弦交流信号的频率. ①观察李萨如图形: 将待测信号源中未知频率的正弦信号输入 y 轴输入端，再将信号发生器产生的正弦信号输入 x 轴输入端. ②调节 y 轴 "灵敏度选择开关" 挡级和信号发生器的输出信号的强弱，使图形适中，并缓慢改变后者的频率，可在示波器上逐一得到确定频率比例的李萨如图形.

分别记下比值 $K = 1:1$，$1:2$，$2:3$ 时的 f_x，利用公式计算未知频率.

【数据处理】

实验数据记录在表 2.4.1～表 2.4.3 中.

表 2.4.1　波形观察

波数	SWP	MAG	扫描挡/(ms/格)	信号频率/Hz
1				
2				
5				

表 2.4.2　测量电压　　　　待测输入电压＿＿＿＿＿＿

增益微调	VOLTS(增益)/(V/格)	待测电压峰–峰值的格数 D	待测电压峰–峰值 $V_{p-p}=$＿＿＿V/格·D	待测电压的有效值 $V = V_{p-p}/2\sqrt{2}$

表 2.4.3　测量频率

(1) 定标法.　　　　　　　　　　　　　　　输入信号的频率＿＿＿＿＿＿＿＿

SWP	MAG	T_0扫描/(ms/格)	一个周期的格数 d	周期 $T = T_0 \times d$	频率 $f = 1/T$

(2) 李萨如图形.　　　　　　　　　　　　　　　　$f_x =$ ＿＿＿＿＿＿＿＿ Hz

$\dfrac{N_x}{N_y} = \dfrac{f_y}{f_x}$	f_y (理论值)	f_y (测量值)	图形	频率测量误差

【注意事项】

(1) 为了保护荧光屏不被灼伤，使用示波器时，光点亮度不能太强，而且也不能让光点长时间停在荧光屏的一点上.

(2) 在实验过程中，如果短时间不使用示波器，可将"辉度"旋钮沿逆时针方向旋至尽头，截止电子束的发射，使光点消失. 不要经常通断示波器的电源，以免缩短示波管的使用寿命.

【思考题】

(1) 示波器的扫描频率大于或远小于 y 轴正弦波信号的频率时，屏上图形将是什么情形？试先从扫描频率等于正弦波信号频率的 2 倍(或 1/2)、3 倍(或 1/3)……考察，然后推广到 n 倍(或 $1/n$)的情形.

(2) 荧光屏上波形左右移动，可能是什么原因？

实验 2.5　用惠斯通电桥测电阻

授课视频

电桥根据工作电流的特性分为直流电桥与交流电桥；根据结构分为单臂电桥和双臂电桥；根据工作状态的特点分为平衡电桥与非平衡电桥. 它们在电磁测量技术中得到了极其广泛的应用. 利用桥式电路制成的电桥是一种利用比较法进行测量的仪器. 平衡电桥可以测量电阻、电容、电感、频率、温度、压力等物理量，非平衡电桥广泛应用于近代工业生产的自动控制中. 根据用途不同，电桥有多种类型，其性能和结构也各有特点，但它们有一个共同点，就是基本原理相同. 惠斯通电桥(又叫单臂电桥)是其中的一种，它可以测量的电阻范围为 $1\sim 10^6\,\Omega$. 当然要忽略导线本身的电阻和接点处的接触电阻的影响.

【实验目的】

(1) 掌握用直流惠斯通电桥测电阻的原理和方法.

(2) 了解电桥灵敏度对测量结果的影响.

(3) 学会使用箱式单臂电桥测量电阻.

【实验原理】

1. 惠斯通电桥测电阻原理

用伏安法测电阻时，除了因使用的电流表和电压表准确度不高带来的误差，还存在测量线路不同接法所带来的误差. 在伏安法线路上经过改进的电桥线路克服了这些缺点. 它不用电流表和电压表(因而与电表的准确度无关), 而是将待测电阻和标准电阻相比较以确定待测电阻是标准电阻的多少倍. 由于标准电阻的误差很小, 电桥法测电阻可达到很高的准确度.

将待测电阻 R_x 与可调的标准电阻 R_s 并联在一起. 因并联时电阻两端的电压相等, 于是有

$$I_x R_x = I_s R_s$$

或

$$\frac{R_x}{R_s} = \frac{I_s}{I_x} \tag{2.5.1}$$

这样, 待测电阻 R_x 与标准电阻 R_s 就通过电流比(I_s/I_x)联系在一起.

但是, 要测得 R_x, 还需测量电流 I_s 和 I_x. 为了避免测这两个电流, 采用如图 2.5.1 所示的线路, 图中 R_1、R_2 也是可调的两个标准电阻. 从图 2.5.1 看出, 线路中 R_x 和 R_s 的右端(C 点)仍然连接在一起, 因而具有相同的电势, 它们的左端(B、D 点)则通过检流计连在一起. 当调节 R_1、R_2 和 R_s 的阻值使检流计中的电流 I_g 等于零时, 则 B、D 两点电势相同, 也就是说 R_x 和 R_s 左端虽然分开了, 但仍保持同一电势, 因而式(2.5.1)仍然成立.

对于 R_1 和 R_2, 同样有

$$I_1 R_1 = I_2 R_2$$

或

$$\frac{R_1}{R_2} = \frac{I_2}{I_1} \tag{2.5.2}$$

又因 $I_g = 0$, 这时 $I_1 = I_x$, $I_2 = I_s$, 故 $I_s / I_x = I_2 / I_1$. 代入式(2.5.1)和式(2.5.2)得到

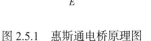

图 2.5.1　惠斯通电桥原理图

$$\frac{R_x}{R_s} = \frac{R_1}{R_2} \tag{2.5.3}$$

或

$$R_x = \frac{R_1}{R_2} R_s = N \cdot R_s \tag{2.5.4}$$

这样, 就把待测电阻的阻值用三个标准电阻的阻值表示出来. 式中, $N = R_1 / R_2$, 称为比例系数.

图 2.5.1 的电路称为直流惠斯通电桥(1833 年发明). 一般将电阻 R_1、R_2、R_s 和 R_x 叫作电桥的臂, 将接有检流计的对角线 BD 称为 "桥". 当 "桥" 上没有电流通过时(即通过检流计的电流 $I_g = 0$), 我们认为电桥达到了平衡. 比例关系式(2.5.3)或(2.5.4)称为电桥的平衡条件. 可见, 电桥的平衡与工作电流 I 的大小无关. 因此, 调节电桥达到平衡有两种方法: 一是取比例系数 N 为某一值(通称为倍率), 调节比较臂 R_s; 二是保持比较臂 R_s 不变, 调节比例系数 N(倍率)的值. 后一种方法准确度很低, 几乎已不使用. 目前广泛采用前一种具有特定比例系数值的电桥调节方法.

2. 电桥的灵敏度

电桥是否平衡, 是由检流计指针有无偏转来判断的. 实际上, 检流计指针不偏转不一定没有电流通过, 只要电流不足以使检流计指针偏转, 我们就认为电桥平衡了. 若电桥平衡后, 我们把某一桥臂电阻 R 改变一个量 $\pm\Delta R$, 这时流过检流计的电流 $I_g \neq 0$, 但如果 I_g 小到使人眼觉察不出检流计指针有偏转, 我们仍然认为电桥是平衡的. 当 ΔR 足够大时, 电桥偏离平衡较远, 将使 I_g 大到能使检流计显示出来. 以上情况说明电桥存在一个灵敏度问题.

在电桥平衡后, 如果某一桥臂电阻 R 有一改变量 ΔR, 由此, 引起检流计偏转 Δn 格, 即电桥灵敏度 S 定义为

$$S = \frac{\Delta n}{\Delta R / R} \tag{2.5.5}$$

显然, 相同的 $\frac{\Delta R}{R}$ 所引起的 Δn 越大, 电桥的灵敏度越高, 对电桥平衡的判断就越准确. 可以证明, 对一个具体电桥, 改变任何一个桥臂的电阻得到的电桥灵敏度都是相同的.

由灵敏度的定义式(2.5.5), 解基尔霍夫方程组, 可以得到电桥灵敏度与桥路参数的关系为

$$S = \frac{S_i E}{R_1 + R_2 + R_s + R_x + R_g\left(2 + \dfrac{R_1}{R_x} + \dfrac{R_s}{R_2}\right)} \tag{2.5.6}$$

式中, S_i 为检流计的电流灵敏度; R_g 为检流计内阻; E 为电源电压; 其他电阻为电桥的四个桥臂电阻. 由此可见:

(1) 电桥的灵敏度与检流计的电流灵敏度 S_i 和内阻 R_g、电源电压 E、桥臂的总电阻、桥臂电阻的比值都有关.

(2) 选用 S_i 大、R_g 小的检流计，可以提高电桥的灵敏度. 提高电桥的工作电压 E，也可以提高电桥的灵敏度，但电源电压不能过高，不能使流过各桥臂的电流超过其额定值.

(3) 电桥灵敏度随着 4 个桥臂上的电阻值 $R_1+R_2+R_s+R_x$ 的增大而减小，随着 $\dfrac{R_1}{R_x}+\dfrac{R_s}{R_2}$ 的增大而减小. 臂上的电阻值选得过大，将大大降低其灵敏度；臂上的电阻值相差太大，也会降低其灵敏度.

(4) 同一电桥测量不同电阻，或用不同比率臂测量同一电阻，电桥的灵敏度不一样. 选择适当的桥臂比率，可以提高电桥的灵敏度.

根据以上分析，就可找出实际工作中组装的电桥出现灵敏度不高、测量误差大的原因. 一般成品电桥为了提高其测量灵敏度，通常都有外接检流计与外接电源接线柱. 但外接电源电压的选定不能简单地为提高其测量灵敏度而无限制提高，还必须考虑桥臂电阻的额定功率，否则就会有烧坏桥臂电阻的危险.

电桥的灵敏度是与测量的精密度相联系的，灵敏度越高，测量误差越小. 当 $\Delta n_0 \leqslant 0.2$ 分度时，一般人眼觉察不出检流计有偏转，因此电桥灵敏度 S 所决定的测量误差为

$$\frac{\Delta R_x}{R_x}=\frac{\Delta n_0}{S}=\frac{0.2}{S} \tag{2.5.7}$$

3. 桥臂电阻的准确度等级误差及其消除方法

如果桥臂电阻 R_1、R_2 和 R_s 的准确度等级误差分别为

$$\frac{\Delta R_1}{R_1}, \quad \frac{\Delta R_2}{R_2} \quad 和 \quad \frac{\Delta R_s}{R_s}$$

则根据误差传递理论和电阻箱准确度等级的意义（$a\%=\dfrac{\Delta R}{R}$），由式(2.5.4)决定的电阻 R_x 的准确度误差为

$$\frac{\Delta R_x}{R_x}=\frac{\Delta R_1}{R_1}+\frac{\Delta R_2}{R_2}+\frac{\Delta R_s}{R_s}=a_1\%+a_2\%+a_s\% \tag{2.5.8}$$

一般，测定臂电阻 R_s 选用准确度级别较高的标准电阻箱，由它所带来的级别误差较小，因此待测电阻 R_x 的等级误差主要由比率臂电阻 R_1、R_2 的等级误差决定.

消除 R_1、R_2 的等级误差，常用以下两种方法.

(1) 交换法. 在电桥平衡，由式(2.5.4)测得 R_x 后，保持 R_1、R_2 的阻值和位置

不变，交换待测电阻 R_x 和测定臂电阻 R_s 在电桥中的位置，然后再次调节 R_s，使电桥重新平衡，设此时 R_s 的示值为 R_s'，则待测电阻为

$$R_x = \frac{R_2}{R_1} R_s' \tag{2.5.9}$$

由原先电桥的平衡式(2.5.4)和交换后电桥重新平衡的公式(2.5.9)得

$$R_x = \sqrt{R_s R_s'} \tag{2.5.10}$$

由式(2.5.10)确定的 R_x 仅与测定臂电阻有关，而与比率臂电阻 R_1、R_2 无关. 根据误差传递理论，由式(2.5.10)确定的待测电阻的准确度误差为

$$\frac{\Delta R_x}{R_x} = \frac{1}{2}\left(\frac{\Delta R_s}{R_s} + \frac{\Delta R_s'}{R_s}\right) = \frac{\Delta R_s}{R_s} = a_s\% \tag{2.5.11}$$

上式说明，用交换法测量待测电阻的准确度误差仅由测定臂电阻的准确度等级决定. 若 R_s 电阻箱的准确度等级为 0.1 级，则 R_s 的示值误差——等级误差为 $\frac{\Delta R_s}{R_s} = 0.1\%$，它给待测电阻所带来的准确度误差为 0.1%.

(2) 代替法. 在电桥平衡，由式(2.5.4)测得 R_x 后，保持 R_1、R_2、R_s 的阻值和位置不变，用一准确度较高的可调标准电阻 R_0 代替 R_x，调节 R_0，使电桥重新平衡，这时的平衡关系式为

$$R_0 = \frac{R_1}{R_2} R_s \tag{2.5.12}$$

比较式(2.5.4)和式(2.5.12)，得

$$R_x = R_0$$

因而有

$$\Delta R_x = \Delta R_0$$

$$\frac{\Delta R_x}{R_x} = \frac{\Delta R_0}{R_0}$$

由此可见，用代替法测得的电阻 R_x，其准确度误差仅由所代替的标准电阻 R_0 的准确度等级所决定，与桥臂电阻 R_1、R_2、R_s 都无关.

【实验仪器】

QJ23 型箱式直流单臂电桥、甲电池、检流计、电阻箱、导线、开关、待测电阻等.

QJ23 型箱式直流单臂电桥采用惠斯通电桥线路，线路及面板布置见图 2.5.2 (a) 和(b). 比率臂 N(相当于图 2.5.1 中的 R_1/R_2)、比较臂电阻 R_s、检流计及电池组等都装在一个箱子内，测量 $1\sim10^6\Omega$ 范围内的电阻时极为方便. 该电桥准确度等级为 0.2 级，被测电阻为 $1.0\sim9999\Omega$ 时，用内部电源和内附检流计，测量结果的相对误差可近似为 $\pm0.2\%$.

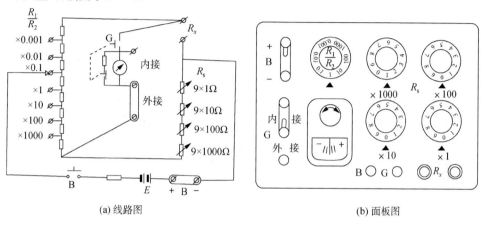

(a) 线路图 (b) 面板图

图 2.5.2 QJ23 型箱式直流单臂电桥的线路图及面板图

1) QJ23 型箱式电桥面板各旋钮和接线柱的功能

R_x：被测电阻接线柱.

B^+、B^-：外接电源接线柱. 如用增加电源电压的方法进行测量，在这里按正、负接上电源，此电源即与内部 4.5V 电源串联. 若只用内部电源，应用连接片接于该两接线柱之间.

G 外接：外接检流计接线柱. 当电桥灵敏度不够高时，可在这里另接灵敏度更高的检流计. 当用内附检流计时，应用连接片接于该两接线柱之间.

G 内接：用外接检流计时，需用连接片接于该两接线柱之间. 使用完电桥或搬动电桥时，也应将连接片接于该两接线柱之间，使内附检流计短路.

B 按钮：电源按接开关. 按下 B 则电源接入电路. 若需长时间接通电源，按下 B 顺时针转 90°即可锁住.

G 按钮：检流计按接开关. 按下 G 则检流计接入电路. 若需长时间接通检流计，可按下 G 顺时针转 90°锁住.

调节臂旋钮 R_s 用法同电阻箱.

比率臂旋钮 N：N 等于原理图中的 R_1/R_2，其值可以直接从比率臂旋钮上读出. 被测电阻 $R_x = N \cdot R_s$.

调零旋钮：利用检流计上面的圆形旋钮，可左右微调检流计指针位置，使指针指在零点，转动时要轻微、缓慢，以免扭断检流计悬丝.

2) 箱式电桥的使用方法

(1) 放平电桥，断开内接检流计连接片，按要求接好电源连接片和检流计连接片. 让检流计指针自由摆动，待表针停稳后就可调整零旋钮.

(2) 在 R_x 两接线柱间接上被测电阻.

(3) 根据待测电阻的大致数值(可参看标称值或用万用电表粗测)，选择合适的比率臂，使测量结果保留四位有效数字，亦即使调节臂电阻 R_s 保持千欧姆的数量级，如被测电阻约几十欧姆，R_s 要保持几千欧姆，根据 $R_x = NR_s$，N 应取 0.01. 测量时用跃接法按下 B 和 G 按钮(按下后立即松开)，若指针偏向 "+" 方向，则增加 R_s 的数值，若偏向 "−" 方向，则减小 R_s，反复调节直至电桥平衡.

测量有感电阻(如电机、变压器等)时，为避免感应电流过大损坏检流计，应先接通 B 后接通 G，断开时，先放开 G 再放开 B.

(4) 使用完毕，必须断开 B 和 G 按钮，并将检流计连接片接在 "内接" 位置，以保护检流计.

【实验内容】

1. 用电阻箱组装电桥测电阻

(1) 按图 2.5.1 接好线路. 各接头必须干净并接牢；R_1、R_2 分别用有四个转盘、六个转盘的转盘式电阻箱，R_s 用有六个转盘的转盘式电阻箱；正确选择比率臂 N(即 R_1/R_2)，使 R_s 的六个转盘都用上并取相匹配的预估值.

(2) 合上开关 K，逐渐改变 R_s 使检流计偏转减小，最终使检流计指到零.

(3) 记下电阻箱 R_s 的读数及比率 N 的数值，算出待测电阻 R_x.

(4) 在测定每一个未知电阻 R_x 时，当电桥平衡后，调节测定臂旋钮，使 R_s 有一个改变量 ΔR_s，检流计相应偏转 Δn 格(使 Δn 为 3～5 分度)，由 $S = \dfrac{\Delta n}{\Delta R_s / R_s}$ 可以算出测量每一个电阻时电桥的灵敏度，由 $\dfrac{\Delta R_x}{R_x} = \dfrac{\Delta n_0}{S} = \dfrac{0.2}{S}$ 可以算出电桥灵敏度对测量结果所带来的误差.

(5)* 用交换法测量电阻. 在电桥平衡时，保持 R_1、R_2 的阻值和位置不变，交换 R_s 和 R_x 的位置，再调节 R_s 使电桥重新平衡，记下这时测定臂电阻的读数 R_s'.

2. 箱式单臂电桥测量

熟悉 QJ23 型箱式直流单臂电桥的各旋钮的功能，按表 2.5.3 的要求测量 R_x.

【数据处理】

1. 用电阻箱组装直流电桥

表 2.5.1　组装电桥测电阻记录表格

被测电阻	R_1 / Ω	R_1 / Ω	$N = \dfrac{R_1}{R_2}$	R_s / Ω	$R_x = N \cdot R_s / \Omega$
R_{x_1}					
R_{x_2}					

表 2.5.2　组装电桥测电桥灵敏度数据表(电阻箱 R_1 、 R_2 、 R_s 的等级：_____)

被测电阻	测量灵敏度			灵敏度误差		电阻箱等级误差	
	$\Delta R_s / \Omega$	$\Delta n /$ 格	$S /$ 格	$\dfrac{\Delta R_x}{R_x} / \%$	$\Delta R_x / \Omega$	$\dfrac{\Delta R_x}{R_x} / \%$	$\Delta R_x / \Omega$
R_{x_1}							
R_{x_2}							

注：灵敏度 $S = \dfrac{\Delta n}{\Delta R_s / R_s}$ ；灵敏度误差 $\dfrac{\Delta R_x}{R_x} = \dfrac{0.2}{S}$ ；电阻箱等级误差 $\dfrac{\Delta R_x}{R_x} = a_1\% + a_2\% + a_s\%$.

2. 箱式单臂电桥测量

表 2.5.3　箱式单臂电桥测电阻

被测电阻	N	R_s / Ω	$R_x = N \cdot R_s / \Omega$	E_r	$\Delta R_x / \Omega$	$(R_x \pm \Delta R_x) / \Omega$
R_{x_1}						
R_{x_2}						

注：E_r 是由仪器的准确度等级对应的最大引用误差.

3. 交换法

表 2.5.4　组装电桥交换法测量数据表

被测电阻	R_s / Ω	R_s' / Ω	$R_x = \sqrt{R_s R_s'} / \Omega$	电阻箱等级误差	
				$\dfrac{\Delta R_x}{R_x} = \dfrac{\Delta R_s}{R_s} / \%$	$\Delta R_x / \Omega$
R_x					

【附录】

电桥灵敏度的推导

如图 2.5.3 所示，推导如下：

$$I_{R_0} = I_{R_x} - I_g, \quad I_{R_1} = I_{R_2} - I_g \tag{2.5.13}$$

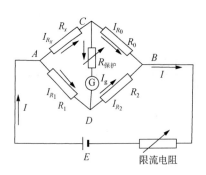

图 2.5.3　惠斯通电桥电流示意图

$$I_{R_x}R_x + I_g(R_g + R_{保护}) = I_{R_1}R_1 \quad (2.5.14)$$

$$\begin{cases} I_{R_x}R_x + I_{R_0}R_0 = U_{AB} \\ I_{R_1}R_1 + I_{R_2}R_2 = U_{AB} \end{cases} \quad (2.5.15)$$

将式(2.5.13)代入式(2.5.15)，可得

$$\begin{cases} I_{R_x}(R_x + R_0) = U_{AB} + I_gR_0 \\ I_{R_2}(R_1 + R_2) = U_{AB} + I_gR_1 \end{cases} \quad (2.5.16)$$

将式(2.5.13)的后一个式子代入式(2.5.14)，得

$$I_g(R_g + R_{保护} + R_1) = I_{R_2}R_1 - I_{R_x}R_x \quad (2.5.17)$$

将式(2.5.16)代入式(2.5.17)，得

$$I_g(R_g + R_{保护} + R_1) = \frac{U_{AB} + I_gR_1}{R_1 + R_2}R_1 - \frac{U_{AB} + I_gR_0}{R_x + R_0}R_x \quad (2.5.18)$$

对式(2.5.18)进行整理，得

$$U_{AB}(R_1R_0 - R_2R_x) = I_gA \quad (2.5.19)$$

其中

$$A = R_0R_1R_x + R_0R_2R_x + R_1R_2R_x + R_1R_2R_0 + (R_g + R_{保护})(R_1 + R_2)(R_0 + R_x)$$

考虑到电桥在平衡位置有一个微小变化，因而 $R_{保护} = 0$，"限流电阻"也可以取为"0"。所以有

$$\begin{cases} U_{AB} = E \\ A' = R_0R_1R_x + R_0R_2R_x + R_1R_2R_x + R_1R_2R_0 + R_g(R_1 + R_2)(R_0 + R_x) \end{cases} \quad (2.5.20)$$

由于考虑的是电桥在平衡位置有一个微小变化，因而可以忽略 R_x 的微小变化对 A' 的影响。因此，我们可以把 A' 当作常数，由式(2.5.19)可得

$$I_g = \frac{E(R_1R_0 - R_2R_x)}{A'} \quad (2.5.21)$$

将式(2.5.21)对 R_x 微分，得

$$\frac{\partial I_g}{\partial R_x} = \frac{R_2E}{A'} \quad (2.5.22)$$

将式(2.5.22)代入 $S = S_i R_x \dfrac{\Delta I_g}{\Delta R_x}$ (因 ΔI_g 和 ΔR_x 变化很小，可用其偏微商形式表示，

即 $S = S_i R_x \dfrac{\partial I_g}{\partial R_x}$)，得电桥灵敏度 S 为

$$S = \frac{S_{\mathrm{i}} R_x R_2 E}{A'} \tag{2.5.23}$$

最后经过整理，得

$$S = \frac{S_{\mathrm{i}} E}{\left(\dfrac{R_0 R_1}{R_2} + R_0 + R_1 + \dfrac{R_0 R_1}{R_x} \right) + R_{\mathrm{g}} \left[\left(\dfrac{R_1}{R_2} + 1 \right) \left(\dfrac{R_0}{R_x} + 1 \right) \right]} \tag{2.5.24}$$

利用公式(2.5.13)简化为

$$S = \frac{S_{\mathrm{i}} E}{(R_x + R_0 + R_1 + R_2) + R_{\mathrm{g}} \left[2 + \left(\dfrac{R_1}{R_2} + \dfrac{R_0}{R_x} \right) \right]} \tag{2.5.25}$$

实验 2.6　电表改装与校准

电表在电测量中有着广泛的应用，因此如何了解电表和使用电表就显得十分重要. 电流计(表头)由于构造的原因，一般只能测量较小的电流和电压，如果要用它来测量较大的电流或电压，就必须进行改装，以扩大其量程. 万用表的原理就是对微安表头进行多量程改装而来的，在电路的测量和故障检测中得到了广泛的应用.

【实验目的】

(1) 测量表头内阻及满度电流.
(2) 掌握将 1mA(或 100μA)表头改成较大量程的电流表和电压表的方法.
(3) 学会校准电流表和电压表的方法.

【实验原理】

常见的磁电式电流计主要由放在永久磁场中的由漆包线绕制的可以转动的线圈、用来产生机械反力矩的游丝、指示用的指针和永久磁铁所组成. 当电流通过线圈时，载流线圈在磁场中就产生一磁力矩 $M_磁$，使线圈转动，从而带动指针偏转. 线圈偏转角度的大小与通过的电流大小成正比，所以可由指针的偏转直接指示出电流值.

1. 毫(微)安表的固有参数

电流计允许通过的最大电流称为电流计的量程，用 I_{g} 表示，电流计的线圈有一定内阻，用 R_{g} 表示，I_{g} 与 R_{g} 是两个表示电流计特性的重要参数.

测量内阻 R_{g} 的常用方法有中值法(也称半电流法)和替代法.

1) 中值法

测量原理图见图2.6.1. 当被测电流计接在电路中时，使电流计满偏，再用十进位电阻箱与电流计并联作为分流电阻，改变电阻值即改变分流程度，当电流计指针指示到中间值，且标准表读数(总电流强度)仍保持不变时，可通过电源电压和 R_w 来实现，显然这时分流电阻值就等于电流计的内阻.

2) 替代法

测量原理图见图2.6.2. 当被测电流计接在电路中时，用十进位电阻箱替代它，且改变电阻值，当电路中的电压不变时，且电路中的电流(标准表读数)亦保持不变时，则电阻箱的电阻值即为被测电流计内阻.

替代法是一种运用很广的测量方法，具有较高的测量准确度.

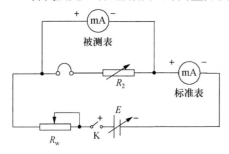
图 2.6.1　中值法测表头内阻

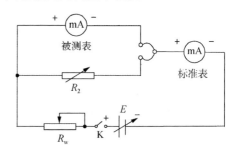
图 2.6.2　替代法测表头内阻

2. 将毫(微)安表头改装为大量程电流表

根据电阻并联规律可知，如果在表头两端并联一个阻值适当的电阻 R_2，如

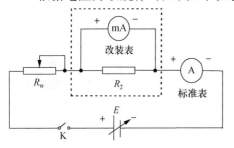
图 2.6.3　改装后的电流表原理图

图 2.6.3 所示，可使表头不能承受的那部分电流从 R_2 上分流通过. 这种由表头和并联电阻 R_2 组成的整体(图中虚线框住的部分)就是改装后的电流表. 如需将量程扩大 n 倍，则不难得出

$$R_2 = R_g/(n-1) \tag{2.6.1}$$

图 2.6.3 为改装后的电流表原理图. 用电流表测量电流时，电流表应串联在被测电路中，所以要求电流表有较小的内阻. 另外，在表头上并联阻值不同的分流电阻，便可制成多量程的电流表.

3. 将毫(微)安表头改装为大量程的电压表

一般表头能承受的电压很小，不能用来测量较大的电压. 为了测量较大的电压，可以给表头串联一个阻值适当的电阻 R_M，如图 2.6.4 所示，使表头上不能承受的那部分电压降落在电阻 R_M 上. 这种由表头和串联电阻 R_M 组成的整体就是电压表，串联的电阻 R_M 叫作扩程电阻. 选取不同大小的 R_M，就可以得到不同量程的电压表. 由图 2.6.4 可求得扩程电阻值为

$$R_M = \frac{U}{I_g} - R_g \tag{2.6.2}$$

实际的扩展量程后的电压表原理见图 2.6.4.

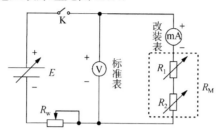

图 2.6.4　改装后的电压表原理图

用电压表测电压时，电压表总是并联在被测电路上，为了不因并联电压表而改变电路中的工作状态，要求电压表有较高的内阻.

4. 将毫(微)安表头改装为欧姆表

用来测量电阻大小的电表称为欧姆表. 根据调零方式的不同，可分为串联分压式和并联分流式两种，其原理电路如图 2.6.5 所示.

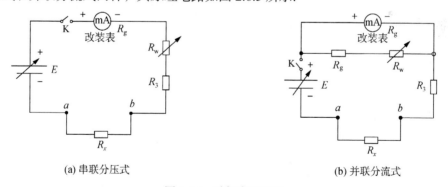

(a) 串联分压式　　　　　　　　　　　　　(b) 并联分流式

图 2.6.5　欧姆表原理图

图 2.6.5 中 E 为电源，R_3 为限流电阻，R_w 为调"零"电势器，R_x 为被测电阻，R_g 为等效表头内阻. 图 2.6.5(a)中，R_g 与 R_w 一起组成分流电阻. 欧姆表使用前要先调"零"点，即将 a、b 两点短路(相当于 $R_x = 0$)，调节 R_w 的阻值，使表头指针正好偏转到满度. 可见，欧姆表的零点就在表头标度尺的满刻度(即量限)处，与电流表和电压表的零点正好相反. 在图 2.6.5(a)中，当 a、b 端接入被测电阻 R_x 后，

电路中的电流为

$$I = \frac{E}{R_g + R_w + R_3 + R_x} \tag{2.6.3}$$

对于给定的表头和线路来说，R_g、R_w、R_3 都是常量. 由此可见，当电源端电压 E 保持不变时，被测电阻和电流值有一一对应的关系，即接入不同的电阻，表头就会有不同的偏转读数，R_x 越大，电流 I 越小. 短路 a、b 两端，即 $R_x = 0$ 时，

$$I = \frac{E}{R_g + R_w + R_3} = I_g \tag{2.6.4}$$

这时指针满偏.

当 $R_x = R_g + R_w + R_3$ 时

$$I = \frac{E}{R_g + R_w + R_3 + R_x} = \frac{1}{2} I_g \tag{2.6.5}$$

这时指针在表头的中间位置，对应的阻值为中值电阻，显然 $R_{中} = R_g + R_w + R_3$.

当 $R_x = \infty$(相当于 a、b 开路)时，$I = 0$，即指针在表头的机械零位.

所以欧姆表的标度尺为反向刻度，且刻度是不均匀的，电阻 R 越大，刻度间隔越密. 如果表头的标度尺预先按已知电阻值刻度，就可以用电流表来直接测量电阻.

并联分流式欧姆表利用对表头分流来进行调零，具体参数可自行设计.

欧姆表在使用过程中电池的端电压会有所改变，而表头的内阻 R_g 及限流电阻 R_3 为常量，故要求 R_w 随着 E 的变化而改变，以满足调"零"的要求，设计时用可调电源模拟电池电压的变化，范围取 $1.3 \sim 1.6$V 即可.

【实验仪器】

1) 概述

指针式电流表、电压表、多用表广泛应用于各种电路测试场合，它们的指示都是用电流计来实现的. 单纯的电流计一般只能用来测量较小的电流和电压，所以必须对电流计进行改装，才能运用于各种测量领域.

DH4508 型电表改装与校准实验仪通过连线能完成改装电流表、电压表、欧姆表实验，通过实验能提高学生使用电表的能力.

2) 主要技术参数

(1) 指针式被改装表：量程 1mA，内阻约 155Ω，精度 1.5 级.

(2) 电阻箱：调节范围 0~11111.0Ω，精度 0.1 级.

(3) 标准电流表：0~2mA、0~20mA 两量程，三位半数显，精度±0.5%.

(4) 标准电压表：0～2V、0～20V 两量程，三位半数显，精度±0.5%.

(5) 可调稳压源：输出范围 0～2V、0～10V 两量程，稳定度 0.1%/min，负载调整率 0.1%.

(6) 供电电源：交流 220×(1+10%)V，50Hz.

(7) 外形尺寸：400mm×250mm×130mm.

3) 使用说明

DH4508 型电表改装与校准实验仪内附指针式电流计、标准电压表和电流表、可调直流稳压电源、十进式电阻箱、专用导线及其他部件，无需其他配件便可完成多种电表的改装实验，其面板示意图见图 2.6.6.

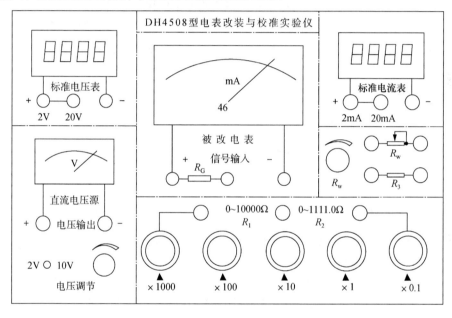

图 2.6.6　仪器的面板示意图

可调直流稳压源分为 2V、10V 两个量程，通过"电压选择开关"选择所需的电压输出，调节"电压调节"电势器调节需要的电压. 指针式电压表的指示也分为 2V、10V 两个量程.

标准数显电压表有 2V、20V 两个量程，通过"电压量程选择开关"选择不同的电压量程，需连接到对应的测量端方可测量.

标准数显电流表有 2mA、20mA 两个量程，通过"电流量程选择开关"选择不同的电流量程，需连接到对应的测量端方可测量.

4) 使用步骤

(1) 打开仪器后部电源开关，接通交流电源.

(2) 检查标准电压表、标准电流表，应正常显示. 标准电压表在空载时因内阻较高会出现跳字，属正常现象.

(3) 调节稳压电源，应正常输出.

(4) 按实验内容进行电流表改装，并用改装成的电流表测未知电流.

(5) 按实验内容进行电压表改装，并用改装成的电压表测未知电压.

(6) 按实验内容进行串联式和并联式欧姆表改装，并用改装成的欧姆表测未知电阻.

5) 维护与保修

(1) 应按实验要求正确使用仪器.

(2) 使用完毕后应关闭电源开关，若长期不用应拔下电源插头.

(3) 仪器应存放于没有腐蚀性物质的环境中，并保持干燥，以防腐蚀.

(4) 在用户遵守规定的使用条件下，产品的保修期为 12 个月，超过保修期，厂家仍会提供良好的服务.

【实验内容】

在进行实验前应对被改装的表头进行机械调零.

1. 用中值法或替代法测出表头的内阻

按图 2.6.1 或图 2.6.2 接线，R_g=___Ω.

2. 将一个量程为 1mA(或 100μA)的表头改装成量程为 5mA 的电流表

(1) 根据式(2.6.1)计算出分流电阻值，先将电源调到最小，R_w 调到中间位置，再按图 2.6.3 接线.

(2) 将标准电流表选择开关打在 20mA 挡量程，慢慢调节电源，升高电压，使改装表指到满量程(可配合调节 R_w 变阻器)，这时记录标准表读数. 注意：R_w 作为限流电阻，阻值不要调至最小值. 然后调小电源电压，使改装表每隔 1mA(满量程的 1/5)逐步减小读数直至零点；再调节电源电压按原间隔逐步增大改装表读数到满量程，每次记下标准表相应的读数于表 2.6.1.

① 毫安(或微安)表头.

表 2.6.1　电流表的改装

满度电流 I_g/mA	扩程后量程/mA	内阻 R_g/Ω	扩程电阻 R_2/Ω	
			计算值	实用值

② 电流表校准数据(表 2.6.2).

表 2.6.2　电流表的校准

改装表读数 I/mA	标准表读数/mA			示值误差 ΔI/mA
	减小时	增大时	平均值	
0				
1.00				
2.00				
3.00				
4.00				
5.00				

(3) 以改装表读数 I 为横坐标，ΔI 为纵坐标，在坐标纸上作出电流表的校正曲线，并根据两表最大误差的数值定出改装表的准确度级别.

(4) 重复以上步骤，将 1mA(或 100μA)表头改装成 10mA 表头，可每隔 2mA 测量一次(可选做).

(5) 将面板上的 R_G 和表头串联，作为一个新的表头，重新测量一组数据，并比较扩程电阻有何异同(可选做).

3. 将一个量程为 1mA(或 100μA)的表头改装成 1.5V 量程的电压表

(1) 根据式(2.6.2)计算扩程电阻 R_M 的阻值，可用 R_1、R_2 进行实验.

(2) 按图 2.6.4 连接校准电路，用量程为 2V 的数显电压表作为标准表来校准改装的电压表.

(3) 调节电源电压，使改装表指针指到满量程(1.5V)，记下标准表读数. 然后每隔 0.3V 逐步减小改装读数直至零点，再按原间隔逐步增大到满量程，每次记下标准表相应的读数于表 2.6.3.

(4) 以改装表读数 U 为横坐标，ΔU 为纵坐标，在坐标纸上作出电压表的校正曲线，并根据两表最大误差的数值定出改装表的准确度级别.

① 毫安(或微安)表头.

表 2.6.3　电压表的改装

满度电流 I_g/mA	扩程后量程/mA	内阻 R_g/Ω	扩程电阻 R_M/Ω	
			计算值	实用值

② 电压表校准数据(表 2.6.4).

表 2.6.4　电压表的校准

改装表读数 U / V	标准表读数/V			示值误差 ΔU/V
	减小时	增大时	平均值	
0				
0.30				
0.60				
0.90				
1.20				
1.50				

(5) 重复以上步骤,将 1mA(或 100μA)的表头改成 5V 表头,可每隔 1V 测量一次(可选做).

4. 改装欧姆表及标定表面刻度

(1) 根据表头参数 I_g 和 R_g 以及电源电压 E,选择 R_w 为 470Ω,R_3 为 1kΩ,也可自行设计确定.

(2) 按图 2.6.5(a)进行连线. 将 R_1、R_2 电阻箱(这时作为被测电阻 R_x)接于欧姆表的 a、b 端,调节 R_1、R_2,使 $R_{中} = R_1 + R_2 = 1500Ω$.

(3) 调节电源 $E = 1.5$ V,调 R_w 使改装表头指示为零.

(4) 取电阻箱的电阻为一组特定的数值 R_{xi},读出相应的偏转格数 d_i. 利用所得读数 R_{xi}、d_i 绘制出改装欧姆表的标度盘,如表 2.6.5 所示.

表 2.6.5　改装欧姆表的标定表面刻度

$E = $ ____V, $R_{中} = $ ____Ω

R_{xi} / Ω	$\frac{1}{5}R_{中}$	$\frac{1}{4}R_{中}$	$\frac{1}{3}R_{中}$	$\frac{1}{2}R_{中}$	$R_{中}$	$2R_{中}$	$3R_{中}$	$4R_{中}$	$5R_{中}$
偏转格数 d_i									

(5) 按图 2.6.5(b)进行连线,设计一个并联分流式欧姆表. 试与串联分压式欧姆表比较,有何异同(可选做).

【思考题】

(1) 是否还有其他的方法来测定电流计内阻？能否用欧姆定律来进行测定？能否用电桥来进行测定而又保证通过电流计的电流不超过 R_g？

(2) 校正电流表时，如果发现改装表的读数相对于标准表的读数都偏高，试问要达到标准表的数值，此时改装表的分流电阻应该调大还是调小，为什么？

【附录】

滑动变阻器在电路中的两种接法

滑动变阻器的外形和结构示于图 2.6.7. 把电阻丝(如镍铬丝)绕在瓷筒上，然后将电阻丝两端和接线柱 A、B 相连，因此 A、B 之间的电阻即为总电阻. 瓷筒上方的滑动接头 C 可在粗铜棒上移动，它的下端在移动时始终和瓷筒上的电阻丝接触. 铜棒的一端(或两端)装有接线柱 C'、C''，用来代表接头 C 以利于连线. 改变滑动接头 C 的位置，就可以改变 AC 之间和 BC 之间的电阻.

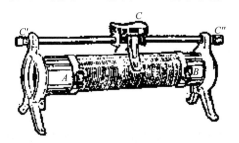

图 2.6.7　滑动变阻器

滑动变阻器在电路中有以下两种接法.

(1) 变流接法(限流器)：用滑动变阻器改变电流的接法示于图 2.6.8，即将变阻器中的任一个固定端 A(或 B)与滑动端 C 串联在电路中. 当滑动接头 C 向 A 移动时，A、C 间的电阻减小；当滑动接头 C 向 B 移动时，A、C 间的电阻增大；可见，移动滑动接头 C 就改变了 A、C 间的电阻，也就改变了电路中的总电阻，从而使电路中的电流发生变化.

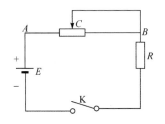

图 2.6.8　滑动变阻器的变流接法

(2) 分压接法(分压器)：用滑动变阻器改变电压的接法示于图 2.6.9，即变阻

器的两个固定端 A、B 分别与电源的两极相连, 由滑动端 C 和任一固定端 B(或 A) 将电压引出来. 由于电流通过变阻器的全部电阻丝, 故 A、B 之间任意两点都有电势差. 当滑动接头 C 向 A 移动时, B、C 间电压 V_{BC} 增大; 当滑动头 C 向 B 移动时, B、C 间的电压 V_{BC} 减小. 可见, 改变滑动接头 C 的位置, 就改变了 B、C(或 A、C)间的电压.

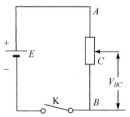

图 2.6.9　滑动变阻器的分压接法

应当注意的是, 滑动变阻器用作改变电流的大小和用作分压两种接法是不相同的, 不能混淆!同时还应记住, 开始实验以前, 在限流接法中, 变阻器的滑动端应放在电阻最大的位置; 在分压接法中, 变阻器的滑动端应放在分出电压最小的位置.

实验综合设计拓展　滑动变阻器在电路中的使用和研究

【实验目的】

(1) 了解常用的两类滑动变阻器的基本性能和使用方法.
(2) 掌握限流和分压两种电路的连接方法、性能和特点.
(3) 学习检查电路故障的一般方法, 熟悉电学实验的操作规程和安全知识.

【实验仪器】

毫安表、伏特表、万用电表、直流稳压电源、滑动变阻器、电阻箱、干电池、开关、若干导线等.

【实验要求】

(1) 设计限流电路并画出相关电路图, 研究限流电路的特性.
(2) 设计分压电路并画出相关电路图, 研究分压电路的特性.
(3) 设计有关滑动变阻器的其他用途的电路, 说明运行原理.
(4) 如何根据实验要求正确选择滑动变阻器的参数.

【实验报告】

(1) 记录所用滑动变阻器及其他电表的规格型号等参数, 并说明对实验的影响.

(2) 在限流电路中, 根据滑动变阻器阻值和外接负载电阻的大小, 改变滑动变阻器的滑动头 C , 以滑动端在滑动变阻器上的相对位置为横坐标, 负载电流为纵坐标, 作滑动变阻器的限流特性曲线.

(3) 在分压电路中, 根据滑动变阻器阻值和外接负载电阻的大小, 改变滑动变阻器的滑动头 C , 以滑动端在滑动变阻器上的相对位置为横坐标, 负载电压为纵坐标, 作滑动变阻器的分压特性曲线.

(4) 归纳总结滑动变阻器的多种用途, 根据实验所作特性曲线说明如何正确选择滑动变阻器的参数.

实验 2.7　分光计的调整与使用

我国唐代诗人储光羲的诗中讲到: 潭清疑水浅, 荷动知鱼散. 光在传播过程中遇到不同介质的分界面(如平面镜和三棱镜的光学表面)时, 就要发生反射和折射, 光将改变传播的方向, 结果在入射光线与反射光线或折射光线之间就有一定的夹角. 反射定律、折射定律等正是这些角度之间关系的定量表述. 同时, 光在传播过程中的衍射、散射等物理现象也都与角度有关. 一些光学量, 如折射率、光波波长等也可通过测量有关角度来确定, 因而精确测量角度, 在光学实验中显得尤为重要.

分光计是一种测量角度的光学仪器, 故可用它来测量折射率、光波波长、色散率等. 由于分光计的调整思想、方法与技巧在光学仪器中有一定的代表性, 所以学会对它的调节和使用方法, 有助于掌握更复杂的光学仪器.

【实验目的】

(1) 了解分光计的基本构造, 学习分光计的调整与使用的基本方法.

(2) 学习三棱镜顶角的测定方法.

【实验原理】

1. 分光计的构造和使用

分光计是用来测量角度的光学仪器. 要测准入射光线和出射光线传播方向之间的角度, 根据反射定律和折射定律, 分光计必须满足下述两个要求:

(1) 入射光线和出射光线应当是平行的.

(2) 入射光线、出射光线与反射面(或折射面)的法线所构成的平面应当与分光计的刻度圆盘平行.

为此,任何一台分光计必须具有以下四个主要部件:准直管、望远镜、载物台和读数装置. 图 2.7.1 是一种常用的分光计的结构图. 分光计的下部是一个三脚底座,其中心有竖轴,称为分光计的中心轴. 轴上装有可绕轴转动的望远镜和载物台,在一个底脚的立柱上装有准直管. 现对它们的构造和作用分别进行叙述.

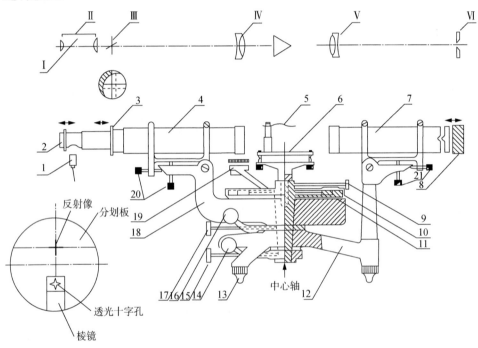

图 2.7.1　分光计的结构图

Ⅰ.45°玻璃片;Ⅱ. 目镜;Ⅲ. 十字孔;Ⅳ. 物镜;Ⅴ. 透镜;Ⅵ. 狭缝;1. 小灯;2. 自准目镜;3. 十字孔套筒;4. 望远镜;5. 夹持待测件的簧片;6. 载物台;7. 准直管;8. 狭缝宽度调节螺旋;9. 载物台固定螺丝;10. 刻度圆盘;11. 游标盘;12. 底座;13. 水平调节螺丝;14. 游标盘微动螺丝;15. 游标盘固定螺丝;16. 望远镜微动螺丝;17. 望远镜固定螺丝;18. 望远镜支架;19. 放大镜;20. 望远镜方位固定螺丝;21. 准直管方位固定螺丝

1) 准直管(7)

在柱形圆筒的一端装有一个可伸缩的套筒,套筒末端有一狭缝,筒的另一端装有消色差透镜组. 当狭缝恰位于透镜的焦平面上时,准直管就射出平行光束. 狭缝的宽度由狭缝宽度调节螺旋(8)调节. 准直管的水平度可用准直管方位固定螺丝(21)来调节,以使准直管的光轴和分光计的中心轴垂直.

2) 望远镜(4)

它是由物镜、自准目镜和十字孔所组成的一个圆筒. 常用的自准目镜有高斯目镜和阿贝目镜两种. 图 2.7.1 中的自准目镜为高斯目镜. 照明小灯泡的光自筒侧进入, 通过与镜轴成 45°角的半透半反平板玻璃反射照亮十字孔, 十字孔与目镜和物镜间的距离皆可调. 当十字孔位于物镜焦平面上时, 十字孔发出的光经过物镜后成为平行光. 用自准法可以精确地将望远镜调节到适合于观察平行光, 即向无限远处调焦. 望远镜调好后, 从目镜中可同时看清十字孔和其反射像, 且两者间无视差(图 2.7.1 的左下图).

望远镜支架(18)和刻度圆盘(10)固定在一起, 它可以绕分光计中心轴旋转, 转过的角度借助游标读出. 为了准确地对准狭缝, 还可以调节望远镜微动螺丝(16). 望远镜的水平度可用望远镜方位固定螺丝(20)来调节.

3) 载物台(6)

载物台是用来放置待测件的. 台上附有夹持待测件的簧片(5), 台面下方装有三个细牙螺丝, 用来调整台面的倾斜度. 这三个螺丝的中心形成一个正三角形. 松开载物台固定螺丝(9), 载物台可以单独绕分光计中心轴转动或升降; 拧紧载物台固定螺丝(9), 它将与游标盘固定一起. 游标盘可用游标盘固定螺丝(15)固定, 然后用游标盘微动螺丝(14)进行微调.

4) 读数装置

读数装置由刻度圆盘(10)和游标盘(11)组成. 刻度圆盘为 360°, 最小刻度为半度($30'$), 小于半度则利用游标读数. 游标上刻有 30 个小格, 故游标每一小格对应角度为 $1'$. 角度游标读数的方法与游标卡尺的读数方法相似, 如图 2.7.2 所示的位置应读为 $116°10'$.

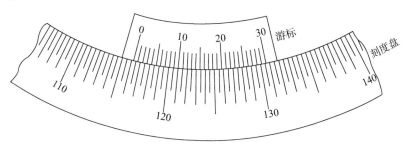

图 2.7.2　分光计的游标盘

望远镜、载物台、刻度圆盘的旋转轴线应与分光计中心轴线相重合, 准直管和望远镜的光轴线须在分光计中心轴线上相交, 准直管的狭缝和望远镜中的叉丝应被它们的光轴线平分. 但在制造上总存在一定的误差. 为了消除刻度盘与分光计中心轴线之间的偏心差, 在刻度圆盘同一直径的两端各装有一个游标, 测量时,两个游标都应读数, 然后算出每个游标两次读数的差, 再取平均值. 这个平均值可作为望远镜(或载物台)转过的角度, 并且消除了偏心误差[①].

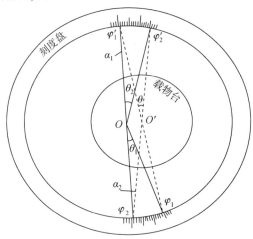

图 2.7.3　双游标消除偏心差

2. 三棱镜顶角的测定

测量三棱镜顶角的方法有反射法和自准法两种. 如图 2.7.4 所示为反射法. 设望远镜在左边时两个游标的读数为 φ_1 和 φ_1'; 望远镜在右边时两个游标的读数为 φ_2 和 φ_2', 则由图 2.7.4 可得顶角为

$$\alpha = \frac{\varphi}{2} = \frac{1}{4}\left(|\varphi_2 - \varphi_1| + |\varphi_2' - \varphi_1'|\right) \tag{2.7.1}$$

【实验仪器】

分光计、三棱镜、反射镜、汞灯及汞灯电源等.

---

① 图 2.7.3 表示了分光计存在偏心差的情形. 外圆表示刻度盘, 其中心在 O; 内圆表示载物台, 其中心在 O'. 两个游标与载物台固连, 并在其直径两端, 它们与刻度盘圆弧相接触. 通过 O' 的虚线表示两个游标零线的连线. 假定载物台从 φ_1 转到 φ_2, 实际转过的角度为 θ, 而刻度盘上的读数为 φ_1、φ_1'、φ_2、φ_2', 计算得到的转角为 $\theta_1 = |\varphi_2 - \varphi_1|$, $\theta_2 = |\varphi_2' - \varphi_1'|$. 根据几何定理 $\alpha_1 = \theta_1 / 2$, $\alpha_2 = \theta_2 / 2$, 而 $\theta = \alpha_1 + \alpha_2$, 故物台实际转过的角度

$$\theta = (\theta_1 + \theta_2) / 2 = \left[|\varphi_2 - \varphi_1| + |\varphi_2' - \varphi_1'|\right] / 2$$

由上式可见, 两个游标读数的平均值即为载物台实际转过的角度, 因而使用两个游标的读数装置可以消除偏心差.

【实验内容】

1. 调整分光计

分光计调整的基本原则：分光计在测量前，必须经过仔细调整. 为保证入射光和出射光与刻度盘、载物台相平行，使刻度盘上的读数能正确反映出光线的偏转角，调整分光计时要求达到：①望远镜调焦无穷远，能接收平行光；②望远镜和平行光管共轴，并均与分光计中心轴相垂直；③平行光管出射平行光.

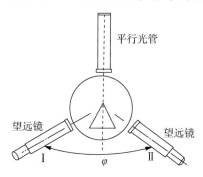

图 2.7.4　反射法测三棱镜的顶角

1) 熟悉结构

对照分光计的结构图和实物，熟悉分光计各部分的具体结构及其调整、使用方法.

2) 目测粗调(望远镜、准直管等高共轴)

为了便于调节望远镜光轴和准直管的光轴与分光计中心轴严格垂直，可先用目视法进行粗调，使望远镜、准直管和载物台面大致垂直于中心轴.

3) 用自准法调整望远镜

(1) 点亮照明小灯，调节目镜与十字孔间距离，看清楚十字孔.

(2) 将镀有反射膜层的平玻璃片放在载物台上，使平玻璃片的膜层与望远镜大致垂直，轻缓地转动载物台，从侧面观察，使得从望远镜射出的光被膜层反射回望远镜中. 注意，调节是否顺利，这一点是关键.

(3) 从望远镜中观察，并缓慢转动载物台，找到从膜层上反射回来的光斑，然后调节十字孔与物镜间的距离，使从目镜中能看清十字反射像，并注意十字孔与其反射像之间有无视差. 如有视差，则需反复调节，予以消除.

此时分划板平面、目镜焦平面、物镜焦平面重合在一起，望远镜已聚焦于无穷远(即平行光经物镜聚焦于分划板平面上)，能接收平行光了.

4) 调整望远镜光轴与分光计中心轴相垂直

准直管和望远镜的光轴分别代表入射光和出射光的方向. 为了测准角度，必须使它们的光轴与刻度盘平行，而刻度盘在制造时已垂直于分光计中心轴，因此当它们的光轴与分光计中心轴垂直时，就达到了与刻度盘平行的要求.

接着前一步调节，平玻璃片仍竖直置于载物台上，转动载物台，使望远镜分别对准膜层的两个表面. 如果望远镜光轴与分光计中心轴垂直，膜层面又与中心轴平行，那么转动装有平玻璃片的载物台时，从望远镜中两次观察到由膜层两个面反射回来的十字反射像都会与上方十字线完全重合. 若望远镜光轴与分光计中心轴不垂直，或膜层面不与中心轴相平行，那么转动载物台时，从望远镜中观察到的两个十字反射像必然不会同时和上方十字线重合，而是一个偏高，一个偏低，甚至只能看到一个. 这时需要认真分析，确定调节方向，切不可盲目乱调. 首先要调到从望远镜中能观察到两个十字反射像，然后再采用**各半调节方法**来调节. 具体做法是：

(1) 假设从望远镜中看到上十字线与十字反射像不重合，它们的交点在高低方面相差一段距离，则**调节望远镜的倾斜度**，使差距减小一半；再**调节载物台螺丝**，消除另一半差距，使上十字线和十字反射像重合.

(2) 再将载物台旋转180°，使望远镜对准膜层的另一面，用同样方法调节. 如此重复调整数次，直至转动载物台时从膜层两个表面反射回的十字像都能与上十字线重合为止.

5) 调整准直管

用前面已调整好的望远镜来调节准直管. 如果准直管出射平行光，则狭缝成像在望远镜物镜的焦平面上，望远镜中就能清楚地看到狭缝像，并与十字线无视差. 调整方法为：

(1) 从侧面和俯视两个方向用目视法把准直管光轴大致调节到与望远镜光轴相一致.

(2) 打开狭缝，从望远镜中观察，同时调节准直管狭缝与透镜间的距离，直到看见清晰的像为止. 然后把狭缝的宽度调整到1mm左右(从望远镜中观察)并转动望远镜使狭缝位于望远镜视场的中间.

(3) 调节狭缝的倾斜度，使其与中间的竖直丝线相重合，再调节准直管的高度使狭缝中点与圆心处的十字线交点一致. 这时准直管与望远镜的光轴就在同一平面内，并与分光计中心轴垂直.

6) 待测件的调整

待测件三棱镜的两个光学表面的法线应与分光计中心轴相垂直. 为此，可根据自准原理，用已调好的望远镜来进行调整. 先将三棱镜按如图2.7.5所示安放在载物台上，然后转动载物台，使棱镜的一个折射面正对望远镜，调整载物台螺丝，达到自准(注意：**此时望远镜已调好，不能再调!**). 再旋转载物台，使棱镜另一折射面正对望远镜，调到自准，并校核几次，直到转动载物台时两个折射面都能达到自准.

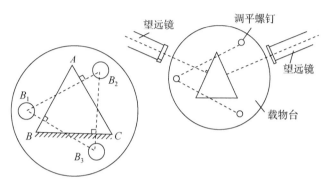

图 2.7.5 三棱镜的放置方法

2. 测定三棱镜的顶角

将三棱镜放在载物台上(图 2.7.4)，并使三棱镜顶角对准准直管，则准直管射出的光束照在三棱镜的两个折射面上. 从三棱镜左面反射的光可将望远镜转至如图 2.7.4 所示 I 处观测，用望远镜微调螺丝使竖线平分狭缝宽. 此时从两个游标上读出左右角度 φ_1 和 φ_1'；再将望远镜转至 II 处观测从三棱镜右面反射出来的光(图 2.7.4)，同样从两个游标读出左右角度 φ_2 和 φ_2'.

然后又将望远镜先后移动到左侧 I 位置和右侧 II 位置，用同样的方法做第二次测量和第三次测量，并求出顶角的平均值[①].

---

① 在计算望远镜转过的角度时，要注意望远镜是否经过了刻度盘的零点. 例如，当望远镜由图 2.7.4 中位置 I 转到位置 II 时，读数为：

望远镜的位置	I	II
左游标	$175°45'(\varphi_1)$	$295°43'(\varphi_2)$
右游标	$355°45'(\varphi_1')$	$115°43'(\varphi_2')$

左游标未经过零点，望远镜转过的角度

$$\varphi = \varphi_2 - \varphi_1 = 119°58'$$

右游标经过了零点，这时望远镜转过的角度应按下式计算：

$$\varphi = (360° + \varphi_2') - \varphi_1' = 119°58'$$

如果从游标读出的角度 $\varphi_2 < \varphi_1$，$\varphi_2' < \varphi_1'$，而游标又未经过零点，则式(2.7.1)中的 $\varphi_2 - \varphi_1$ 和 $\varphi_2' - \varphi_1'$ 应取绝对值.

注意：三棱镜顶点应靠近载物台中心. 否则，棱镜折射面的反射光不能进入望远镜.

【数据处理】

将用反射法测三棱镜顶角的数据记录在表 2.7.1 中.

表 2.7.1　反射法测三棱镜顶角

位置	游标	1	2	3
望远镜在　Ⅰ	左游标 φ_1			
	右游标 φ_1'			
望远镜在　Ⅱ	左游标 φ_2			
	右游标 φ_2'			
$\alpha = \frac{1}{4}[|\varphi_2 - \varphi_1| + |\varphi_2' - \varphi_1'|]$				
$\bar{\alpha}$				

【思考题】

(1) 用自准法调节望远镜时，如果望远镜中十字孔在物镜焦点以外或以内，则十字孔经平面镜反射回到望远镜后的像将成在何处?

(2) 在用反射法测三棱镜顶角时，为什么三棱镜放在载物台上的位置，要使三棱镜顶角离准直管远一些，而不能太靠近准直管呢?试画出光路图，分析其原因.

(3) 除了用反射法测定棱镜顶角外，还有一种常用的自准法，请扼要说明这种方法的基本原理和测量步骤.

实验 2.8　三棱镜折射率的测定

测量三棱镜的折射率最常用的一种方法就是最小偏向法. 而分光计是一种测量角度的光学仪器，利用它可以测量折射率、光波波长、色散率等. 测量三棱镜的折射率最常用的一种测量工具就是分光计.

【实验目的】

(1) 观察三棱镜的色散现象.

(2) 掌握用分光计测量三棱镜最小偏向角的基本方法.

(3) 学习利用最小偏向角测定三棱镜对各色光的折射率的基本思路.

【实验原理】

如图 2.8.1 所示，$\triangle ABC$ 表示三棱镜的横截面；AB 和 AC 是透光的光学表面，又称折射面，其夹角 α 称为三棱镜的顶角；BC 为毛玻璃面，称为三棱镜的底面. 假设有一束单色光 SD 入射到棱镜上，经过两次折射后沿 ER 射出，则入射光线 SD 与出射光线 ER 的夹角 δ 称为偏向角. 根据图中的几何关系，偏向角 $\delta = \angle FDE + \angle FED = \left(i_1 - i_2\right) + \left(i_4 - i_3\right)$.
因顶角 $\alpha = i_2 + i_3$，得到

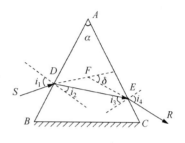

图 2.8.1　棱镜的折射

$$\delta = i_1 + i_4 - \alpha \tag{2.8.1}$$

对于给定的棱镜来说，角 α 是固定的，δ 随 i_1 和 i_4 而变化. 其中 i_4 与 i_3、i_2、i_1 依次相关，因此 i_4 归根结底是 i_1 的函数，偏向角 δ 也就仅随 i_1 而变化. 在实验中可观察到，当 i_1 变化时，δ 有一极小值，称为最小偏向角. 当入射角 i_1 满足什么条件时，δ 才处于极值呢？这可按求极值的方法来推导. 令 $\mathrm{d}\delta / \mathrm{d}i_1 = 0$，则由式(2.8.1)得

$$\frac{\mathrm{d}i_4}{\mathrm{d}i_1} = -1 \tag{2.8.2}$$

再利用 $\alpha = i_2 + i_3$ 和两折射面处的折射条件

$$\sin i_1 = n \sin i_2 \tag{2.8.3}$$

$$\sin i_4 = n \sin i_3 \tag{2.8.4}$$

得到

$$\frac{\mathrm{d}i_4}{\mathrm{d}i_1} = \frac{\mathrm{d}i_4}{\mathrm{d}i_3} \cdot \frac{\mathrm{d}i_3}{\mathrm{d}i_2} \cdot \frac{\mathrm{d}i_2}{\mathrm{d}i_1} = \frac{n\cos i_3}{\cos i_4} \cdot (-1) \cdot \frac{\cos i_1}{n\cos i_2}$$

$$= -\frac{\cos i_3 \sqrt{1 - n^2 \sin^2 i_2}}{\cos i_2 \sqrt{1 - n^2 \sin^2 i_3}} = -\frac{\sqrt{\sec^2 i_2 - n^2 \tan^2 i_2}}{\sqrt{\sec^2 i_3 - n^2 \tan^2 i_3}}$$

$$= -\frac{\sqrt{1 + (1 - n^2) \tan^2 i_2}}{\sqrt{1 + (1 - n^2) \tan^2 i_3}} \tag{2.8.5}$$

将式(2.8.5)和式(2.8.2)比较，有 $\tan i_2 = \tan i_3$. 而在棱镜折射的情形下，i_2 和 i_3 均小于 $\pi/2$，故有 $i_2 = i_3$. 代入式(2.8.3)和式(2.8.4)，得到 $i_1 = i_4$. 可见，δ 具有极值的条

件是

$$i_2 = i_3 \quad \text{或} \quad i_1 = i_4 \tag{2.8.6}$$

当 $i_1 = i_4$ 时，δ 具有极小值. 显然，这时入射光和出射光的方向相对于棱镜是对称的. 若用 $\delta_{\min}$ 表示最小偏向角，将式(2.8.6)代入式(2.8.1)，得到

$$\delta_{\min} = 2i_1 - \alpha$$

或

$$i_1 = \frac{1}{2}(\delta_{\min} + \alpha)$$

而 $\alpha = i_2 + i_3 = 2i_2$，$i_2 = \alpha / 2$. 于是，棱镜对该单色光的折射率 n 为

$$n = \frac{\sin i_1}{\sin i_2} = \frac{\sin \frac{1}{2}(\delta_{\min} + \alpha)}{\sin \frac{1}{2}\alpha} \tag{2.8.7}$$

如果测出棱镜的顶角 α 和最小偏向角 $\delta_{\min}$，按照式(2.8.7)就可算出棱镜的折射率 n.

【实验仪器】

分光计、三棱镜、反射镜、汞灯、汞灯电源.

【实验内容】

1. 调整分光计

分光计调整的基本原则：分光计在测量前必须经过仔细调整. 为保证入射光和出射光与刻度盘、载物平台相平行，使刻度盘上的读数能正确反映出光线的偏转角，调整分光计时要求达到：①望远镜调焦于无穷远，能接收平行光；②望远镜和平行光管共轴，并均与分光计中心轴相垂直；③平行光管出射平行光.

1) 熟悉结构(分光计的构造和各部件名称请参考实验 2.7 "分光计的调整与使用" 中的分光计结构图 2.7.1)

对照分光计的结构图和实物，熟悉分光计各部分的具体结构及其调整、使用方法.

2) 目测粗调(望远镜、准直管等高共轴)

为了便于调节望远镜光轴和准直管的光轴与分光计中心轴严格垂直，可先用目视法进行粗调，使望远镜、准直管和载物台面大致垂直于中心轴.

3) 用自准法调整望远镜

(1) 点亮照明小灯，调节目镜与十字孔间距离，看清楚十字孔.

(2) 将镀有反射膜层的平玻璃片放在载物台上，使平玻璃片的膜层与望远镜

大致垂直，轻缓地转动载物台，从侧面观察，使得从望远镜射出的光被膜层反射回望远镜中. 注意，调节是否顺利，这一点是关键.

(3) 从望远镜中观察，并缓慢转动载物台，找到从膜层上反射回来的光斑，然后调节十字孔与物镜间的距离，使从目镜中能看清十字反射像，并注意十字孔与其反射像之间有无视差. 如有视差，则需反复调节，予以消除.

此时分划板平面、目镜焦平面、物镜焦平面重合在一起，望远镜已聚焦于无穷远(即平行光经物镜聚焦于分划板平面上)，能接收平行光了.

更精确地调整(双面调整)请参考实验 2.7 "分光计的调整与使用"中的调整望远镜光轴与分光计中心轴相垂直.

4) 调整准直管

用前面已调整好的望远镜来调节准直管. 如果准直管出射平行光，则狭缝成像在望远镜物镜的焦平面上，望远镜中就能清楚地看到狭缝像，并与十字线无视差. 调整方法为：

(1) 从侧面和俯视两个方向用目视法把准直管光轴大致调节到与望远镜光轴相一致.

(2) 打开狭缝，从望远镜中观察，同时调节准直管狭缝与透镜间的距离，直到看见清晰的像为止. 然后把狭缝的宽度调整到 1mm 左右(从望远镜中观察)并转动望远镜使狭缝位于望远镜视场的中间.

(3) 调节狭缝的倾斜度，使其与中间的竖直丝线相重合，再调节准直管的高度使狭缝中点与圆心处的十字线交点一致. 这时准直管与望远镜的光轴就在同一平面内，并与分光计中心轴垂直.

2. 测量最小偏向角

(分光计的构造和各部件名称请参考实验 2.7 "分光计的调整与使用"中的分光计结构图 2.7.1)

(1) 将三棱镜置于载物台上，让顶角偏向左侧，并使棱镜折射面的法线与准直管轴线的夹角大致为 60°(即将三棱镜顶角由左侧向望远镜方向转动 30°左右).

(2) 观察偏向角的变化. 用光源(汞灯)照亮狭缝，根据折射定律，判断折射光线的出射方向. 先用眼睛在此方向观察，可看到几条平行的彩色谱线，然后轻轻转动载物台，同时注意谱线的移动情况，观察偏向角的变化. 选择偏向角减小的方向，缓慢转动载物台，使偏向角逐渐减小，继续沿这个方向转动载物台时，可看到谱线移至某一位置后将反向移动. 这说明偏向角存在一个最小值. 谱线移动方向发生逆转时的偏向角就是最小偏向角(图 2.8.2).

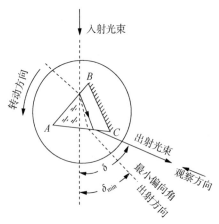

图 2.8.2　最小偏向角示意图

(3) 用望远镜观察谱线. 在细心转动载物台时, 使望远镜一直跟踪谱线, 并注意观察某一谱线(如黄光)的移动情况. 在该谱线逆转动前, 旋紧载物台固定螺丝(9) (分光计的构造和各部件名称请参考实验 2.7 "分光计的调整与使用"中的分光计结构图 2.7.1), 使载物台与游标盘固定在一起, 再利用游标盘微动螺丝(14), 使谱线刚好停在最小偏向角位置(图 2.8.2).

(4) 旋紧望远镜固定螺丝(17), 再用望远镜微动螺丝(16)做精细调节, 使竖直分划线对准谱线中央, 从两个游标上读出角度 θ 和 θ'. 然后, 轻微地转动望远镜, 使竖直分划线分别对准另外两条谱线(绿光和蓝光)的中央, 并从两个游标上分别读出另外两条谱线(绿光和蓝光)的角度 θ 和 θ'.

注意: 读数装置(图 2.8.3)是由刻度圆盘和游标盘组成的. 刻度圆盘为 360°, 最小刻度为半度(30′), 小于半度则利用游标读数. 游标上刻有 30 小格, 故游标每一小格对应角度为 1′. 角度游标读数的方法与游标卡尺的读数方法相似, 如图 2.8.3 所示的位置应读为 116°10′.

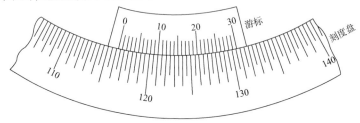

图 2.8.3　分光计的读数装置

重新摆放三棱镜的位置, 让顶角偏向右侧, 并使棱镜折射面的法线与准直管轴线的夹角大致为 60°(即将三棱镜顶角由右侧向望远镜方向转动 30°左右), 重复步骤(2)、(3)、(4), 用同样的方法在右侧再次找到最小偏向角的位置并测出各条谱线的角度位置坐标(游标读数).

然后, 用同样的方法左、右再各测一次.

(5) 测定入射光方向. 移去三棱镜, 将望远镜对准准直管, 微调望远镜, 使竖直分划线对准狭缝中央, 并在两个游标上读出角度位置坐标(游标读数) θ_0 和 θ_0'.

(6) 按 $\delta_{\min} = \frac{1}{2}\left[\,|\theta - \theta_0| + |\theta' - \theta_0'|\,\right]$ 计算各条谱线对应的最小偏向角[①] $\delta_{\min}$.

将顶角 α 和测出的最小偏向角 $\delta_{\min}$ 代入式(2.8.7)中, 求出各色光的折射率, 并分析三棱镜折射率随波长变化的规律.

【数据处理】

将用最小偏向角测量三棱镜折射率的数据记录在表 2.8.1 中.

表 2.8.1 测量三棱镜的最小偏向角 　　　三棱镜顶角 $\alpha=$_____

入射光方向:左游标 $\theta_0 =$　　　　　　　　右游标 $\theta_0' =$

彩色谱线		黄光		绿光		蓝光	
游标读数		左游标 θ	右游标 θ'	左游标 θ	右游标 θ'	左游标 θ	右游标 θ'
谱线逆转位置	1 次						
	2 次						
	3 次						
	4 次						
$\delta_{\min} = \frac{1}{2}\left[\,|\theta_0 - \theta| + |\theta_0' - \theta'|\,\right]$	1 次						
	2 次						
	3 次						
	4 次						
最小偏向角的平均值							
折射率 $n = \sin\frac{1}{2}(\delta_{\min} + \alpha)\,/\sin\frac{\alpha}{2}$							

【思考题】

(1) 在寻找出射光线时, 根据折射定律, 折射光线的出射方向大约应在什么位置? 可简要地画出光路示意图来说明.

(2) 在测定最小偏向角时, 怎样来确定最小偏向角的位置.

---

① 参见本书第 95 页的脚注说明.

实验综合设计拓展　光学介质折射率的测定及应用

【实验目的】

(1) 掌握通过测量角度求折射率 n 的几何方法，如掠入射法、位移法、最小偏向角法等.

(2) 学会利用光波通过介质后，投射光波的相位变化与折射率密切相关这一原理来测定折射率的物理光学方法，如测量布儒斯特角法、干涉法、衍射法等.

【实验仪器】

分光计、读数显微镜、汞灯、钠光灯、激光器、偏振器、迈克耳孙干涉仪、待测样品等.

【实验要求】

(1) 用几何光学的方法设计透明气体、液体、固体光学介质的折射率的测量方法.

(2) 用物理光学的方法设计透明气体、液体、固体光学介质的折射率的测量方法.

(3) 气体的压强、温度等物理量的变化对折射率的影响及其变化规律的研究.

(4) 液体的溶液浓度、温度的变化对折射率的影响及其变化规律的研究.

【实验报告】

(1) 阐明设计思路和具体方案，画出相关光路图.

(2) 详细写出实验涉及的仪器和器材，写明实验步骤.

(3) 对同一介质用不同方法的测量结果的异同做比较，并分析原因.

(4) 分析与讨论.

实验 2.9　等　厚　干　涉

授课视频

光的干涉是一种重要的光学现象，它为光的波动性提供了有力的实验证据. 当同一光源发出的光分成两束，在空间经过不同路径重新会合时就产生了干涉. 光的干涉现象可以用来测量微小的长度和角度，检验物体表面的光洁度和平行度，测定光的波长，研究物体中的应力分布等. 等厚干涉实验就是这种应用的实例.

中国科学院南京天文光学技术研究所左恒研究员团队提出了一种基于光学等厚干涉原理的边缘传感器设计方法，可用于大型拼接镜面望远镜的共相检测. 此项技术打破了国外垄断，在众多高精尖测量领域有着广阔的应用前景.

【实验目的】

(1) 观察和研究等厚干涉的现象及其特点.

(2) 练习用干涉法测量透镜的曲率半径、微小厚度 (或直径).

【实验原理】

利用透明薄膜上、下两表面对入射光的依次反射，入射光的振幅将分解成有一定光程差的几个部分. 这是一种获得相干光的重要途径，被多种干涉仪所采用. 若两束反射光在相遇时的光程差取决于产生反射光的薄膜厚度，则同一干涉条纹所对应的薄膜厚度相同. 这就是所谓的等厚干涉.

1. 牛顿环

将一块曲率半径 R 较大的平凸透镜的凸面置于一光学平玻璃板上，在透镜凸面和平玻璃板间就形成一层空气薄膜，其厚度从中心接触点到边缘逐渐增加. 当以平行单色光垂直入射时，入射光将在此薄膜上、下两表面反射，产生具有一定光程差的两束相干光. 显然，它们的干涉图样是以接触点为中心的一系列明暗交替的同心圆环——牛顿环. 其光路示意图见图 2.9.1.

由光路分析可知，与第 k 级条纹对应的两束相干光的光程差为

$$\delta_k = 2e_k + \frac{\lambda}{2} \qquad (2.9.1)$$

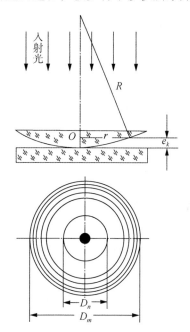

图 2.9.1　牛顿环及其形成光路的示意图

由图 2.9.1 可知

$$R^2 = r^2 + (R-e)^2$$

化简后得到

$$r^2 = 2eR - e^2$$

如果空气薄膜厚度 e 远小于透镜的曲率半径，即 $e \ll R$，则可略去二级小量 e^2. 于

是有

$$e = \frac{r^2}{2R} \qquad\qquad (2.9.2)$$

将 e 值代入式(2.9.1)，得

$$\delta = \frac{r^2}{R} + \frac{\lambda}{2}$$

由干涉条件可知，当 $\delta = \dfrac{r^2}{R} + \dfrac{\lambda}{2} = (2k+1)\dfrac{\lambda}{2}$ 时，干涉条纹为暗条纹，于是得

$$r_k^2 = kR\lambda \quad (k = 0,1,2,3,\cdots) \qquad\qquad (2.9.3)$$

如果已知入射光的波长 λ，并测得第 k 级暗条纹的半径 r_k，则可由式(2.9.3)算出透镜的曲率半径 R.

观察牛顿环时将会发现，牛顿环中心不是一点，而是一个不甚清晰的暗或亮的圆斑. 其原因是透镜和平玻璃板接触时，由接触压力引起形变，接触处为一圆面；又镜面上可能有微小灰尘等存在，从而引起附加的光程差. 这都会给测量带来较大的系统误差.

我们可以通过取两个暗条纹半径的平方差值来消除附加光程差带来的误差. 假设附加厚度为 a，则光程差为

$$\delta = 2(e \pm a) + \frac{\lambda}{2} = (2k+1)\frac{\lambda}{2}$$

即

$$e = k \cdot \frac{\lambda}{2} \pm a$$

将式(2.9.2)代入，得

$$r^2 = kR\lambda \pm 2Ra$$

取第 m、n 级暗条纹，则对应的暗环半径为

$$r_m^2 = mR\lambda \pm 2Ra$$

$$r_n^2 = nR\lambda \pm 2Ra$$

将两式相减，得 $r_m^2 - r_n^2 = (m-n)R\lambda$. 可见 $r_m^2 - r_n^2$ 与附加厚度 a 无关. 又因暗环圆心不易确定，故取暗环的直径替换，得

$$D_m^2 - D_n^2 = 4(m-n)R\lambda$$

因而，透镜的曲率半径

$$R = \frac{D_m^2 - D_n^2}{4(m-n)\lambda} \qquad\qquad (2.9.4)$$

2. 劈尖

将两块光学平玻璃板叠在一起，在一端插入一薄片(或细丝等)，则在两玻璃板间形成一空气劈尖. 当用单色光垂直照射时，和牛顿环一样，在劈尖薄膜上、下两表面反射的两束光发生干涉，其光程差由式(2.9.1)表示，即

$$\delta = 2e + \frac{\lambda}{2}$$

产生的干涉条纹是一簇与两玻璃板交接线平行且间隔相等的平行条纹(图 2.9.2).
显然，当

$$\delta = 2e + \frac{\lambda}{2} = (2k+1)\frac{\lambda}{2} \quad (k = 0,1,2,3,\cdots)$$

时，为干涉暗条纹.

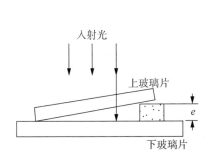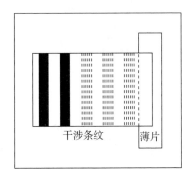

图 2.9.2 劈尖干涉

与 k 级暗条纹对应的薄膜厚度为

$$e = k\frac{\lambda}{2} \tag{2.9.5}$$

利用此式，稍作变换即可求出薄片厚度或细丝直径等微小量.

【实验仪器】

移测显微镜、钠光灯、牛顿环装置、光学平板玻璃、待测物.

钠灯是光学实验中常用的一种气体放电光源，其可见光谱主要是波长为 5890Å 和 5896Å 的两条黄色光谱线，实验中将它视作波长为 5893Å 的单色光源. 钠灯由金属电极和金属钠封闭在抽真空后充有辅助气体(氩)的特种玻璃管内制成，它利用钠蒸气在强电场激发下发生弧光放电而发光. 通电时，管内氩气首先被电离、放电，此后灯管温度逐渐升高，金属钠开始升华，升华后的钠蒸气在强电场的激发下发生弧光放电；随着金属钠不断升华，弧光放电不断加剧，发光强度逐渐增强；直到金属钠完全升华，发光强度达到最大. 这一过程使得钠灯需要启动 3～

5 min 才能正常发光. 由于弧光放电具有负的伏安特性, 使用钠灯时必须接整流器限流, 否则不断增大的电流将烧坏灯管.

【实验内容】

1. 根据牛顿环测透镜的曲率半径

1) 调整测量装置图

实验装置如图 2.9.3 所示, 由于干涉条纹间隔很小, 精确测量需用移测显微镜. 调整时应注意以下几点:

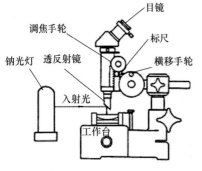

图 2.9.3　实验装置

(1) 调节 45°玻璃片, 使显微镜视场中亮度最大. 这时, 基本上满足入射光垂直于透镜的要求.

(2) 因反射光干涉条纹产生在空气薄膜的上表面, 显微镜应对上表面调焦才能找到清晰的干涉图像.

(3) 调焦时, 显微镜应自下而上缓慢地上升, 直到看清楚干涉条纹时为止.

2) 观察干涉条纹的分布特征

例如, 各级条纹的粗细是否一致, 条纹间隔有无变化, 并做出解释. 观察牛顿环中心是亮斑还是暗斑?若是亮斑, 如何解释?用擦镜纸将接触的两个表面仔细擦干净, 可使中心呈暗斑.

3) 测量牛顿环的直径

转动测微鼓轮, 依次记下欲测的各级条纹在中心两侧的坐标(级数适当取大些, 如 $k = 30$ 左右), 求出各级牛顿环的直径. 在每次测量时, 注意鼓轮应沿同一方向转动, 中途不可倒转(为什么?). 算出各级牛顿环直径的平方值后, 用逐差法处理所得数据, 求出直径平方差的平均值 $\overline{D_m^2 - D_n^2}$ (如可取 $m-n = 20$ 左右), 代入

$$R = \frac{D_m^2 - D_n^2}{4(m-n)\lambda}$$ 和由此式推出的误差公式, 即得到透镜的曲率半径 $R = \bar{R} \pm \sigma_R$.

2. 用劈尖干涉法测微小厚度(或微小直径)

(1) 将被测薄片(或细丝)夹在两块平玻璃板之间, 然后置于显微镜载物台上. 用显微镜观察、描绘劈尖干涉的图像. 改变薄片在平玻璃板间的位置, 观察干涉条纹的变化, 并做出解释.

(2) 由式 $e = k\dfrac{\lambda}{2}$ 可见, 当波长 λ 已知时, 在显微镜中数出干涉条纹数 k, 即可得相应的薄片厚度 e. 一般来说, k 值较大, 为避免计数 k 出现差错, 可测出干

涉条纹数 x (如 10 条)的长度 L_x ,得出单位长度内的干涉条纹数 $n = x/L_x$. 若薄片与劈尖棱边的距离为 L ,则共出现的干涉条纹数 $k = n \cdot L$. 代入 $e = k\dfrac{\lambda}{2}$,得出薄片的厚度 $e = nL\dfrac{\lambda}{2}$.

【注意事项】

(1) 应尽量使叉丝对准干涉暗环中央读数.

(2) 不要数错环数,读数时移测显微镜始终向一个方向转动,不得反方向转动;防止仪器的空回误差,否则全部数据作废.

(3) 实验时要把移测显微镜载物台下的反射镜翻转过来,不要让光从窗口经反射镜把光反射到载物台上,以免影响对暗环的观测.

【数据处理】

1. 测平凸透镜的曲率半径 R

表 2.9.1 测平凸透镜的曲率半径 R (钠 $\lambda = 5.893 \times 10^{-4}$ mm,单位:mm)

级次		m					n				
		30	29	28	27	26	10	9	8	7	6	
干涉环坐标	左 x_1											$D_m^2 - D_n^2$ 的平均值
	右 x_2											
直径 $D = \|x_1 - x_2\|$												
D^2												
$(D_m^2 - D_n^2)_i$												$\overline{D_m^2 - D_n^2} =$
$[\Delta(D_m^2 - D_n^2)]^2$ $= [(D_m^2 - D_n^2)_i - \overline{(D_m^2 - D_n^2)}]^2$												$\sum [\Delta(D_m^2 - D_n^2)]^2 =$

2. 劈尖测微小厚度(直径)

表 2.9.2 劈尖测微小厚度 (直径)

项目	A_0	i	$i+10$	$i+20$	$i+30$	A_{max}
坐标读数 A_i/mm						
$x = \|(i+m) - i\|$/条		—	10	20	30	平均值
$L_x = \|A_{i+m} - A_i\|$ / mm		—				
$n = x/L_x$/(条/mm)		—				
$L = \|A_{max} - A_0\|$/mm						
$e = (\overline{n}L\lambda/2)$/mm						

注:A_0 为两玻璃片的交线坐标,A_{max} 为玻璃片与薄片边缘交线坐标,i 为干涉条纹中的某一条.

牛顿环实验内容的数据处理及结果表达.

计算：$\bar{R} = \overline{(D_m^2 - D_n^2)} / 4(m-n)\lambda =$ _____

A 类：$S_{(D_m^2 - D_n^2)} = \sqrt{\dfrac{\sum [\Delta(D_m^2 - D_n^2)]^2}{5 \times (5-1)}} =$ _____

B 类：$u_{(D_m^2 - D_n^2)} = \dfrac{\Delta}{\sqrt{3}} =$ _____

合成：$\sigma_{(D_m^2 - D_n^2)} = \sqrt{S_{(D_m^2 - D_n^2)}^2 + u_{(D_m^2 - D_n^2)}^2} =$ _____

$\sigma_{\bar{R}} = \dfrac{\sigma_{(D_m^2 - D_n^2)}}{4(m-n)\lambda} =$ _____

测量结果：$\bar{R} \pm \sigma_{\bar{R}} =$ _____

其中，$u_{(D_m^2 - D_n^2)} = \dfrac{\Delta}{\sqrt{3}}$，$\Delta$ 是误差极限值，这里 Δ 不用移测显微镜的仪器误差来代替(它的仪器误差是 0.005mm)，因为还要考虑由叉丝对准圆环宽度的中心不准而造成的误差. 综合考虑 Δ 为 0.01mm(严格的计算应当是 $u_1 = \dfrac{\Delta_{仪}}{\sqrt{3}}$，$u_2 = \dfrac{读数误差}{\sqrt{3}}$，$u = \sqrt{u_1^2 + u_2^2}$，为简化计算，综合考虑 Δ 来处理了).

【思考题】

(1) 实验中如何避免读数显微镜存在的空回误差?

(2) 试比较牛顿环和劈尖的干涉条纹的异同点.

实验 2.10　迈克耳孙干涉仪测 He-Ne 激光的波长

迈克耳孙(Michelson)干涉仪是许多近代干涉仪的原型，它是一种分振幅双光束的干涉仪，用它可以观察光的干涉现象(包括等倾干涉条纹、等厚干涉条纹、白光干涉条纹)，也可以研究许多物理因素(如温度、压强、电场、磁场以及介质的运动等)对光的传播的影响，同时还可以测定单色光的波长、光源和滤光片的相干长度以及透明介质的折射率等. 当配上法布里-珀罗系统后还可以观察多光束的干涉，因此它是一种用途很广泛的验证基础理论的常用实验仪器.

清华大学李岩、尉昊赟等完成的"高测速多轴高分辨力激光干涉测量技术与仪器"项目，针对光刻机工件台超精密定位、基础计量测量和高端仪器应用中对激光干涉仪高动态、高分辨力、跨尺度和可溯源等测量需求，深入开展测量原理、方法和测量系统仪器化中的共性科学技术问题研究，突破一系列关键技术瓶颈，形成了测量新方法、系统及仪器.

【实验目的】

(1) 了解迈克耳孙干涉仪的结构原理和调节方法.

(2) 观察等倾干涉、等厚干涉等干涉现象.

(3) 利用迈克耳孙干涉仪测定 He-Ne 激光的波长.

【实验原理】

迈克耳孙干涉仪的光路原理如图 2.10.1 所示. S 为光源,A 为半镀银玻璃板(使照在上面的光线既能反射又能透射，而这两部分光的强度又大致相等),C、D 为平面反射镜.

光源 S 发出的 He-Ne 激光经会聚透镜 L 扩束后,射向 A 板. 在半镀银面上分成两束光: 光束(1)受半镀银面反射射向 C 镜,光束(2)透过半镀银面射向 D 镜. 两束光按原路返回后射向观察者 e(或接收屏)并在此相遇而发生干涉. B 为补偿板,材料和厚度均与 A 板相同, 且与 A 板平行, 加入 B 板后, 使(1)、(2)两束光都经过玻璃两次, 其光程差就纯粹是由 C、D 镜与 A 板的距离不同而引起的.

由此可见, 这种装置使相干的光束在相干之前分别走了很长的路程, 为清楚起见, 其光路可简化为如图 2.10.2 所示. 观察者自 e 处向 A 板看去, 除直接看到 C 镜外, 还可以看到 D 镜在 A 板的反射像, 此虚像以 D′表示. 对于观察者来说, 由 C、D 镜所引起的干涉, 显然与 C、D′之间由空气层所引起的干涉等效, 因此在考虑干涉时, C、D′镜之间的空气层就成为其主要部分. 本仪器设计的优点也就在于 D′不是实物, 因而可以任意改变 C、D′之间的距离——D′可以在 C 镜的前面、后面, 也可以使它们完全重叠或相交.

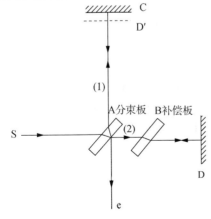

图 2.10.1 迈克耳孙干涉原理

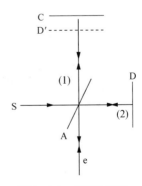

图 2.10.2 光路图简化

1. 等倾干涉

当 C、D′ 完全平行时，将获得等倾干涉，其干涉条纹的形状取决于来自光源平面上的光的入射角 i(图 2.10.3)，在垂直于观察方向的光源平面 S 上，自以 O 点为中心的圆周上各点发出的光以相同的倾角 i_k 入射到 C、D′ 之间的空气层，所以它的干涉图样是同心圆环，其位置取决于光程差 ΔL. 从图 2.10.3 可以看出

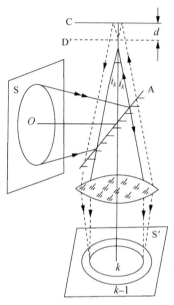

图 2.10.3　等倾干涉原理图

$$\Delta L = 2d \cos i_k \tag{2.10.1}$$

当 $2d \cos i_k = k\lambda (k = 1, 2, 3, \cdots)$ 时将看到一组亮圆纹.

当眼盯着第 k 级亮纹不放，改变 C 与 D′ 的位置，使其间隔 d 增大，但要保持 $2d\cos i_k = k\lambda$ 不变，则必须以减小 $\cos i_k$ 来达到，因此 i_k 必须增大，这就意味着干涉条纹从中心向外"长出"(或"冒出")；反之，若 d 减小，则 $\cos i_k$ 必然增大，这就意味着 i_k 减小，所以相当于干涉圆环一个一个地向中心"吞没"(或"陷入")，因为圆环中心 $i_k = 0$，$\cos i_k = 1$，故

$$2d = k\lambda$$

则

$$d = \frac{\lambda}{2} \cdot k \tag{2.10.2}$$

可见，当 C 与 D′ 之间的距离 d 增大(或减小)$\lambda/2$ 时，干涉条纹就从中心"冒出"(或向中心"吞没")一圈. 如果在迈克耳孙干涉仪上读出始、末态走过的距离 Δd 以及数出在这期间干涉条纹变化(冒出或吞没)的圈数 Δk，则可以计算出此时光波的波长 $\lambda = 2\Delta d/\Delta k$(图 2.10.4 为等倾干涉的照片).

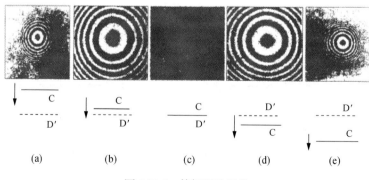

图 2.10.4　等倾干涉照片

2. 等厚干涉

如果 C 不垂直于 D，即 C 与 D′ 成一个很小的交角(交角太大则看不到干涉条纹)，则出现等厚干涉条纹.

当 C 与 D′ 的夹角 α 很小时，光线(1)和(2)的光程差仍然可以近似地用 $\Delta L = 2d \cos i_k$ 表示，其中 d 是观察点处空气层的厚度，i_k 仍为入射角. 如果入射角 i_k 不大，则 $\cos i_k \approx 1 - \frac{1}{2} i_k^2$，所以 $\Delta L \approx 2d \left(1 - \frac{1}{2} i_k^2 \right) = 2d - di_k^2$. 在两镜面交线附近 d 很小，di_k^2 可略去，ΔL 的变化主要取决于厚度 d 的变化. 因此，在空气薄层上厚度相同的地方光程差相同，将出现一组平行于两镜面交线的直线条纹. 当厚度 d 变大时，干涉条纹逐渐变成弧形，凸向两镜的交线. 因为这时 ΔL 既取决于 d，又与 i_k 有关. i_k 变大时，$\cos i_k$ 变小，要保持相同的光程差 $\Delta L = 2d \cos i_k$，d 必须增大，所以条纹两端逐渐向厚度增加方向弯曲. 观察等厚条纹时，光源仍采用扩展光源，使反射后能有各方向的光线，便于观察(图 2.10.5 为等厚干涉照片).

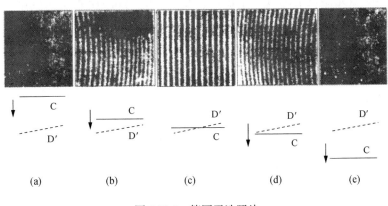

图 2.10.5　等厚干涉照片

3. 白光干涉条纹(彩色条纹)

因为干涉花纹的明暗决定了光程差与波长的关系，比如，当光程差是 15200 Å 时，这刚好是红光(7600 Å)的整数倍，满足亮条纹的公式(2.10.1)，可看到红的亮干涉条纹，但是它对绿光(5000 Å)不满足，所以看不到绿色的亮纹. 用白光光源，只有在 $d = 0$ 的附近(几个波长范围内)才能看到干涉花纹，在正中央 C、D′ 交线处($d = 0$)，这时对各种波长的光来说，其光程差均为 0，故中央条纹不是彩色的. 两旁有十几条对称分布的彩色条纹，d 再大时，因对各种不同波长的光其满足暗纹的情况也不同，故所产生的干涉花纹明暗互相重叠，结果显示不出条纹来，只有用白光才能判断出中央花纹, 而利用它可定出 $d=0$ 的位置.

4. 光源的相干长度和相干时间问题

时间相干性是光源相干程度的一个描述. 为简单起见, 以入射角 $i_k = 0$ 作为例子来讨论. 这时光束(1)和(2)的光程差为 $2d$, 当 d 增加到某一数值 d' 后, 原有的干涉条纹将变成一片模糊, $2d'$ 就叫作相干长度, 用 L_m 表示. 相干长度除以光速 c, 称为相干时间, 用 t_m 表示. 不同的光源有不同的相干长度和相干时间.

对于光源存在一定的相干长度和相干时间的问题, 可以这样解释: 实际光源发射的光波不是无穷长的波列, 当光源发出的一个有限光波列进入干涉仪, 经 D 反射后的光束(2)全部通过干涉区的被观察点时, 光束(1)却因与光束(2)有 L_m 的光程差, 尚未到达该点, 因此它们之间不能构成干涉, 所以相干长度实际上表征了波列的长度.

光源的单色性越好, $\Delta\lambda$ 越小, 相干长度就越长.

He-Ne 激光器发射的激光单色性很好, 它的 632.81nm 的谱线的 $\Delta\lambda$ 只有 $10^{-7} \sim 10^{-4}$ nm, 它的相干长度从几米到几千米. 而普通的钠光灯、汞灯的 $\Delta\lambda$ 均为零点几纳米, 相干长度只有 $1 \sim 2$cm. 白炽灯发射的光的 $\Delta\lambda \approx \lambda$, 相干长度为波长的数量级, 所以只能看到级数很小的彩色条纹.

【实验仪器】

SM-100 型迈克耳孙干涉仪、He-Ne 激光器、扩束镜.

1. 迈克耳孙干涉仪的结构

如图 2.10.6 所示, 在仪器中, A、B 两板已固定好(A 板后表面靠 B 板一方镀有一层银), C 镜的位置可以在 AC 方向调节, C、D 镜的倾角可由后面的三个螺丝调节, 更精细的可由 E、F 螺丝调节. 鼓轮 G 每转一圈, C 镜在 AB 方向平移 1mm. 鼓轮 G 每一圈刻有 100 个小格, 故每走一格平移 $\frac{1}{100}$ mm. 而 H 轮每转一圈 G 轮仅走 1 格, H 轮一圈又分刻有 100 个小格, 所以 H 轮每走一格 C 镜移动 $\frac{1}{10000}$ mm. 因此测 C 镜移动的距离时, 若 m 是主尺读数(毫米), l 是 G 轮读数, n 是 H 轮读数, 则有

$$d = m + l\frac{1}{100} + n\frac{1}{10000} \text{(mm)}$$

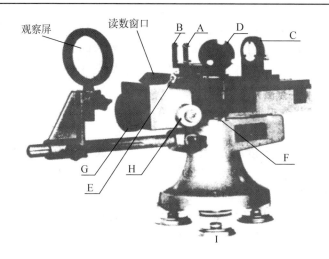

图 2.10.6　迈克耳孙干涉仪的结构

A. 分光板；B. 补偿板；C. 可平移的平面反射镜；D. 位置固定的平面反射镜；E、F. D 下方的拉紧螺丝；
G. 粗调螺旋；H. 细调螺旋；I. 底脚螺丝

2. 迈克耳孙干涉仪的调整

迈克耳孙干涉仪是一种精密、贵重的光学测量仪器，因此必须在熟读教材，弄清结构，弄懂操作要点后，才能动手调节、使用. 为此特拟出以下几点调整步骤及注意事项.

1) 对照教材

眼看实物弄清本仪器的结构原理和各个旋钮的作用.

2) 水平调节

将水准仪放在迈克耳孙干涉仪平台上，调节底脚螺丝 I (图 2.10.6).

3) 读数系统调节

(1) 位置调节：顺时针(或反时针)转动手轮 G，调节 C 镜位置使其到 A 板的距离与 D 镜到 A 板的距离大致相当，即使主尺(标尺)刻度指于 30～40mm (因此使两束光的光程接近，亮度也就接近，从而干涉效果较好).

(2) 调零：为了使读数指示正常，还需"调零"，其方法是：先将鼓轮 H 指示线转到"0"刻度；然后再转动手轮，将手轮 G 转到 1/100mm 刻度线的整数线上(此时鼓轮 H 并不跟随转动，即仍指原来"0"位置)，这时"调零"过程完毕.

(3) 消除空回误差：目的是使读数准确. 上述三步调节工作完毕后，并不能马上测量，还必须消除空回误差(所谓"空回误差"是指，如果现在转动鼓轮与原来"调零"时鼓轮的转动方向相反，则在一段时间内，鼓轮虽然在转动，但读数窗口并未计数，因为此时反向后，蜗轮与蜗杆的齿并未啮合靠紧). 方法是：首先认定测量时是顺时针方向转动 H 还是反时针转动 H，然后同方向转动 H 若干周后，再开始计数、测量. 测量过程中必须始终沿同一方向转动 H，不可反向，并且只能调节侧方小鼓轮 H，不能调节前方大鼓轮 G(如调节 G，干涉条纹移动过快，观察将很不方便).

4) 光源的调整

(1) 调节激光器的高度和方位，使其与干涉仪 A 板等高并与轴线垂直，点燃 He-Ne 激光器，激光束以 45°角入射到迈克耳孙干涉仪的 A 板上，通过迈克耳孙干涉仪反射到激光器上的光点是否与出射光重合来判断.

(2) 在光源 S 与 A 板之间安放凸透镜 L，作"扩束"用(目的是均匀照亮 A 板，便于观看干涉条纹，注意：等高、共轴).

【实验内容】

1. 等倾干涉测定 He-Ne 激光的波长

(1) 点燃 He-Ne 激光器(注意安全，勿用眼睛直视激光，也勿用手接触 He-Ne 激光管两端高压夹头)，将其输出的红色激光入射到迈克耳孙干涉仪的 A 板上，在 A 板对面墙壁(或激光器的右端面)上找到 D 镜和 C 镜的两个反射点(最亮的)，并调节 C、D 镜后面的螺钉使其同时进入激光出射孔.

(2) 观察光屏，进一步调节 C、D 镜后面的螺钉和精细调节螺丝 E、F，使激光的两个反射点(最亮的)严格地重合. 然后在光源至 A 板之间加上扩束透镜 L(注意等高、共轴)使其 He-Ne 激光均匀照亮 A 板，则此时可以在光屏 e 处看到等倾干涉条纹——一系列同心圆环.

(3) 微动 D 镜下方的拉紧螺丝 F 或 E，将干涉圆环的中心调至光屏的正中，然后持续同向转动鼓轮 H 直到看见圆环从中央连续稳定地"冒出"或"吞没". 此时记下初始坐标(第零个环).

(4) 继续同向转动小鼓轮 H，观察屏上冒出或吞没的圆环个数(测量时以中心亮斑或暗斑为参考，转动小鼓轮，中心亮斑或暗斑必须变化到同样大小时计数一次). 每冒出或吞没 50 个干涉圆环读取一个活动平面镜移动的坐标 d，并填入数据记录表格中.

2. 观察等厚干涉条纹

在利用等倾干涉条纹测定 He-Ne 激光波长的基础上，继续增大或减少光程差，使 $d \to 0$(即转动鼓轮 H，使 C 镜背离或接近 A 镜时，使 C、A 镜的距离逐渐等于 D、A 镜之间的距离)，则逐渐可以看到等倾干涉条纹的曲率由大变小(条纹慢慢变直)再由小变大(条纹反向弯曲又成等倾条纹)的全过程.

3. 注意问题

(1) 实验前应明确以下几点：

① 各透镜、平板、平面镜的作用如何，半镀银面的位置在哪儿？

② 调节使用干涉仪特别要注意的是哪几点？

③ 干涉条纹是密一些好，还是稀一些好？当光程差由大变小时，环形条纹是往中心收还是往外冒？

(2) 实验中应特别注意的问题：

① 实验前必须细读教材，了解仪器的结构.

② 切勿用手或硬物(包括毛巾、纸屑等)触摸仪器上各种光学元件的表面，若有异物，必须请老师用专门的毛笔或高级镜头纸等清除.

③ 爱护导轨丝杆，搬动仪器时，应托住底盘以防轨道变形.

④ 防止振动，耐心操作，严禁强拧硬旋.

【数据处理】

1. 等倾干涉数据记录

记下起始读数，然后每数 50 条记录一个读数 d_i，直到记录至 450 条. 将数据填入表 2.10.1 中，用"逐差法"计算出 λ 值.

表 2.10.1 数据记录

$\Delta_{仪} = 5 \times 10^{-5}\,\text{mm}, \quad \lambda_{标} = 6.3281 \times 10^{-4}\,\text{mm}$

条纹移动数 k_1	0	50	100	150	200	
C 镜位置 d_1/mm						
k_2	250	300	350	400	450	
C 镜位置 d_2/mm						
$\Delta k = k_2 - k_1$	250	250	250	250	250	
$\Delta d_i = d_2 - d_1$/mm						$\overline{\Delta d} =$
$(\Delta d_i - \overline{\Delta d})^2$ /mm^2						$\sum (\Delta d_i - \overline{\Delta d})^2 =$

2. 等倾干涉数据处理

计算：$\bar{\lambda} = \dfrac{2\overline{\Delta d}}{\Delta k}$ (mm)=_____

A 类：$S_{\Delta d} = \sqrt{\dfrac{\sum[\Delta d_i - \overline{\Delta d}]^2}{5 \times (5-1)}} = $_____

B 类：$u_{\Delta d} = \dfrac{\Delta_{仪}}{\sqrt{3}} = $_____

合成：$\sigma_{\Delta d} = \sqrt{S_{\Delta d}^2 + u_{\Delta d}^2} = $_____

所以　$\sigma_\lambda = \dfrac{2}{\Delta k} \cdot \sqrt{\sigma_{\Delta d}^2} = \dfrac{2\sigma_{\Delta d}}{250} = $_____

计算结果：$\bar{\lambda} \pm \sigma_\lambda = $_____　　　　　$E_{\mathrm{r}} = \dfrac{\bar{\lambda} - \lambda_{标}}{\lambda_{标}} \times 100\% = $_____

【思考题】

(1) 观察等倾干涉和等厚干涉的先决条件是什么？为什么在观察到等倾干涉后,在不改变C、D镜倾角的前提下(保持原来方位不变),继续改变光程差,使 $d = 0$,会出现等厚干涉条纹？这两者是否矛盾？

(2) 试解释等厚干涉条纹变化的原因.

(3) 为什么在等倾干涉测量过程中必须始终沿同一方向转动小鼓轮?

第3章　专业大类实验

实验 3.1　电势差计的使用

电势差计是利用补偿原理和比较法精确测量直流电势差或电源电动势的常用仪器. 它准确度高、使用方便, 测量结果稳定可靠, 还常被用来精确地间接测量电流、电阻和校正各种精密电表. 在现代工程技术中, 电子电势差计还广泛用于各种自动检测和自动控制系统. 制造高精度的光刻机, 也要用到电势差计的原理.

【实验目的】

(1) 掌握电势差计的工作原理和结构特点.

(2) 了解温差电偶测温的原理和方法.

(3) 学会电势差计的使用.

【实验原理】

1. 电势差计的补偿原理

要测量一电源的电动势, 若将电压表并联于电源两端, 如图 3.1.1 所示, 就有电流 I 通过电源内部, 由于电源有内阻 r, 则在电源内部有电压降 Ir, 因而电压表的示值只是电源的端电压 $V = E_x - Ir$. 显然, 只有当 $I = 0$ 时, 电源两端的电压才等于电动势 E_x.

为了能精确测得电动势的大小, 可采用如图 3.1.2 所示的线路, 其中 E_0 是电动势可调节的电源. 调节 E_0, 使检流计指针指零, 这就表示回路中两电源的电动势 E_0、E_x 方向相反、大小相等, 故数值上有

$$E_x = E_0 \tag{3.1.1}$$

这时我们称电路得到补偿. 在补偿条件下, 如果 E_0 的数值已知, 则 E_x 即可求出. 据此原理构成的测量电动势和电势差的仪器称为电势差计.

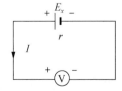

图 3.1.1　测量电源电动势的原理图

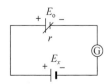

图 3.1.2　测量电动势的补偿电路

2. 实际电势差计的工作原理

实际电势差计的工作原理如图 3.1.3 所示，电源 E、开关 K_0、可变电阻 R_n、标准电阻 R_1、R_2 等构成工作电流调节回路；标准电池 E_s、检流计 G、开关 K_1 和 $K_2(S)$ 构成工作电流校准回路；待测电动势 E_x、检流计 G 和开关 K_1、$K_2(X)$ 构成待测回路. 使用时，首先使工作电流标准化，即根据标准电池的电动势调节工作电流 I. 将开关 K_2 合在 S 位置，调节可变电阻 R_n，使得检流计指针指零. 这时工作电流 I 在 R_s 段的电压降等于标准电池的电动势，即

$$E_s = IR_s \tag{3.1.2}$$

再将开关 K_2 合向 X 位置，调节电阻 R_x，再次使检流计指针指零，此时有

$$E_x = IR_x \tag{3.1.3}$$

这里的电流 I 就是前面经过标准化的工作电流. 也就是说，在电流标准化的基础上，在电阻为 R_x 的位置上可以直接标出与 IR_x 对应的电动势(电压)值，这样就可以直接进行电动势(电压)的测量.

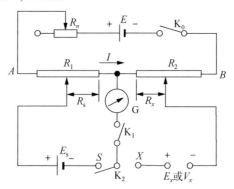

图 3.1.3 电势差计工作原理图

3. 温差电偶的测温原理

把两种不同的金属或不同成分的合金两端彼此焊接成一闭合回路，如图 3.1.4 所示. 若两接点保持在不同的温度 t 和 t_0，则回路中产生温差电动势. 温差电动势的大小除与组成热电偶的材料有关外，还取决于两接点温度函数的差 $E = f(t) - f(t_0)$. 一般地讲，电动势和温差的关系可以近似地表示成

$$E = c(t - t_0) \tag{3.1.4}$$

式中，t 为热端温度；t_0 为冷端温度；c 为温差系数，表示温差相差 1℃时的温差电动势，其大小取决于组成电偶的材料.

温差电偶可以用来测量温度. 测量时，使电偶的冷端温度 t_0 保持恒定(通常保

持在冰点). 另一端与待测物体相接触, 再用电势差计测出热电偶回路中的温差电动势, 如图 3.1.5 所示. 只要该电偶的电动势与温差间的关系事先标定好, 就可以求出待测温度, 或者根据有关的温差电偶分度表查出相应的温度.

图 3.1.4　温差电偶

图 3.1.5　温差电偶测温原理

【实验仪器】

电势差计、标准电池、光电检流计、稳压电源、温差电偶、冰筒、水银温度计、烧杯、电阻箱、标准电阻等.

1. UJ31 型电势差计

UJ31 型电势差计是一种测量低电势的电势差计.

它的测量范围是：$1\mu V \sim 17mV(K_0$ 旋至×1 挡) 或 $10\mu V \sim 170mV(K_0$ 旋至×10 挡). 使用 5.7~6.4V 外接工作电源, 标准电池和检流计均为外接.

其面板如图 3.1.6(b) 所示. 原理图 3.1.3 中各元件与面板上各旋钮的对应关系为：R_n 被分成 R_{n1}(粗调)、R_{n2}(中调)、R_{n3}(细调)三个电阻转盘, 以保证迅速准确地调节工作电流.

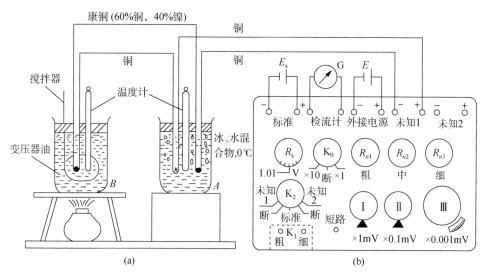

图 3.1.6　用 UJ31 型电势差计测定温差电动势的装置图

R_s 是为了适应温度不同时标准电池电动势的变化而设置的，当温度不同引起标准电池电动势变化时，通过调节 R，进而调节 R_s 两端的电压，使工作电流保持不变.

R_x 被分成 Ⅰ(×1)、Ⅱ(×0.1)、Ⅲ(×0.001)三个电阻转盘，并在转盘上标示出电压，电势差计处于补偿状态时可以从三个转盘读出未知电动势(或电压).

K_1 为两个按钮，分别标记为"粗"和"细"，按下"粗"按钮，保护电阻和检流计串联，按下"细"按钮，保护电阻被短路.

K_2 为标准电池和未知电动势转换开头.

标准电池 E_s、检流计 G、工作电源 E 和未知电动势 E_x 由相应的接线柱外接.

2. UJ31 型电势差计的使用方法

(1) 将 K_2 置于"断"，K_0 置于"×1"挡(或"×10"挡，视被测量值而定)，分别接上标准电池、检流计、工作电源. 被测电动势(或电压)接于"未知 1"或"未知 2".

(2) 根据温度修正公式计算出标准电池的电动势 E_s 的值，调节 R_s 的示值与其相等. 将 K_2 旋至"标准"挡，按下 K_1(粗)按钮，调节 R_{n1}、R_{n2}、R_{n3}，使检流计指针指零，再按下 K_1(细)按钮，用 R_{n3} 精确调节至检流计指针指零.

(3) 将 K_2 旋至"未知 1"(或"未知 2")位置，按下 K_1(粗)按钮，调节读数转盘 Ⅰ、Ⅱ、Ⅲ，使检流计指针指零，再按 K_1(细)按钮，细调读数转盘Ⅲ使检流计指针精确指零. 此时被测电动势(或电压)E_x 等于读数转盘 Ⅰ、Ⅱ、Ⅲ上的示值乘以相应的倍率之和.

3. 标准电池

标准电池是一种汞镉电池. 常用的有 H 形封闭玻璃管式和单管式两种. 前者只能直立放置，切忌翻荡. 电池的电解液为硫酸镉溶液，按电解液浓度又分为饱和式和不饱和式两种. 饱和式电动势最稳定，但随温度变化比较大. 若已知 20℃的电动势为 E_{20}，则温度为 t℃时的电动势可由下式近似得到

$$E(V) = E_{20} - 4\times10^{-5}(t-20) - 10^{-6}(t-20)^2$$

其中，E_{20} 应根据所用的标准电池型号来确定. 不饱和式标准电池则不必做温度修正.

使用标准电池要注意：

(1) 远离热源，避免阳光直射.

(2) 正负极不能接错. 通过或取自标准电池的电流不应大于 10^{-5}A，绝不允许将电池正负极短路或者用电压表测量其电动势.

(3) 标准电池是装有化学物质溶液的玻璃容器，要防止振动和碰撞，也不要倒置.

【实验内容】

测铜-康铜热电偶的温差系数.

(1) 按图 3.1.6 接好电路，根据室温求出标准电池电动势的数值，按电势差计的使用方法(参见仪器简介)调节好电势差计.

(2) 加热杯中的液体，至一定温度后停止加热，在读出水银温度计读数的同时用电势差计测出温差电动势的大小. 在液体冷却过程中，高温端温度每降低 5℃，测量一次温差电动势，测 8 组以上数据.

(3) 参照数据表格，记录测量的数据. 根据测量数据，作出温差电动势 E_x 和温度差 $t-t_0$ 的关系图线 E_x-$(t-t_0)$，该热电偶在此温度范围内图线应为一直线. 用图解法求出直线的斜率，即温差系数 $\bar{C}$，或用逐差法、最小二乘法求温差系数 $\bar{C}$.

【注意事项】

(1) 电势差计的调节必须按规定步骤进行，线路中极性不可接反.
(2) 实验操作要谨慎，注意标准电池的接入，正接正，负接负，严防两极短路.

【数据处理】

(1) 测量标准电池温度并计算其电动势.

标准电池在_____℃时，算得其电动势 E_s = _____V.

(2) 测量温差电偶在不同温差下的电动势并计算其温差系数.

表 3.1.1　不同温差下电偶的温差电动势

温差电偶低温端 t_0/℃								
温差电偶高温端 t/℃	90.0	85.0	80.0	75.0	70.0	65.0	60.0	55.0
温差$(t-t_0)$/℃								
温差电动势 E_x/ mV								
$C_i=\dfrac{(E_x)_i-(E_x)_{i+4}}{5\times 4}$/ (mV /℃)								

铜-康铜丝电偶的温差系数 $\bar{C}$/ (mV /℃) =

【思考题】

　　(1) 怎样用电势差计校正毫伏表?请画出实验线路和拟出实验步骤.
　　(2) 怎样用电势差计测量电阻?请画出实验线路.

实验综合设计拓展　　电势差计的多功能应用

【实验目的】

　　(1) 了解箱式电势差计的电路结构和原理.
　　(2) 熟练掌握箱式电势差计的使用方法.
　　(3) 运用箱式电势差计校正电压表与电流表.
　　(4) 运用箱式电势差计测量电阻.
　　(5) 了解箱式电势差计的其他应用设计.

【实验仪器】

　　UJ31 型电势差计、YB1719 直流稳压电源、检流计(或平衡指示仪)、标准电阻箱、甲电池、标准电阻、待校正电流表、待校正电压表、待测电阻、电键和导线若干等.

【实验要求】

　　(1) 利用箱式电势差计校正电流表并作 ΔI_x-I_x 校正曲线图.
　　(2) 利用箱式电势差计校正电压表并作 ΔU_x-U_x 校正曲线图.
　　(3) 利用箱式电势差计测电阻.
　　(4) 利用箱式电势差计的其他应用设计.

【实验报告】

　　(1) 明确本实验的目的和意义.
　　(2) 简述设计本实验的基本原理、设计思路和研究过程.
　　(3) 准确画出设计电路,详细记录所用实验仪器材料的规格型号及数量等.
　　(4) 记录实验全过程,包括详细的实验操作步骤、各种实验现象、采集所需实验数据等.
　　(5) 分析实验结果,讨论实验中出现的各种问题.
　　(6) 得出实验结果并提出改进意见或建议.

实验 3.2　静电场描绘

在科学研究和工程技术中，往往要了解和测量空间的静电场的分布情况. 用计算的方法求解静电场的分布，一般比较复杂而困难，因此常用实验手段来研究或测绘静电场. 由于静电场空间不存在任何电荷的运动，不能使磁电式仪表的指针偏转，且测量仪器(如探针)放入静电场又会改变原来的静电场分布. 因此，通常使用某种方法模拟实际情况进行测量或试验，这种方法称为模拟法.

模拟法描绘静电场是利用物理特性和静电场完全相似的稳恒电流场来作为模拟静电场，当用探针去测量模拟静电场时，它不受干扰，因此可以间接地测出被模拟的静电场.

模拟静电场测绘实验可以测绘多种电极间的静电场，可用于电子管、示波管或电子显微镜等电子束管内部电极形状的研制，还可以方便地延展至物体的温度场、流体的流场的模拟测绘.

【实验目的】

1. 了解静电场模拟描绘的依据和原理.
2. 用模拟的方法测量稳恒电流场中电势的分布学习.
3. 加深对各静电场概念的理解.
4. 学习测量同轴圆柱电场及其他电场的模拟描绘方法.

【实验原理】

1. 静电场基本理论

静电场是用空间各点的电场强度和电势来描述的. 为了形象地显示出电场的分布情况，通常采用等势面和电场线来描述电场，等势面是场中电势相等的各点构成的曲面，电场线是沿着空间各点电场强度的方向顺次连成的曲线，电场线和等势面处处正交. 因此，有了等势面的图形就可以画出电场线.

2. 模拟静电场原理

模拟法在科学实验中有着极广泛的用途，其实质是使用一种易于实现、便于测量的物理状态或过程，模拟不易实现、不便测量的状态或过程. 能够用以模拟的状态或过程与被模拟的状态或过程间应有一一对应的两组物理量，且满足相似的数学形式及边界条件.

用实验的手段直接测量和描绘静电场比较困难. 因为静电场中没有电流，不能使磁电式仪表的指针偏转，且静电场中放入电表又会改变原来静电场的分布. 而稳恒电流场与静电场有相对应的物理量与相同的数学形式，又易于实现测量，所以可以用稳恒电流场来模拟静电场. 下面以模拟长同轴圆柱形电缆的静电场为例进行说明.

稳恒电流场与静电场是两种不同性质的场，但是它们两者在一定条件下具有相似的空间分布，即两种场遵守规律在形式上相似，都可以引入电势 U，电场强度 $E = -\Delta U$，都遵守高斯定律.

对于静电场，电场强度在无源区域内满足以下积分关系

$$\oint_S \boldsymbol{E} \cdot \mathrm{d}\boldsymbol{S} = 0, \qquad \oint_C \boldsymbol{E} \cdot \mathrm{d}\boldsymbol{l} = 0$$

对于稳恒电流场，电流密度矢量 $\boldsymbol{j}$ 在无源区域内也满足类似的积分关系

$$\oint_S \boldsymbol{j} \cdot \mathrm{d}\boldsymbol{S} = 0, \qquad \oint_l \boldsymbol{j} \cdot \mathrm{d}\boldsymbol{l} = 0$$

由此可见 $\boldsymbol{E}$ 和 $\boldsymbol{j}$ 在各自区域中满足同样的数学规律. 在相同边界条件下，具有相同的解析解. 因此，我们可以用稳恒电流场来模拟静电场.

在模拟的条件下，要保证电极形状一定，电极电势不变，空间介质均匀，在任何一个考察点，均应有"$U_{稳恒} = U_{静电}$"或"$E_{稳恒} = E_{静电}$". 下面通过具体实验来讨论这种等效性.

本实验主要模拟研究带等量异号电荷的同轴长圆柱体和长圆筒形导体间的静电场分布，下面比较分析其静电场与模拟的稳恒电流场的分布特点.

(1) 同轴长圆柱体和长圆筒形导体间的静电场.

如图 3.2.1(a)所示，在真空中有一半径为 r_a 的长圆柱形导体 A 和一内半径为 r_b 的长圆筒形导体 B，它们同轴放置，分别带等量异号电荷. 由高斯定理知，在垂直于轴线的任一截面 S 内，都有均匀分布的辐射状电场线，这是一个与坐标 z 无关的二维场. 在二维场中，电场强度 E 平行于 xy 平面，A 与 B 之间的等势面为一簇同轴圆柱面. 因此只要研究 S 面上的电场分布即可.

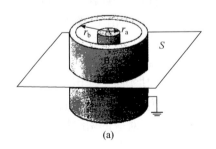
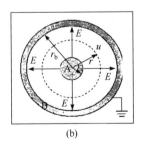

图 3.2.1　同轴电缆及其静电场分布

由静电场中的高斯定理可知，距轴线的距离为 r 处(见图 3.2.1(b))各点电场强度为

$$E = \frac{\lambda}{2\pi\varepsilon_0 r}$$

式中，λ 为柱面每单位长度的电荷量，其电势为

$$U_r = U_a - \int_{r_a}^{r} \boldsymbol{E} \cdot \mathrm{d}\boldsymbol{r} = U_a - \frac{\lambda}{2\pi\varepsilon_0} \ln\frac{r}{r_a} \tag{3.2.1}$$

设 $r = r_b$ 时，$U_b = 0$，则有

$$\frac{\lambda}{2\pi\varepsilon_0} = \frac{U_a}{\ln\dfrac{r_b}{r_a}} \tag{3.2.2}$$

代入上式，得

$$U_r = U_a \frac{\ln\dfrac{r_b}{r}}{\ln\dfrac{r_b}{r_a}} \tag{3.2.3}$$

$$E_r = -\frac{\mathrm{d}U_r}{\mathrm{d}r} = \frac{U_a}{\ln\dfrac{r_b}{r_a}} \cdot \frac{1}{r} \tag{3.2.4}$$

(2) 同轴长圆柱体和长圆筒形导体间的稳恒电流场.

若上述圆柱形导体 A 与圆筒形导体 B 之间充满了电导率为 σ 的不良导体，A、B 与电流电源正负极相连接(图 3.2.2)，A、B 间将形成径向电流，建立稳恒电流场 E_r'，可以证明在均匀的导体中的电场强度 E_r' 与原真空中的静电场 E_r 的分布规律是相似的.

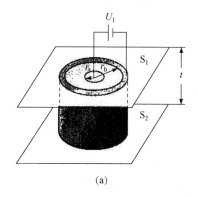
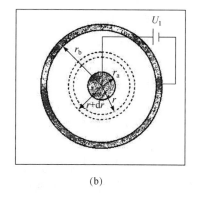

(a)　　　　　　　　　　　　　(b)

图 3.2.2　同轴电缆的模拟模型

取厚度为 t 的同轴圆柱形不良导体片为研究对象,设材料电阻率为 $\rho(\rho=1/\sigma)$,则任意半径 r 到 $r+dr$ 的圆周间的电阻是

$$\mathrm{d}R = \rho\frac{\mathrm{d}r}{s} = \rho\frac{\mathrm{d}r}{2\pi rt} = \frac{\rho}{2\pi t}\frac{\mathrm{d}r}{r} \tag{3.2.5}$$

则半径为 r 到 r_b 之间的圆柱片的电阻为

$$R_{rr_b} = \frac{\rho}{2\pi t}\int_r^{r_b}\frac{\mathrm{d}r}{r} = \frac{\rho}{2\pi t}\ln\frac{r_b}{r} \tag{3.2.6}$$

总电阻为(半径 r_a 到 r_b 间圆柱片的电阻)

$$R_{r_a r_b} = \frac{\rho}{2\pi t}\ln\frac{r_b}{r_a} \tag{3.2.7}$$

设 $U_b=0$,则两圆柱面间所加电压为 U_a,径向电流为

$$I = \frac{U_a}{R_{r_a r_b}} = \frac{2\pi t U_a}{\rho\ln\frac{r_b}{r_a}} \tag{3.2.8}$$

距轴线 r 处的电势为

$$U_r' = IR_{rr_b} = U_a\frac{\ln\frac{r_b}{r}}{\ln\frac{r_b}{r_a}} \tag{3.2.9}$$

则 E_r' 为

$$E_r' = -\frac{\mathrm{d}U_r'}{\mathrm{d}r} = \frac{U_a}{\ln\frac{r_b}{r_a}}\cdot\frac{1}{r} \tag{3.2.10}$$

由以上分析可见,U_r 与 U_r'、E_r 与 E_r' 的分布函数完全相同,也就是说同轴长圆柱体和长圆筒形导体间任一横截面上,静电场与稳恒电流场的电场强度及电势分布函数完全相同,所以可以用同轴长圆柱体和长圆筒形导体间的稳恒电流场模拟同轴长圆柱体和长圆筒形导体间的静电场.

那么为什么这两种场的分布相同呢?我们可以从电荷产生场的观点加以分析.在导电质中没有电流通过的,其中任一体积元(宏观小、微观大、其内仍包含大量原子)内正负电荷数量相等,没有净电荷,呈电中性.当有电流通过时,单位时间内流入和流出该体积元内的正或负电荷数量相等,净电荷为零,仍然呈电中性.因而,整个导电质内有电场通过时也不存在净电荷.这就是说,真空中的静电场和有稳恒电流通过时导电介质中的场都是由电极上的电荷产生的.事实上,真

空中电极上的电荷是不动的，在有电流通过的导电介质中，电极上的电荷一边流失，一边由电源补充，在动态平衡下保持电荷的数量不变. 因此这两种情况下电场分布是相同的.

图 3.2.3 给出了几种典型静电场的模拟电极形状及相应的电场分布.

极型	模拟板型式	等势线、电场线理论图形
长平行导线 （输电线）	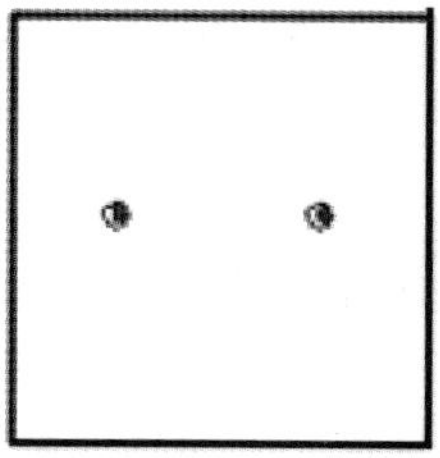	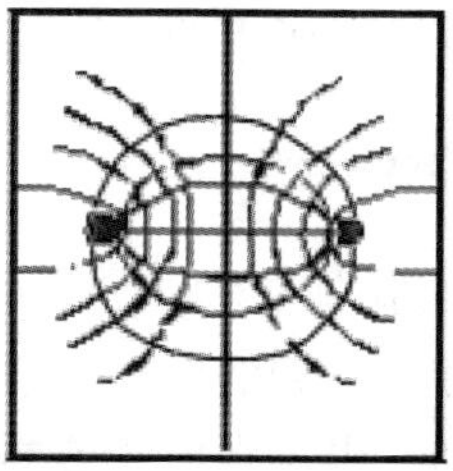
长同轴圆筒 （同轴电缆）	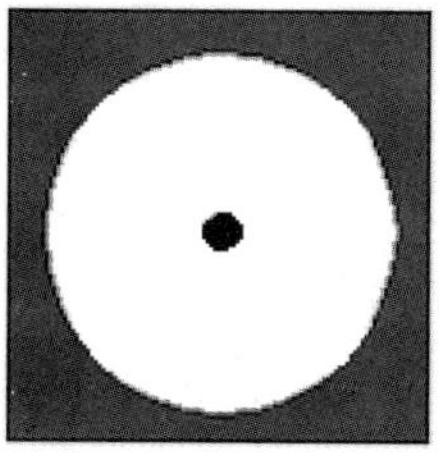	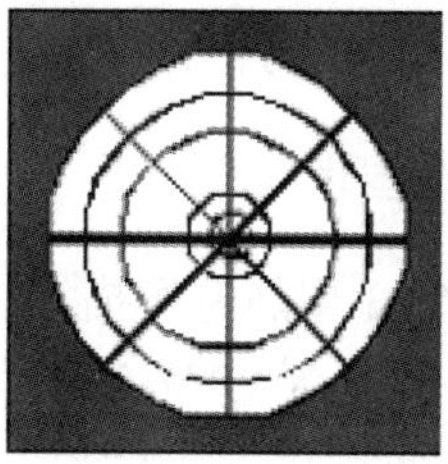
劈尖形电极		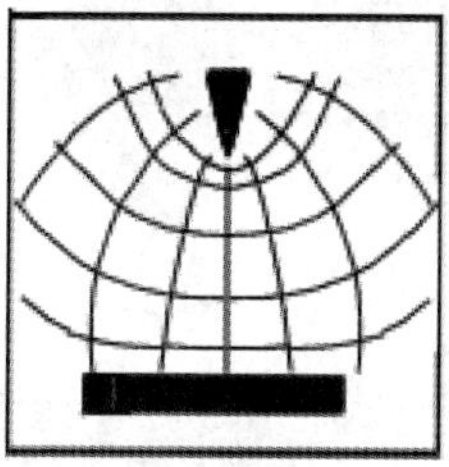
模拟聚焦电极	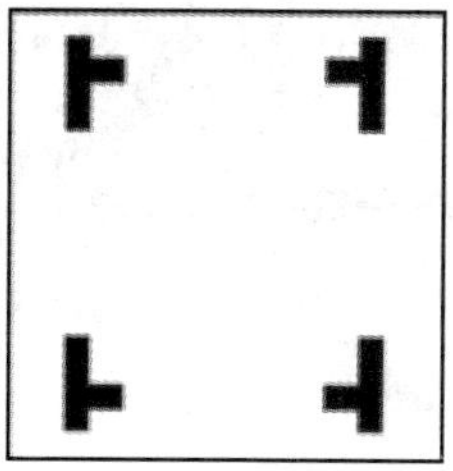	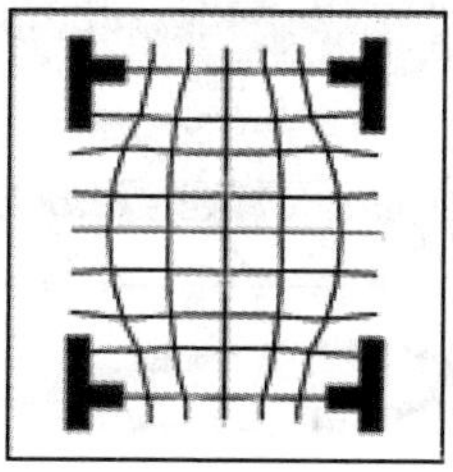

图 3.2.3　几种典型静电场的模拟电极形状及相应的电场分布

3. 模拟条件

模拟方法的使用有一定的条件和范围, 不能随意推广. 模拟的条件可归纳为:

(1) 稳恒电流场中电极的几何形状应与被模拟的静电场中带电体的几何形状相同;

(2) 稳恒电流场中的导电介质是不良导体, 且电导率分布均匀, 只有满足 $\sigma_{电极} \gg \sigma_{介质}$ 才能保证电流场中的电极的表面也近似是等势面;

(3) 模拟所用的电极系统与被模拟电极系统的边界条件相同.

4. 测绘方法

从实验测量来讲, 测定电势的分布比测定电场强度的分布容易实现, 所以先测绘等势面(线)的分布, 然后根据电场线与等势面处处正交的原理, 描绘出电场线的分布. 电场强度 E 在数值上等于电势梯度, 方向指向电势降落的方向, 因此, 可以由等势线的间距及电场线的疏密确定电场强度的大小, 由电势降落的方向确定电场强度的方向.

【实验仪器】

GVZ-3 型静电场描绘仪、直流电源(10V).

图 3.2.4 为 GVZ-3 型静电场描绘仪(包括导电微晶、双层固定支架、同步探针等), 支架采用双层式结构, 上层放记录纸, 下层放导电微晶. 电极已直接制作在

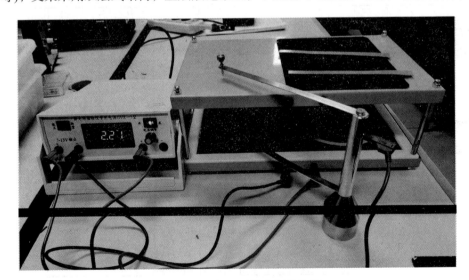

图 3.2.4　GVZ-3 型静电场描绘仪

导电微晶上，并将电极引线接出到外接线柱上，电极间制作有导电率远小于电极且各向均匀的导电介质. 接通直流电源（10V）就可以进行实验. 在导电微晶和记录纸上方各有一探针，通过金属探针臂把两探针固定在同一手柄座上，两探针始终保持在同一铅垂线上. 移动手柄座时，可保证两探针的运动轨迹是一样的. 由导电微晶上方的探针找到待测点后，按一下记录纸上方的探针，在记录纸上留下一个对应的标记. 移动同步探针在导电微晶上找出若干电势相同的点，由此即可描绘出等势线.

【实验内容】

1. 描绘同轴长圆柱体和长圆筒形导体间的静电场分布

(1) 选用相应的导电微晶电极板，将电极板上的内、外电极分别与专用稳压电源的正、负极连接；同步探针与专用稳压电源的电压表的正极("探针测量"插座"+"极)连接.

(2) 将"校准/测量"按键按下，选择"校正"挡，旋转"电压调节"旋钮，调节两个电极间的电压为 10V. 再按下"测量"挡，准备测量.

(3) 在电极架上层的相应位置夹好记录纸.

(4) 测试等势线簇. 移动同步探针的金属手柄座，使测试探针在电极架下层的导电微晶上移动，寻找电势相同的点. 每寻找到一个点，就在上层的记录纸上用探针扎出相应点的位置. 要求：①每一电势值都要找出 10 个以上的点(视半径的大小而定)，同一电势值的各个点的位置在圆周上要尽量均匀分布；②相邻两条等势线间的电势差为 1V，共需寻找 9 条等势线.

(5) 描绘等势线簇和电场线.

a. 在记录纸上，选择最小的等势线圆周上的 8 个探针扎出的孔，用几何的方法定出圆心(方法是：作几条两孔连线的垂直平分线，找出其交点的最佳位置，此位置即为圆心).

b. 用钢板尺测量具有同一电势值的各记录点到圆心的距离(等势点的半径 r)，填入表 3.2.1，求平均值 $\bar{r}$.

c. 以各平均值为半径画出同心圆的等势线簇.

d. 根据电场线与等势线处处垂直的原理，画出 8 条以上的电场线，并用箭头表示电场的方向，得到一张完整的电场分布图.

在坐标纸上作出相对电势 U_r/U_a 和 $\ln\bar{r}$ 的关系曲线，并与理论结果比较，再根据曲线的性质说明等势线是以内电极中心为圆心的同心圆.

若测出内、外两圆柱形电极和半径 r_a 和 r_b，可以在半对数坐标纸上把各等势线的电势与其半径的关系进行定量分析.

2. 描绘一个劈尖形电极的静电场分布

将电源电压调到 10V，将记录纸铺在上层平板上，从 1V 开始，平移同步探针，用导电微晶上方的探针找到等势点后，按一下记录纸上方的探针，测出一系列等势点，共测 9 条等势线，每条等势线上找 10 个以上的点，在电极端点附近应多找几个等势点. 画出等势线，再作出电场线，作电场线时要注意：电场线与等势线正交，导体表面是等势面，电场线垂直于导体表面，电场线发自正电荷而终止于负电荷，疏密要表示出场强的大小，根据电极正、负画出电场线的方向(劈尖形电极如图 3.2.5 所示).

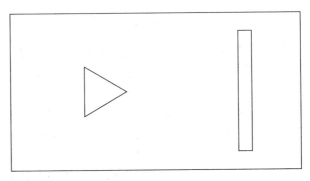

图 3.2.5　劈尖形电极

3. 描绘模拟聚焦电极和长平行导线间的电场分布图(方法与上面类似，略.)

【数据处理】

1. 数据记录

表 3.2.1　描绘同轴长圆柱体和长圆筒形导体间的静电场分布

A 电极半径 $r_a =$ _____mm　　　　B 电极半径 $r_b =$ _____mm

相对电势 $\dfrac{U_r}{U_a}$	等势点的半径 r/mm											
	1	2	3	4	5	6	7	8	9	10	$\bar{r}$	$\ln \bar{r}$

2. 数据处理要求

(1) 根据测绘所得的等势线与电场线的分布, 分析哪些地方电场强度较强, 哪些地方较弱.

(2) 计算同轴长圆柱体和长圆筒形导体间的静电场分布中 5V 等势线的理论半径, 与实验测量值进行比较, 计算相对误差.

(3) 依据表 3.2.1 中的数据, 在对数坐标纸上作出相对电势 U_r/U_a 与 $\ln \bar{r}$ 的关系曲线, 并与理论结果进行比较; 再根据曲线的性质, 说明同轴长圆柱体和长圆筒形导体间的静电场等势线是以电极中心为圆心的同心圆.

【注意事项】

(1) 测量时, 每次下探针应该从外向里或从里向外沿一个方向移动;

(2) 测量一个点时不要来回移动, 因为探针能够小幅度转动, 向前或向后测量同一个点会导致打孔出现偏差.

【思考题】

(1) 从实验结果能否说明电极的电导率远大于导电介质的电导率? 如不满足此条件会出现什么现象?

(2) 能否用稳恒电流场模拟稳定的温度场? 为什么?

【附录】

1. 仪器简介

GVZ-3 型静电场描绘仪采用各向均匀导电的微晶导电板, 在其上面安置一些不同的金属电极. 当有直流电流经两个电极在导电板上通过时, 由于微晶导电板相对于金属导体电导率低得多, 故在两个电极间沿电流线会存在不同的电势, 这种不同的电势可用数字电压表直接测出来. 分析各测量点电势的变化规律, 就可间接地得知相似的静电场中电势分布规律.

主要参数: 同心圆外半径为 7cm, 内半径为 1cm, 其他电极距离为 10cm.

2. 使用方法

(1) 接线: 静电场专用稳压电源输出端 "+"(红色接线柱)用红色电源线接入描绘架 "红色接线柱"、" − "(黑色接线柱)用黑色电源线接入描绘架 "黑色接线柱". 专用稳压电源右侧 "+"(红色接线柱)用红色电源线接入探针 "+"(红色接线柱). 将探针架放置好, 并使其下探头接触导电微晶电极板, 启动开关, 先校正后测量.

(2) 测量：开启测量开关，如数字显字为 0V，则移动探针架至另一电极上，数字显 10V，一般常用 10V，便于运算. 然后纵横移动探针架，则电源电压表头显示读数随着运动而变化. 如要测 0～10V 间的任何一条等势线，一般可选 0～10V 间某一电压数据相同的 8～10 个点，再将这些点连成光滑的曲线即可得到此等势线.

(3) 记录：实验报告都需要记录，以备学生计算或验证，对模拟法作深刻研究，则需在描绘架上铺平白纸，用橡胶磁条吸住，当表头显示读数认为需要记录时，轻轻按一下，即能清晰记下小点，每条等势线 8～10 点，然后连接即可.

实验 3.3　霍尔效应法测量磁场

授课视频

置于磁场中的载流体，如果电流方向与磁场垂直，则在垂直于电流和磁场的方向会产生一附加的横向电场，这个现象是霍普金斯大学研究生霍尔于 1879 年发现的，后被称为霍尔效应. 如今霍尔效应不但是测定半导体材料电学参数的主要手段，而且利用该效应制成的霍尔器件已广泛用于非电量的电测量、自动控制和信息处理等方面. 在工业生产要求自动检测和控制的今天，作为敏感元件之一的霍尔器件将有更广泛的应用前景. 掌握这一富有实用性的实验，对日后的工作将有益处.

我国科学家薛其坤院士领衔的团队首次在实验中观测到量子反常霍尔效应，2013 年该成果在《科学》杂志在线发文后，引起国际学术界的震动.

【实验目的】

(1) 了解霍尔效应的实验原理以及有关霍尔器件对材料要求的知识.

(2) 学习用"对称测量法"消除副效应的影响，测量试样的 V_H-I_S、V_H-I_M 曲线及螺线管中轴线上磁感应强度的分布.

(3) 确定试样的导电类型.

【实验原理】

1. 霍尔效应

霍尔效应从本质上讲是运动的带电粒子在磁场中受洛伦兹力作用而引起的偏转现象. 当带电粒子(电子或空穴)被约束在固体材料中时，这种偏转就导致在垂直电流和磁场方向上产生正、负电荷的聚集，从而形成附加的横向电场，即霍尔电场 E_H. 如图 3.3.1 所示的半导体试样，若在 x 方向通以电流 I_S，在 z 方向加磁场 B，则在 y 方向即试样 $A-A'$ 电极两侧就开始聚集异号电荷而产生相应的附加电场. 电场的指向取决于试样的导电类型. 对图 3.3.1(a)所示的 n 型试样, 霍尔电场沿逆 y 方向, 如图 3.3.1(b)所示的 p 型试样则沿 y 方向, 即有

$$E_H(y) < 0 \quad \Rightarrow (\text{n型})$$

$$E_H(y) > 0 \quad \Rightarrow (\text{p型})$$

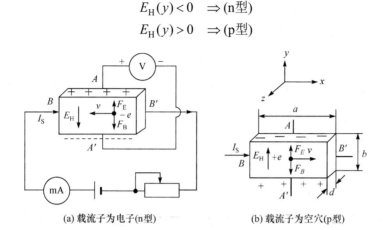

(a) 载流子为电子(n型)　　　　　(b) 载流子为空穴(p型)

图 3.3.1　霍尔效应实验原理示意图

显然, 霍尔电场 E_H 阻止了载流子继续向侧面偏移, 当载流子所受的横向电场力 eE_H 与洛伦兹力 evB 相等时, 样品两侧电荷的积累就达到动态平衡, 故有

$$eE_H = evB \tag{3.3.1}$$

式中, E_H 为霍尔电场; v 为载流子在电流方向上的平均漂移速度.

设试样的宽为 b, 厚度为 d, 载流子浓度为 n, 则

$$I_S = ne\overline{v}bd \tag{3.3.2}$$

由式(3.3.1)、式(3.3.2)可得

$$V_H = E_H b = \frac{1}{ne} \frac{I_S B}{d} = R_H \frac{I_S B}{d} \tag{3.3.3}$$

即霍尔电压 V_H (A 、A' 电极之间的电压)与 $I_S B$ 乘积成正比, 与试样厚度 d 成反比. 比例系数 $R_H = \dfrac{1}{ne}$ 称为霍尔系数, 它是反映材料霍尔效应强弱的重要参数. 只要测出 V_H (V)以及知道 I_S (A)、B (mT)和 d (cm), 则可按下式计算 R_H (cm³/C):

$$R_H = \frac{V_H d}{I_S B} \times 10^7 \tag{3.3.4}$$

式中, 10^7 是由磁感应强度 B 用电磁单位(mT)、其他各量均是采用 CGS 实用单位而引入的.

2. 霍尔系数 R_H 与其他参数间的关系

根据 R_H 可进一步确定以下参数:

(1) 由 R_H 的符号(或霍尔电压的正负)判断样品的导电类型. 判别的方法是按图 3.3.1 所示的 I_S 和 B 的方向, 若测得的 $V_H = V_{A'A} < 0$, 即点 A 电势高于点 A' 的电势, 则 R_H 为负, 样品属 n 型; 反之则为 p 型.

(2) 由 R_H 求载流子浓度 n, 即 $n = \dfrac{1}{e|R_H|}$. 应该指出, 这个关系式是假定所有载流子都具有相同的漂移速度得到的. 严格一点, 如果考虑载流子的速度统计分布, 需引入修正因子 $\dfrac{3\pi}{8}$ (可参阅黄昆、谢希德著《半导体物理学》).

3. 霍尔效应与材料性能的关系

根据上述可知, 要得到大的霍尔电压, 关键是要选择霍尔系数大(即迁移率高、电阻率 ρ 较高)的材料. 因 $|R_H| = \rho\mu$, 就金属导体而言, μ 和 ρ 均很低, 而不良导体 ρ 虽高, 但 μ 极小, 因而上述两种材料的霍尔系数都很小, 不能用来制造霍尔器件. 半导体材料 μ 较高, 且 ρ 适中, 是制造霍尔元件较理想的材料. 由于电子的迁移率比空穴迁移率大, 所以霍尔元件多采用 n 型材料. 另外霍尔电压的大小与材料的厚度成反比, 因此薄膜型的霍尔元件的输出电压较片状要高得多. 就霍尔器件而言, 其厚度是一定的, 所以采用 $K_H = \dfrac{1}{ned}$ 来表示器件的灵敏度, K_H 称为霍尔灵敏度, 单位为 mV/(mA·T), 每台仪器的 K_H 具体参数标定后标注在仪器右上方.

4. 实验方法

霍尔电压 V_H 的测量方法: 值得注意的是, 在产生霍尔效应的同时, 因伴随着各种副效应, 实验测得的 AA' 两极间的电压并不等于真实的霍尔电压 V_H 值, 而是包含着各种副效应所引起的附加电势差, 如由于霍尔电极位置不在一等势面上, 则当磁场为零时两霍尔电极间仍存在电势差 U_0, 称为不等位电势差; 另外由于电极与霍尔元件的接触电势及两极间温差不同, 也要形成接触电势和温差电势. 这些副效应所产生的电势差的总和, 有时甚至远大于霍尔电势差, 形成测量的系统误差, 致使霍尔电势差难以测准, 因此必须设法消除.

根据副效应产生的机制可知, 利用这些电势差随元件电流和磁场 B 的方向变化而引起的正负对称性, 采用电流和磁场换向的对称测量法, 基本上能把副效应的影响从测量结果中消除，即在规定了电流和磁场正、反方向后，分别测量由下列四组不同方向的 I_S 和 B 组合的 $V_{A'A}$（A'、A 两点的电势差）：

$$+B, \quad +I_S \qquad\qquad V_{A'A} = V_1$$
$$-B, \quad +I_S \qquad\qquad V_{A'A} = V_2$$
$$-B, \quad -I_S \qquad\qquad V_{A'A} = V_3$$
$$+B, \quad -I_S \qquad\qquad V_{A'A} = V_4$$

然后求 V_1、V_2、V_3 和 V_4 的代数平均值

$$V_H = \frac{V_1 - V_2 + V_3 - V_4}{4} \qquad\qquad (3.3.5)$$

采用上述测量方法，虽然还不能完全消除所有的副效应，但由于引入的系统误差已相对较小，可以忽略不计.

【实验仪器】

FB510A 型霍尔效应组合实验仪由 1 台测试仪(通用仪器)和 1 台测试架组成. 图 3.3.2 为该产品实物图.

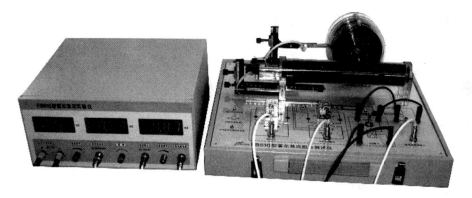

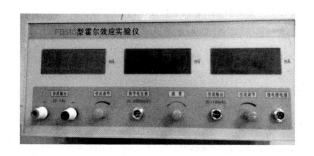

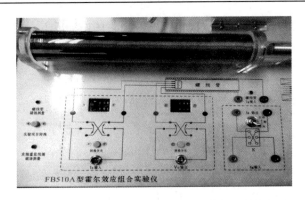

图 3.3.2　　FB510A 型霍尔效应组合实验仪及其俯视图

【实验内容】

1. 掌握仪器性能，测量亥姆霍兹线圈的磁场

(1) 开机或关机前，应该将测试仪的"I_S 调节"和"I_M 调节"旋钮逆时针旋到底(调到最小).

(2) 接通电源，预热数分钟，这时电流表显示".000"，电压表显示"0.00". 按钮开关释放时，继电器的常闭触点接通，相当于双刀双掷开关向上合，发光二极管指示出导通线路.

(3) 先调节 I_S：从 0 逐步增大到 4.00mA，电流表所示的值即随"I_S 调节"旋钮顺时针转动而增大，此时电压表所示读数为"不等势"电压值，它随 I_S 增大而增大，I_S 换向，V_{H0} 极性改号(此乃"不等势"电压值，可通过"对称测量法"予以消除). FB510A 型霍尔效应实验仪 V_H 测试毫伏表设计有调零旋钮，通过它可把 V_{H0} 值消除.

2. 测绘 V_H-I_S 曲线

调节 $I_M = 500$mA，$L = 16$cm 固定不变，再调节 I_S，$I_S = 0.00 \sim 4.00$mA，每次改变 1.00mA，将对应的实验数据 V_H 值记录到表 3.3.1 中(注意，测量每一组数据时，都要将 I_M 和 I_S 改变极性，从而每组都有 4 个 V_H 值)以消除系统误差.

3. 测绘 V_H-I_M 曲线

调节 $I_S = 2.00$mA，$L = 16$cm 固定不变，然后调节 I_M，$I_M = 0.00 \sim 1000$mA，每次增加 100mA，将对应的实验数据 V_H 值记录到表 3.3.2 中. 极性改变同上.

4. 测螺线管中轴线上水平方向的磁场分布

调节 $I_S = 2.00\text{mA}$, $I_M = 500\text{mA}$ 固定不变，然后调节 L ， $L = 0 \sim 32\text{cm}$ ，将对应的实验数据 V_H 值记录到表 3.3.3 中，并计算出对应的磁感应强度 B.

5. 确定样品导电类型

将实验仪三组双刀开关(钮子开关及继电器)均掷向上方，即 I_S 沿 x 方向，B 沿 z 方向，毫伏表测量电压为 $V_{A'A}$. 取 $I_S = 2.00\text{mA}$ ， $I_M = 500\text{mA}$ ，测量 $V_{A'A}$ 大小及极性，由此判断样品导电类型.

【数据处理】

(1) 数据记录参考表.

表 3.3.1 测绘 V_H-I_S 实验曲线数据记录表($I_M = 500\text{mA}$ ，$L = 16\text{cm}$)

I_S / mA	V_1/mV	V_2/mV	V_3/mV	V_4/mV	$V_H = \dfrac{V_1 - V_2 + V_3 - V_4}{4}$/mV
	$+B,+I_S$	$-B,+I_S$	$-B,-I_S$	$+B,-I_S$	
0.00					
1.00					
2.00					
3.00					
4.00					

表 3.3.2 测绘 V_H-I_M 实验曲线数据记录表($I_S = 2.00\text{mA}$ ，$L = 16\text{cm}$)

I_M / mA	V_1/mV	V_2/mV	V_3/mV	V_4/mV	$V_H = \dfrac{V_1 - V_2 + V_3 - V_4}{4}$/mV
	$+B,+I_S$	$-B,+I_S$	$-B,-I_S$	$+B,-I_S$	
0.00					
100					
200					
300					
400					
500					
600					
700					
800					
900					
1000					

表 3.3.3　 测绘螺线管中轴线磁场分布数据记录表($I_S = 2.00\text{mA}$ ， $I_M = 500\text{mA}$)

L/cm	V_1/mV $+B, +I_S$	V_2/mV $-B, +I_S$	V_3/mV $-B, -I_S$	V_4/mV $+B, -I_S$	V_H/mV	$B = \dfrac{V}{K_H I_S}/\text{mT}$
0.0						
1.0						
2.0						
3.0						
4.0						
6.0						
8.0						
10.0						
13.0						
16.0						
19.0						
22.0						
24.0						
26.0						
28.0						
29.0						
30.0						
31.0						
32.0						

(2) 用 Origin 或其他软件绘制 V_H-I_S 曲线、V_H-I_M 曲线及螺线管轴线上的磁场分布规律图(即 L-B 曲线)，调整图像大小合适，打印、裁剪、粘贴到实验报告上.

(3) 确定样品的导电类型(p 型或 n 型).

【思考题】

(1) 霍尔电压是怎样形成的? 它的极性与磁场和电流方向(或载流子浓度)有什么关系?

(2) 若磁场与霍尔元件不垂直，能否准确测出磁场? 螺线管中部与两端哪个位置测量误差大? 若螺线管多层绕制，如何计算其磁场分布?

实验 3.4　 交 流 电 桥

交流电桥是电测量技术中常用的测量仪器，主要用来测量电容器的电容量及其损耗和线圈的电感量及其损耗. 随着传感器技术的发展，交流电桥还可以用来测量与电感、电容有关的物理量，如互感、材料的磁导率、介质的损耗和介电常数等，在测量方面有着广泛的用途.

【实验目的】

(1) 用交流电桥测量电感和电容及其损耗.

(2) 了解交流电桥的平衡原理和调节平衡的方法.

【实验原理】

1. 交流电桥的平衡条件

交流电桥电路如图 3.4.1 所示，在电路组成上与单臂直流电桥相似. 设四个桥臂交流元件的复阻抗分别为 Z_1, Z_2, Z_3, Z_4. 交流电桥采用交流电源(S)，频率选用被测元件的工作频率；示零器(G)采用高灵敏度的交流电流表或者示波器、耳机等交流电流(或者交流电压)指示仪表，交流电桥平衡的条件为：当两个复数 $\dot{U}_B = \dot{U}_D$ 时，电桥达到平衡状态. 电桥平衡时

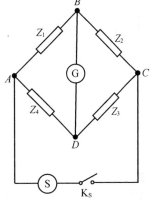

$$Z_1 = \frac{Z_4}{Z_3} Z_2 \tag{3.4.1}$$

2. 实际电容器和线圈的等效线路

实际电容器可等效成如图 3.4.2 所示的理想电容

图 3.4.1 交流电桥电路

图 3.4.2 实际电容器等效电路

C 与绝缘电阻 R_1 的并联. 只有当 R_1 值趋于无限大时，实际电容器与理想电容器才完全等效，因此电容器的"容抗"应写成

$$Z_C = R_1 // \frac{1}{j\omega C} = \frac{R_1 \dfrac{1}{j\omega C}}{R_1 + \dfrac{1}{j\omega C}} = \frac{R_1\left(1 - R_1 j\omega C\right)}{1 + \left(R_1\omega C\right)^2} \tag{3.4.2}$$

当绝缘电阻远大于纯容抗时

$$Z_C = \frac{1}{R_1\left(\omega C\right)^2} + \frac{1}{j\omega C} = R_2 + \frac{1}{j\omega C} \tag{3.4.3}$$

式中

$$R_2 = \frac{1}{R_1 (\omega C)^2} \tag{3.4.4}$$

根据上述结果，实际电容器又等效成理想电容器 C 与电阻 R_2 串联而成的 R_2C 电路，R_2 值可根据式(3.4.4)计算出来，由于 R_1 远大于 $1/(\omega C)$ 值，因此 R_2 值很小，并趋于零. 理想电容器的 $R_1 \to \infty$，或者 $R_2 \to 0$. 由于实际电容器不完全理想，所以当正弦交流电通过它时，电容两端的电压与通过的电流之间相位差不是 90°，而是 $\varphi = 90° - \delta$，其中 δ 称为电容器的损耗角，φ 是实际电容器端电压与电流间的相位差. 如图 3.4.3 所示，损耗角 δ 随 R_2 的增加而变大，离纯电容或者理想电容的特性越远，因此 δ 是衡量实际电容器与理想电容器差别的一个重要参数. 为了方便，还用损耗角的正切来衡量实际电容器的质量，称为损耗

$$\tan\delta = R_2 \omega C \tag{3.4.5}$$

电感是由导线按一定方式绕制而成的线圈，因此它具有导线的电阻、由导线相对位置决定的分布电容以及线圈本身决定的电感量. 它可等效于一个 LRC 串、并联电路，如图 3.4.4 所示，图中 C 为实际线圈的"分布"电容，其值很小，对高频交流电有较大的旁路作用；L 为纯电感线圈或称为理想线圈；R 为线圈的直流电阻和由其他影响合成的串联电阻. 如果线圈工作在低频(约几百千赫)范围内，便可略去 C，而仅考虑线圈的直流电阻，于是感抗可表示为

$$Z_L = R + j\omega l \tag{3.4.6}$$

R 越小，线圈越接近纯电感. 为了衡量线圈的质量，用品质因子 Q 来定量描述

$$Q = \frac{L\omega}{R} \tag{3.4.7}$$

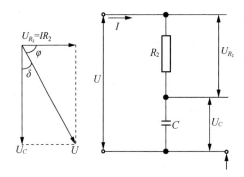
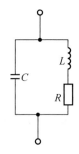

图 3.4.3　电容器的损耗角　　　　　　　　图 3.4.4　实际线圈等效电路

3. 实际电容的测量

根据交流电桥平衡的条件，利用式(3.4.1)测量 R_x 和 C_x 的形式不是唯一的，若取 $Z_2 = R_2$ ，$Z_3 = R_3 /\!/ \dfrac{1}{j\omega C_3}$ ，以及 $Z_4 = \dfrac{1}{j\omega C_4}$ ，并且不计各个标准电容的损耗电阻，则关系式

$$R_x + \frac{1}{j\omega C_x} = \frac{\dfrac{1}{j\omega C_4}}{R_3 /\!/ \dfrac{1}{j\omega C_3}} R_2 \tag{3.4.8}$$

成立. 化简上式可以得到

$$C_x = \frac{R_3}{R_2} C_4 \tag{3.4.9}$$

$$R_x = \frac{C_3}{C_4} R_2 \tag{3.4.10}$$

$$\tan\delta = R_3 \varepsilon C_3 \tag{3.4.11}$$

这样的电桥如图 3.4.5 所示，称为西林电容电桥.

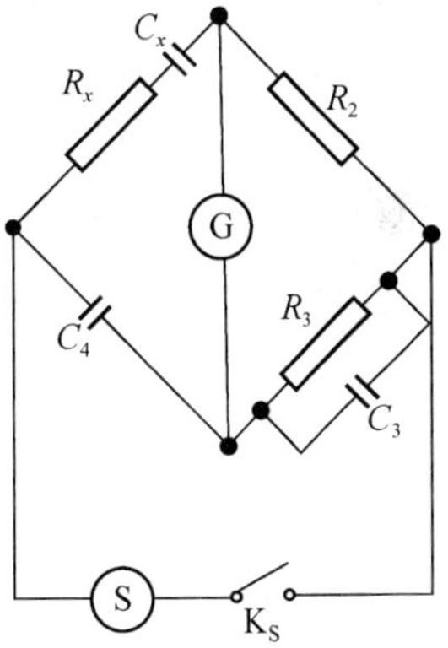

为了使电桥平衡，可分别重复调节 C_3 和 R_3 的数值，尽可能使 $R_2 = R_3$，$C_4 = C_x$，并适当调节信号的输出幅度，保证标准电容 C_4 的有效数字不少于四位.

图 3.4.5　西林电容电桥

4. 实际电感的测量

在测量线圈电感量的电桥中，Z_2、Z_3 和 Z_4 的选取也不是唯一的.

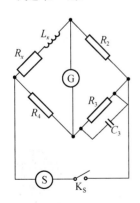

图 3.4.6　麦克斯韦电桥

如果 $Z_1 = R_x + L_x \omega j$ ，$Z_2 = R_2$ ，$Z_4 = R_4$ (即 Z_2 和 Z_4 为纯电阻)，$Z_3 = R_3 /\!/ \dfrac{1}{C_3 \omega j}$ ，就组成了麦克斯韦电桥，如图 3.4.6 所示. 根据电桥平衡的条件

$$R_x + L_x \omega j = \frac{R_4 R_2}{R_3 /\!/ \dfrac{1}{C_3 \omega j}} \tag{3.4.12}$$

化简得到

$$L_x = R_2 R_4 C_3 \tag{3.4.13}$$

$$R_x = \frac{R_2 R_4}{R_3} \tag{3.4.14}$$

R_3、C_3 与待测电感互换后，电桥的平衡条件不变，电感

品质因子为

$$Q = \frac{L_x\omega}{R_x} = R_3 C_3 \omega \tag{3.4.15}$$

5. 交流电桥使用中的几个问题

(1) 电桥开始调节时应使交流电源的输出幅度尽量小一点. 交流示零器的交流电流量程取足够大, 然后调节规定的可调量. 每改变一次可调量, 使交流示零器的指针由大变到不能再小为止, 依次反复调节各个可变量, 增加电流的输出幅度, 减少示零器的量程, 提高测量灵敏度. 重复上述调节步骤, 直到最后结果满足一定的精度要求为止. 不过在增加电源输出幅度的同时, 要考虑桥臂中各元件是否承受得住其最大功耗的要求.

(2) 用电桥测量时, 往往总是分粗测和精测两步来进行. 粗测的目的是知道待测元件的大致数值和范围; 精测的目的则是选择合适的元件和数值, 确保各量的精密度, 以保证最后结果的准确度.

【实验仪器】

电阻箱、晶体管万用表(交流电流表)、音频信号发生器、标准可变电容箱、标准电感、待测电容和待测线圈.

【实验内容】

(1) 自组西林电桥(图 3.4.5), 测定电容的大小及损耗.
(2) 自组麦克斯韦电桥(图 3.4.6), 测定电感的大小及损耗.

【思考题】

(1) 当 $Z_1 = R_x + \dfrac{1}{C_x\omega \mathrm{j}}$ 作为待测阻抗, 再与 $Z_2 = R_2$, $Z_3 = R_3 // \dfrac{1}{C_3\omega \mathrm{j}}$,

$Z_4 = R_4 + \dfrac{1}{C_4\omega \mathrm{j}}$ 组成交流电桥能否平衡, 为什么?

(2) 用麦克斯韦电桥测定同样的 L_x 有什么特点?

(3) 交流电桥调节平衡的过程是怎样的? 能否加快调节速度, 即减少可调量调节的次数?

实验 3.5　落球法测定液体的黏度

授课视频

当液体内各部分之间有相对运动时, 接触面之间存在内摩擦力, 阻碍液体的相对运动，这种性质称为液体的黏滞性，液体的内摩擦力称为黏滞力. 黏滞力的大小与接触面面积以及接触面处的速度梯度成正比，比例系数 η 称为黏度(或黏滞系数).

对液体黏滞性的研究在流体力学、化学化工、医疗、水利等领域都有广泛的应用，例如，在用管道输送液体时要根据输送液体的流量、压力差、输送距离及液体黏度，设计输送管道的口径.

测量液体黏度可用落球法、毛细管法、转筒法等，其中落球法适用于测量黏度较高的液体.

黏度的大小取决于液体的性质与温度，温度升高，黏度将迅速减小. 例如，对于蓖麻油，在室温附近温度改变 $1℃$，黏度值改变约 10%. 因此，测定液体在不同温度的黏度有很大的实际意义，欲准确测量液体的黏度，必须精确控制液体的温度.

【实验目的】

(1) 用落球法测量不同温度下蓖麻油的黏度.

(2) 了解 PID 温度控制的原理.

(3) 练习用停表计时，用螺旋测微器测直径.

【实验原理】

1. 落球法测定液体黏度的原理

一个在静止的液体中下落的小球受到重力、浮力和黏滞阻力三个力的作用，如果小球的速度 v 很小，且液体可以看成在各方向上都是无限广阔的，则从流体力学的基本方程可以导出表示黏滞阻力的斯托克斯公式

$$F = 3\pi\eta v d \tag{3.5.1}$$

式中，d 为小球直径. 由于黏滞阻力与小球速度 v 成正比，小球在下落很短一段距离后(参见本实验附录的推导)，所受的三个力达到平衡，小球将以 v_0 匀速下落，此时有

$$\frac{1}{6}\pi d^3(\rho - \rho_0)g = 3\pi\eta v_0 d \tag{3.5.2}$$

式中，ρ 为小球密度；ρ_0 为液体密度. 由式(3.5.2)可解出黏度 η 的表达式

$$\eta = \frac{(\rho - \rho_0)gd^2}{18v_0} \tag{3.5.3}$$

本实验中，小球在直径为 D 的玻璃管中下落，液体在各方向无限广阔的

条件不满足，此时黏滞阻力的表达式可加修正系数$(1+17d/D)$，而式(3.5.3)可修正为

$$\eta = \frac{(\rho - \rho_0)gd^2}{18v_0(1 + 2.4\,d/D)} \tag{3.5.4}$$

当小球的密度较大，直径不是太小，而液体的黏度值又较小时，小球在液体中的平衡速度 v_0 会达到较大的值，奥西思-果尔斯公式反映了液体运动状态对斯托克斯公式的影响

$$F = 3\pi\eta v_0 d\left(1 + \frac{3}{16}Re - \frac{19}{1080}Re^2 + \cdots\right) \tag{3.5.5}$$

式中，Re 称为雷诺数，是表征液体运动状态的无量纲参数

$$Re = v_0 d\rho_0/\eta \tag{3.5.6}$$

当 $Re < 0.1$ 时，可认为式(3.5.1)、式(3.5.4)成立；当 $0.1 < Re < 1$ 时，应考虑式(3.5.5)中一级修正项的影响；当 $Re > 1$ 时，还须考虑高次修正项.

考虑式(3.5.5)中一级修正项的影响及玻璃管的影响后，黏度 η_1 可表示为

$$\eta_1 = \frac{(\rho - \rho_0)gd^2}{18v_0(1 + 2.4\,d/D)(1 + 3Re/16)} = \eta\frac{1}{1 + 3Re/16} \tag{3.5.7}$$

由于 $3Re/16$ 是远小于 1 的数，将 $1/(1+3Re/16)$ 按幂级数展开后近似为 $1-3Re/16$，式(3.5.7)又可表示为

$$\eta_1 = \eta - \frac{3}{16}v_0 d\rho_0 \tag{3.5.8}$$

已知或测量得到 ρ、ρ_0、D、d、v 等参数后，由式(3.5.4)计算黏度 η，再由式(3.5.6)计算 Re，若需计算 Re 的一级修正，则由式(3.5.8)计算经修正的黏度 η_1.

在国际单位制中，η 的单位是 Pa·s(帕斯卡·秒)，在厘米·克·秒制中，η 的单位是 P(泊)或 cP(厘泊)，它们之间的换算关系是

$$1\text{Pa}\cdot\text{s} = 10\text{P} = 1000\text{cP} \tag{3.5.9}$$

2. PID 调节原理

PID 调节是自动控制系统中应用最为广泛的一种调节规律，自动控制系统的原理可用图 3.5.1 说明.

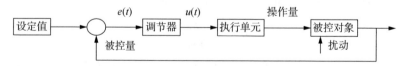

图 3.5.1   自动控制系统框图

假如被控量与设定值之间有偏差 $e(t)$ = 设定值–被控量，调节器依据 $e(t)$ 及一定的调节规律输出调节信号 $u(t)$，执行单元按 $u(t)$ 输出操作量至被控对象，使被控量逼近直至最后等于设定值. 调节器是自动控制系统的指挥机构.

在我们的温控系统中，调节器采用 PID 调节，执行单元是由可控硅控制加热电流的加热器，操作量是加热功率，被控对象是水箱中的水，被控量是水的温度.

PID 调节器是按偏差的比例(proportional)、积分(integral)、微分(differential)进行调节的，其调节规律可表示为

$$u(t) = K_{\mathrm{P}}\left[e(t) + \frac{1}{T_{\mathrm{I}}}\int_0^t e(t)\mathrm{d}t + T_{\mathrm{D}}\frac{\mathrm{d}e(t)}{\mathrm{d}t}\right] \tag{3.5.10}$$

式中，第一项为比例调节，K_{P} 为比例系数；第二项为积分调节，T_{I} 为积分时间常数；第三项为微分调节，T_{D} 为微分时间常数.

PID 温度控制系统在调节过程中温度随时间的一般变化关系可用图 3.5.2 表示，控制效果可用稳定性、准确性和快速性评价.

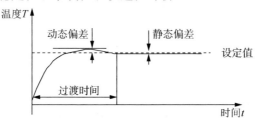

图 3.5.2 PID 调节系统过渡过程

系统重新设定(或受到扰动)后经过一定的过渡过程能够达到新的平衡状态，则为稳定的调节过程；若被控量反复振荡，甚至振幅越来越大，则为不稳定调节过程. 不稳定调节过程是有害的，所以不能采用. 准确性可用被调量的动态偏差和静态偏差来衡量，二者越小，准确性越高. 快速性可用过渡时间表示，过渡时间越短越好. 实际控制系统中，上述三方面指标常常是互相制约，互相矛盾的，应结合具体要求综合考虑.

由图 3.5.2 可见，系统在达到设定值后一般并不能立即稳定在设定值，而是超过设定值后经一定的过渡过程才重新稳定，产生超调的原因可从系统惯性、传感器滞后和调节器特性等方面予以说明. 系统在升温过程中，加热器温度总是高于被控对象温度，在达到设定值后，即使减小或切断加热功率，加热器存储的热量在一定时间内仍然会使系统升温，降温有类似的反向过程，这称为系统的热惯性. 传感器滞后是指由于传感器本身的热传导特性或是由于传感器的安装位置，传感器测量到的温度比系统实际的温度在时间上滞后后，系统达到设定值后调节器无法

立即做出反应，产生超调. 对于实际的控制系统，必须依据系统特性合理整定 PID 参数，才能取得好的控制效果.

由式(3.5.10)可见，比例调节项输出与偏差成正比，能迅速对偏差做出反应，并减小偏差，但不能消除静态偏差. 这是因为任何高于室温的稳态都需要一定的输入功率维持，而比例调节项只有偏差存在时才输出调节量. 增加比例调节系数 K_P 可减小静态偏差，但在系统有热惯性和传感器滞后时，会使超调加大.

积分调节项输出与偏差对时间的积分成正比，只要系统存在偏差，积分调节作用就不断积累，输出调节量以消除偏差. 积分调节作用缓慢，在时间上总是滞后于偏差信号的变化. 增加积分作用(减小 T_I)可加快消除静态偏差，但会使系统超调加大，增加动态偏差，积分作用太强甚至会使系统出现不稳定状态.

微分调节项输出与偏差对时间的变化率成正比，阻碍了温度的变化，能减小超调量，克服振荡. 在系统受到扰动时，它能迅速做出反应，减小调整时间，提高系统的稳定性.

PID 调节器的应用已有一百多年的历史，理论分析和实践都表明，应用这种调节规律对许多具体过程进行控制时，都能取得满意的结果.

【实验仪器】

变温黏度测量仪、开放式 PID 温控实验仪、停表、螺旋测微器、钢球若干.

1. 变温黏度测量仪

变温黏度测量仪的外型如图 3.5.3 所示. 待测液体装在细长的样品管中，能使液体温度较快地与加热水温达到平衡，样品管壁上有刻度线，便于测量小球下落的距离. 样品管外的加热水套连接温控仪，通过热循环水加热样品. 底座下有调节螺钉，用于调节样品管的铅直.

2. 开放式 PID 温控实验仪

温控实验仪包含水箱、水泵、加热器、控制及显示电路等部分.

本温控实验仪内置微处理器，带有液晶显示屏，具有操作菜单化，能根据实验对象选择 PID 参数以达到最佳控制，能显示温控过程的温度变化曲线和功率变化曲线及温度和功率的实时值，能存储温度及功率变化曲线，控制精度高等特点，仪器面板如图 3.5.4 所示.

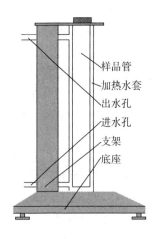

样品管
加热水套
出水孔
进水孔
支架
底座

图 3.5.3　变温黏度测量仪

开机后，水泵开始运转，显示屏显示操作菜单，可选择工作方式，输入序号

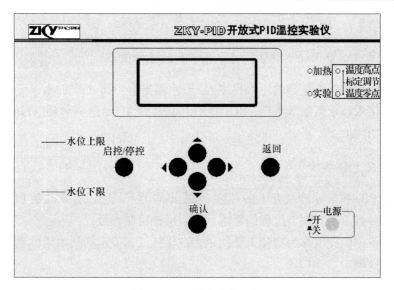

图 3.5.4　温控实验仪面板

及室温，设定温度及 PID 参数. 使用 ◀ ▶ 键选择项目，▲ ▼ 键设置参数，按确认键进入下一屏，按返回键返回上一屏.

　　进入测量界面后，屏幕上方的数据栏从左至右依次显示序号、设定温度、初始温度、当前温度、当前功率、调节时间等参数. 图形区以横坐标代表时间，纵坐标代表温度(以及功率)，并可用▲▼键改变温度坐标值. 仪器每隔 15s 采集 1 次温度及加热功率值，并将采得的数据标示在图上. 温度达到设定值并保持 2min，温度波动小于 0.1℃，仪器自动判定达到平衡，并在图形区右边显示过渡时间 t_s、动态偏差 σ、静态偏差 e. 一次实验完成退出时，仪器将屏幕按设定的序号自动存储(共可存储 10 幅)，以供必要时查看、分析、比较.

　　3. 停表

　　PC396 电子停表具有多种功能. 按功能转换键，待显示屏上方出现符号……且第 1 和第 6、7 短横线闪烁时，即进入停表功能. 此时按开始/停止键可开始或停止计时，多次按开始/停止键可以累计计时. 一次测量完成后，按暂停/回零键使数字回零，准备进行下一次测量.

　　4. 螺旋测微器

　　用于测量钢球的直径，该工具的使用可参见实验 2.1 中的介绍.

【实验内容】

1. 检查仪器前面的水位管，将水箱水加到适当值

平常加水从仪器顶部的注水孔注入. 若水箱排空后第 1 次加水，应该用软管从出水孔将水经水泵加入水箱，以便排出水泵内的空气，避免水泵空转(无循环水流出)或发出嗡鸣声.

2. 设定 PID 参数

若对 PID 调节原理及方法感兴趣，可在不同的升温区段有意改变 PID 参数组合，观察参数改变对调节过程的影响，探索最佳控制参数.

若只是把温控仪作为实验工具使用，则保持仪器设定的初始值，也能达到较好的控制效果.

3. 测定小球直径

由式(3.5.6)及式(3.5.4)可见，当液体黏度及小球密度一定时，雷诺数 $Re \propto d^3$. 在测量蓖麻油的黏度时建议采用直径 1～2mm 的小球，这样可不考虑雷诺修正或只考虑一级雷诺修正.

用螺旋测微器测定小球的直径 d，将数据记入表 3.5.1 中.

表 3.5.1　小球的直径

次数	1	2	3	4	5	6	7	8	平均值
$d /(\times 10^{-3}\text{m})$									

4. 测定小球在液体中的下落速度并计算黏度

(1) 温控仪温度达到设定值后再等约 10min，使样品管中的待测液体温度与加热水温完全一致，才能测液体黏度.

(2) 用镊子夹住小球沿样品管中心轻轻放入液体，观察小球是否一直沿中心下落，若样品管倾斜，应调节其铅直. 测量过程中，尽量避免对液体的扰动.

(3) 用停表测量小球下落一段距离的时间 t，并计算小球速度 v_0，用式(3.5.4)或式(3.5.8)计算黏度 η，记入表 3.5.2 中.

(4) 实验全部完成后，用磁铁将小球吸引至样品管口，用镊子夹入蓖麻油中保存，以备下次实验使用.

【数据处理】

(1) 记录原始数据并按要求计算.

表 3.5.2 黏度的测定

$\rho = 7.8 \times 10^3 \text{kg/m}^3$, $\qquad \rho_0 = 0.95 \times 10^3 \text{kg/m}^3$, $\qquad D = 2.0 \times 10^{-2} \text{m}$

温度/℃	时间/s						速度/(m/s)	小球下落距离/m	测量值 $\eta/(\text{Pa} \cdot \text{s})$	标准值* $\eta/(\text{Pa} \cdot \text{s})$
	1	2	3	4	5	平均				
10										2.420
15										—
20										0.986
25										—
30										0.451
35										—
40										0.231
45										—
50										—
55										—

* 摘自 CRC Handbook of Chemistry and Physics.

(2) 表 3.5.2 中, 列出了部分温度下黏度的标准值, 可将这些温度下黏度的测量值与标准值比较, 并计算相对误差.

(3) 将表 3.5.2 中 η 的测量值在坐标纸上作图, 表明黏度随温度的变化关系.

【思考题】

分析本实验系统可能的误差来源.

【附录】

小球在达到平衡速度之前所经路程 L 的推导

由牛顿运动定律及黏滞阻力的表达式, 可列出小球在达到平衡速度之前的运动方程

$$\frac{1}{6}\pi d^3 \rho \frac{\mathrm{d}v}{\mathrm{d}t} = \frac{1}{6}\pi d^3 (\rho - \rho_0)g - 3\pi \eta d v \tag{3.5.11}$$

经整理后得

$$\frac{\mathrm{d}v}{\mathrm{d}t} + \frac{18\eta}{d^2\rho}v = \left(1 - \frac{\rho_0}{\rho}\right)g \tag{3.5.12}$$

这是一个一阶线性微分方程，其通解为

$$v = \left(1 - \frac{\rho_0}{\rho}\right)g \cdot \frac{d^2\rho}{18\eta} + C\mathrm{e}^{-\frac{18\eta}{d^2\rho}t} \tag{3.5.13}$$

设小球以零初速放入液体中，代入初始条件($t = 0, v = 0$)，定出常数 C 并整理后得

$$v = \frac{d^2g}{18\eta}(\rho - \rho_0) \cdot \left(1 - \mathrm{e}^{-\frac{18\eta}{d^2\rho}t}\right) \tag{3.5.14}$$

随着时间增大，式(3.5.14)中的负指数项迅速趋近于 0，由此得平衡速度

$$v_0 = \frac{d^2g}{18\eta}(\rho - \rho_0) \tag{3.5.15}$$

式(3.5.15)与式(3.5.3)是等价的，平衡速度与黏度成反比. 设从速度为 0 到速度达到平衡速度的 99.9%这段时间为平衡时间 t_0，即令

$$\mathrm{e}^{-\frac{18\eta}{d^2\rho}t_0} = 0.001 \tag{3.5.16}$$

由式(3.5.16)可计算平衡时间.

若钢球直径为 10^{-3}m，代入钢球的密度 ρ，蓖麻油的密度 ρ_0 及 40℃时蓖麻油的黏度 $\eta = 0.231\mathrm{Pa} \cdot \mathrm{s}$，可得此时的平衡速度为 $v_0 = 0.016$ m/s，平衡时间为 $t_0 = 0.013$s.

平衡距离 L 小于平衡速度与平衡时间的乘积，在我们的实验条件下，小于 1mm，基本可认为小球进入液体后就达到了平衡速度.

实验 3.6　刚体转动惯量的测定

转动惯量的测定，在涉及刚体转动的机电制造、航空、航天、航海、军工等工程技术和科学研究中具有十分重要的地位. 测定转动惯量常采用扭摆法或恒力矩转动法，本实验采用恒力矩转动法测定转动惯量.

【实验目的】

(1) 学习用恒力矩转动法测定刚体转动惯量的原理和方法.

(2) 观测刚体的转动惯量随其质量、质量分布及转轴不同而改变的情况，验证平行轴定理.

【实验原理】

1. 恒力矩转动法测定转动惯量的原理

根据刚体的定轴转动定律

$$M = J\beta \tag{3.6.1}$$

只要测定刚体转动时所受的合外力矩 M 及该力矩作用下刚体转动的角加速度 β，则可计算出该刚体的转动惯量 J.

设以某初始角速度转动的空实验台的转动惯量为 J_1，未加砝码时，在摩擦阻力矩 M_μ 的作用下，实验台将以角加速度 β_1 做匀减速运动，即

$$-M_\mu = J_1\beta_1 \tag{3.6.2}$$

将质量为 m 的砝码用细线绕在半径为 R 的实验台塔轮上，并让砝码下落，系统在恒外力矩作用下将做匀加速运动. 若砝码的加速度为 a，则细线所受张力为 $T = m(g-a)$，其中 m 是砝码和托盘或挂钩的质量之和. 若此时实验台的角加速度为 β_2，则绕线塔轮边沿处的切向加速度 $a_\tau = a = R\beta_2$. 经线施加给实验台的力矩为 $TR = m(g-R\beta_2)R$，此时有

$$m(g-R\beta_2)R - M_\mu = J_1\beta_2 \tag{3.6.3}$$

将式(3.6.2)、式(3.6.3)两式联立消 M_μ 后，可得

$$J_1 = \frac{mR(g-R\beta_2)}{\beta_2 - \beta_1} \tag{3.6.4}$$

同理，若在实验台上加上被测物体后系统的转动惯量为 J_2，加砝码前、后的角加速度分别为 β_3 与 β_4，则有

$$J_2 = \frac{mR(g-R\beta_4)}{\beta_4 - \beta_3} \tag{3.6.5}$$

由转动惯量的叠加原理可知，被测试件的转动惯量 J_3 为

$$J_3 = J_2 - J_1 \tag{3.6.6}$$

测得 R、m 及 β_1、β_2、β_3、β_4，由式(3.6.4)～式(3.6.6)即可计算被测试件的转动惯量.

2. β 的测量

实验中采用通用计数器记录遮挡次数和相应的时间. 固定的载物台圆周边缘相差 π 角的两遮光细棒，每转动半圈遮挡一次固定在底座上的光电门，即产生一个计数光电脉冲，计数器计下遮挡次数 k 和相应的时间 t. 若从第一次挡光($k = 0$，

$t = 0$)开始计次、计时，t_m 作为第 k_m 次遮挡时所用的总时间，且初始角速度为 ω_0，则对于匀变速运动中测量得到的任意两组数据 (k_m, t_m)、(k_n, t_n)，相应的角位移 $\Delta\theta_m$、$\Delta\theta_n$ 分别为

$$\Delta\theta_m = k_m\pi = \omega_0 t_m + \frac{1}{2}\beta \cdot t_m^2 \tag{3.6.7}$$

$$\Delta\theta_n = k_n\pi = \omega_0 t_n + \frac{1}{2}\beta \cdot t_n^2 \tag{3.6.8}$$

从式(3.6.7)和式(3.6.8)中消去 ω_0，可得

$$\beta = \frac{2\pi(k_n t_m - k_m t_n)}{t_n^2 t_m - t_m^2 t_n} \tag{3.6.9}$$

由式(3.6.9)即可计算角加速度 β.

关于计算角加速度 β，最好测出角位移 θ 和时间(时刻) t 的关系，通过曲线拟合计算匀加速或者匀减速时的角加速度.

3. 平行轴定理

理论分析表明，质量为 m 的物体围绕通过质心的转轴转动时的转动惯量 J_c 最小. 当转轴平行移动距离 d 后，绕新转轴转动的转动惯量为

$$J_{平行} = J_c + md^2 \tag{3.6.10}$$

在式(3.6.10)两端都加上系统支架的转动惯量 J_o，则有

$$J_{平行} + J_o = J_c + J_o + md^2 \tag{3.6.11}$$

令 $J_{平行} + J_o = J$，又 J_c、J_o 都为定值，则载物台与待测物的总转动惯量 J 与 d^2 呈线性关系，若实验中测得此关系，则验证了平行轴定理.

4. J 的"理论"公式

设待测的圆盘(或圆柱)质量为 m、半径为 R，则圆盘、圆柱绕几何中心轴的转动惯量理论值为

$$J = \frac{1}{2}mR^2 \tag{3.6.12}$$

待测的圆环质量为 m，内、外半径分别为 $R_{内}$、$R_{外}$，圆环绕几何中心轴的转动惯量的理论值为

$$J = \frac{m}{2}(R_{外}^2 + R_{内}^2) \tag{3.6.13}$$

【实验仪器】

转动惯量实验仪、通用计数器、砝码和挂钩、待测试样、水平仪等.

1. 转动惯量实验仪

转动惯量实验仪如图 3.6.1 所示, 绕线塔轮通过特制的轴承安装在主轴上, 使转动时的摩擦力矩很小. 载物台用螺钉与塔轮连接在一起, 随塔轮转动. 随仪器配的被测试样有 1 个圆盘、1 个圆环、2 个圆柱; 圆柱试样可插入载物台上的不同孔由内向外半径为 $d = 50$mm 或 $d = 75$mm, 便于验证平行轴定理. 小滑轮的转动惯量与载物台相比可忽略不计. 2 个光电门中其中一个作测量, 另一个作备用.

仪器的主要技术参数如下:

(1) 塔轮半径为 15mm、20mm、25mm、30mm 共 4 挡.

(2) 挂钩(45g)和 5g、10g、20g 的砝码组合, 产生大小不同的力矩.

(3) 圆盘: 质量约 486g, 半径 $R = 100$mm.

(4) 圆环: 质量约 460g, 外半径 $R_{外} = 100$mm, 内半径 $R_{内} = 90$mm.

(5) 圆柱体: $R = 15$mm, $h = 25$mm.

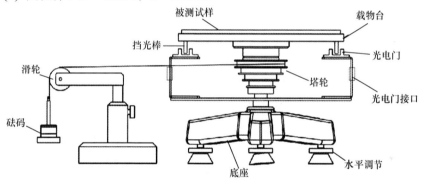

图 3.6.1　转动惯量实验仪

2. 通用计数器的使用方法

(1) 将一个光电门与计数器的传感器 I(或光电门 I)连接起来, 检查载物台下方的两个挡光棒在转台旋转过程中是否有效触发光电门.

(2) 开启计数器电源, 进入角加速度测量功能, 将"设置次数"设定为 50 次, 由于挡光棒选择的是两个, 所以将"设置弧度"设定为π.

(3) 参数设定好后, 按"开始"准备测量; 然后释放砝码, 载物台开始旋转, 同时计数器开始计时, 挡光棒每经过光电门一次, 计数次数+1, 直到达到设定的次数为 50 次时停止计时, 并自动测试出 β_1 (匀加速阶段的角加速度)和 β_2 (匀减速阶段的角加速度), β_1 和 β_2 是单片机内部通过数据拟合得到的, 准确度较高.

(4) 数据测试完后, 可以按"保存"对数据进行存储, 点击进入"数据查询"功能, 可以查询测量的数据, 数据中的 t_{01}-t_{50} 为对应的 n 次挡光总时间, 根据时间和弧度的关系,也可以计算匀加速阶段的角加速度 β_1 和匀减速阶段的角加速度 β_2 ,可以借助 Excel 完成.

(5) 关于计数器的详细使用说明请参见《DHTC-1A 通用计数器》使用说明书.

【实验内容】

1. 实验准备

在桌面上放置转动惯量实验仪,并利用基座上的调平螺钉,将仪器调平(用水平仪). 将滑轮支架放置在实验台面边缘,调整滑轮高度及方位,使滑轮槽与选取的绕线塔轮槽等高,且其方位相互垂直,如图 3.6.1 所示.

将实验仪中的一个光电门与计数器的传感器 I(或光电门 I)连接起来,另一个光电门备用;挡光棒两个,180°均布;将计数器测量次数设定为 50 次,弧度设置为 π,然后开始实验.

2. 测量并计算实验台的转动惯量 J_1

(1) 测量 β_1 和 β_2. 调整实验台位置,使绕线放完时托盘或挂钩恰好落到地面,调水平. 选择塔轮半径 $R = 15\text{mm}$ 及 $m_{砝码}$ 质量分别为 50g、55g、65g,将细线一端沿塔轮不重叠地密绕于所选定半径的轮上,另一端通过滑轮连接砝码托上的挂钩或托盘,用手将载物台稳住;按计数器"开始"键使仪器进入工作等待状态;释放载物台,砝码重力产生的恒力矩使实验台产生匀加速转动;当绕线释放完毕后,载物台将在系统阻力的作用下做匀减速运动.

(2) 计时完毕后,记录计数器测出的 β_1 和 β_2 ,分别对应匀加速阶段的角加速度 β_1 和匀减速阶段的角加速度 β_2 ,由式(3.6.4)即可算出 J_1 的值.

3. 测量并计算载物台放上试样后的转动惯量 J_2 ,计算试样的转动惯量 J_3 并与理论值比较

将待测试样放置于载物台上,并使试样几何中心轴与转轴中心重合,按与测量 J_1 同样的方法可分别测量未加砝码时的匀减速阶段角加速度 β_3 与加砝码后的匀加速阶段的角加速度 β_4. 由式(3.6.5)可计算 J_2 ,由式(3.6.6)可计算试样的转惯量 J_3.

已知圆盘、圆柱绕几何中心轴转动的转动惯量理论值为

$$J_c = mR^2 / 2 \tag{3.6.14}$$

圆环绕几何中心轴的转动惯量理论值为

$$J_c = \frac{m}{2}(R_外^2 + R_内^2) \tag{3.6.15}$$

4. 验证平行轴定理

将两圆柱体对称插入载物台上与中心距离为 d 的圆孔中，测量并计算两圆柱体在此位置的转动惯量. 将测量值与由式(3.6.12)和式(3.6.10)所得的计算值进行比较，若一致即验证了平行轴定理.

5. 选择不同的塔轮半径 R，重复 1～4 的实验步骤

【注意事项】

(1) 绕线放完时，托盘或挂钩恰好落到地面. 绕线要紧密且不能重叠.
(2) 滑轮绕线水平，其延长线过塔轮切线位置. 旋紧挡光棒，防止触碰光电门.
(3) 释放砝码瞬间，挡光棒不要离光电门太近，避免误触发.
(4) 圆柱体测量时，转速不要过快，防止圆柱体脱落(砝码可以加得小一点).
(5) 计算牵引力矩，$m_{砝码}$ 为砝码挂钩和砝码质量的总和.

【数据处理】

(1) 表 3.6.1 中 $J_1 = \dfrac{mR(g - R\beta_2)}{\beta_2 - \beta_1}$ (m 为砝码质量，R 为塔轮半径).

表 3.6.1　测量实验台的角加速度

数据组	$R_{塔轮}=15\text{mm}$					
	$m_{砝码}=50\text{g}$		$m_{砝码}=55\text{g}$		$m_{砝码}=65\text{g}$	
	$\beta_1/(\text{rad/s}^2)$	$\beta_2/(\text{rad/s}^2)$	$\beta_1/(\text{rad/s}^2)$	$\beta_2/(\text{rad/s}^2)$	$\beta_1/(\text{rad/s}^2)$	$\beta_2/(\text{rad/s}^2)$
1						
2						
3						
平均值						
J_1						

(2) 表 3.6.2 中 J_1 为表 3.6.1 中对应的计算值；$J_2 = \dfrac{mR(g - R\beta_4)}{\beta_4 - \beta_3}$ (m 为砝码质量，R 为塔轮半径)；J_3' 为圆盘转动惯量的理论值，其计算公式如下：

$$J_3' = \frac{1}{2}m_{圆盘}R_{圆盘}^2$$

表 3.6.2　测量实验台加圆盘试样后的角加速度

数据组	$R_{圆盘}=100\text{mm}, m_{圆盘}=485.9\text{g}$					
	$R_{塔轮}=15\text{mm}$					
	$m_{砝码}=50\text{g}$		$m_{砝码}=55\text{g}$		$m_{砝码}=65\text{g}$	
	$\beta_3/(\text{rad/s}^2)$	$\beta_4/(\text{rad/s}^2)$	$\beta_3/(\text{rad/s}^2)$	$\beta_4/(\text{rad/s}^2)$	$\beta_3/(\text{rad/s}^2)$	$\beta_4/(\text{rad/s}^2)$
1						
2						
3						
平均值						
J_2						
$J_3=J_2-J_1$						
理论值 J_3'						
误差						

(3) 表 3.6.3 中 J_1 为表 3.6.1 中对应的计算值；$J_2 = \dfrac{mR(g-R\beta_4)}{\beta_4-\beta_3}$（$m$ 为砝码质量，R 为塔轮半径）；J_3' 为圆环转动惯量的理论值，其计算公式如下：

$$J_3' = \frac{1}{2}m_{圆环}(R_{外}^2+R_{内}^2)$$

表 3.6.3　测量实验台加圆环试样后的角加速度

数据组	$R_{外}=100\text{mm}, R_{内}=90\text{mm}, m_{圆环}=485.9\text{g}$					
	$R_{塔轮}=15\text{mm}$					
	$m_{砝码}=50\text{g}$		$m_{砝码}=55\text{g}$		$m_{砝码}=65\text{g}$	
	$\beta_3/(\text{rad/s}^2)$	$\beta_4/(\text{rad/s}^2)$	$\beta_3/(\text{rad/s}^2)$	$\beta_4/(\text{rad/s}^2)$	$\beta_3/(\text{rad/s}^2)$	$\beta_4/(\text{rad/s}^2)$
1						
2						
3						
平均值						
J_2						
$J_3=J_2-J_1$						
理论值 J_3'						
误差						

(4) 表 3.6.4 中 J_1 为表 3.6.1 中对应的计算值；$J_2 = \dfrac{mR(g - R\beta_4)}{\beta_4 - \beta_3}$ (m 为砝码质量，R 为塔轮半径)；J_3' 为对称圆柱绕转轴距离 d 时转动惯量的理论值

$$J_3' = \frac{1}{2}m_{圆柱}R_{圆柱}{}^2 + m_{圆柱}d^2$$

表 3.6.4　测量两圆柱试样中心与转轴距离为 d 时的角加速度

数据组	$R_{圆柱} = 15\text{mm}, m_{圆柱} = 138\text{g}, d = 75\text{mm}$					
	$R_{塔轮} = 15\text{mm}$					
	$m_{砝码} = 50\text{g}$		$m_{砝码} = 55\text{g}$		$m_{砝码} = 65\text{g}$	
	$\beta_3/(\text{rad/s}^2)$	$\beta_4/(\text{rad/s}^2)$	$\beta_3/(\text{rad/s}^2)$	$\beta_4/(\text{rad/s}^2)$	$\beta_3/(\text{rad/s}^2)$	$\beta_4/(\text{rad/s}^2)$
1						
2						
3						
平均值						
J_2						
$J_3 = J_2 - J_1$						
理论值 J_3'						
误差						

实验 3.7　三线摆法测试物体的转动惯量

转动惯量是刚体转动惯性大小的量度，是表征刚体特性的一个物理量. 转动惯量的大小除与物体质量有关外，还与转轴的位置和质量分布(即形状、大小和密度)有关. 如果刚体形状简单，且质量分布均匀，可直接计算出它绕特定轴的转动惯量. 但在工程实践中，我们常遇到大量形状复杂，且质量分布不均匀的刚体，这时理论计算将极为复杂，通常采用实验方法来测定.

转动惯量的测量，一般都是使刚体以一定的形式运动，通过表征这种运动特征的物理量与转动惯量之间的关系进行转换测量. 测量刚体转动惯量的方法有多种，三线摆法是具有较好物理思想的实验方法，它具有设备简单、直观、测试方便等优点.

【实验目的】

(1) 学会用三线摆测定物体的转动惯量.

(2) 学会用累积放大法测量周期运动的周期.

(3) 验证转动惯量的平行轴定理.

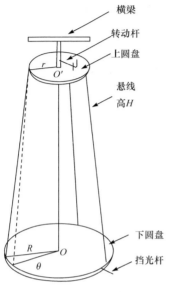

横梁

转动杆

上圆盘

r

O'

悬线

高H

R　　O

θ

下圆盘

挡光杆

图 3.7.1　三线摆实验装置示意图

【实验原理】

图 3.7.1 是三线摆实验装置的示意图. 上、下圆盘均处于水平,悬挂在横梁上. 三个对称分布的等长悬线将两圆盘相连. 上圆盘固定,下圆盘可绕中心轴OO'做扭摆运动. 当下盘转动角度很小,且略去空气阻力时,扭摆的运动可近似看成简谐运动. 根据能量守恒定律和刚体转动定律均可以导出物体绕中心轴OO'的转动惯量(推导过程见本实验附录)

$$I_0 = \frac{m_0 g R r}{4\pi^2 H_0} T_0^2 \tag{3.7.1}$$

式中, m_0 为下盘的质量; r 、R 分别为上、下悬点离各自圆盘中心的距离; H_0 为平衡时上、下盘间的垂直距离; T_0 为下盘做简谐运动的周期; g 为重力加速度(在杭州地区 $g = 9.793\text{m/s}^2$).

将质量为 m 的待测物体放在下盘上,并使待测刚体的转轴与OO'轴重合. 测出此时摆运动周期T_1和上、下圆盘间的垂直距离 H ,同理,可求得待测刚体和下圆盘对中心转轴OO'的总转动惯量为

$$I_1 = \frac{(m_0 + m) g R r}{4\pi^2 H} T_1^2 \tag{3.7.2}$$

如不计因重量变化而引起悬线伸长,则有 $H \approx H_0$,那么待测物体绕中心轴的转动惯量为

$$I = I_1 - I_0 = \frac{gRr}{4\pi^2 H}[(m + m_0)T_1^2 - m_0 T_0^2] \tag{3.7.3}$$

因此,通过长度、质量和时间的测量,便可求出刚体绕某轴的转动惯量.

用三线摆法还可以验证平行轴定理. 若质量为 m 的物体绕通过其质心轴的转动惯量为 I_c ,当转轴平行移动距离 x 时 (图 3.7.2) ,则此物体对新轴 OO' 的转动惯量为 $I_{OO'} = I_c + mx^2$. 这一结论称为转动惯量的平行轴定理.

实验时将质量均为 m' ,形状和质量分布完全相同的两

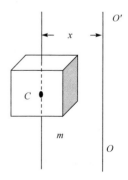

O'

x

C

m

O

图 3.7.2　平行轴定理

个圆柱体对称地放置在下圆盘上(下盘有对称的两个小孔). 按同样的方法,测出两小圆柱体和下盘绕中心轴 OO' 的转动周期 T_x,则可求出每个柱体对中心转轴 OO' 的转动惯量

$$I_x = \frac{(m_0 + 2m')gRr}{4\pi^2 H}T_x^2 - I_0 \tag{3.7.4}$$

如果测出小圆柱中心与下圆盘中心之间的距离 x 以及小圆柱体的半径 R_x,则由平行轴定理可求得

$$I_x' = m'x^2 + \frac{1}{2}m'R_x^2 \tag{3.7.5}$$

比较 I_x 与 I_x' 的大小,可验证平行轴定理.

【实验仪器】

DHTC-3 多功能计时器 1 台、实验机架 1 套、圆环 1 块、圆柱体 2 个. 三线摆实验仪、水准仪、米尺、游标卡尺、物理天平以及待测物体等.

仪器操作:通电后电源指示灯亮,信号指示灯在接入光电门后点亮(计时精度可达 0.01s). 通电开启系统后,系统默认计数周期为 30,用户可以用面板上的【上调】和【下调】来调整计数周期,计数周期设定完毕后按【置数】键输入系统,再按【执行】键进行准备计数,计数完毕后面板显示的是计数时间,按【返回】键返回,返回的状态是用户设置的计数周期状态,按【复位】键则返回系统默认的计数周期状态.

【实验内容】

1. 用三线摆测定圆环对通过其质心且垂直于环面轴的转动惯量

2. 用三线摆验证平行轴定理

实验步骤要点如下:

(1) 调整下盘水平:将水准仪置于下盘任意两悬线之间,调整小圆盘上的三个旋钮,改变三悬线的长度,直至下盘水平.

(2) 测量空盘绕中心轴 OO' 转动的运动周期 T_0:轻轻转动上盘,带动下盘转动,这样可以避免三线摆在做扭摆运动时发生晃动. 注意扭摆的转角控制在5°以内. 用累积放大法测出扭摆运动的周期(用秒表测量累积 30～50 次的时间,然后求出其运动周期,为什么不直接测量一个周期?). 测量时间时,应在下盘通过平衡位置时开始计数,并默读 5、4、3、2、1、0,当数到"0"时启动停表,这样既有一个计数的准备过程,又不至于少数一个周期.

(3) 测出待测圆环与下盘共同转动的周期 T_1：将待测圆环置于下盘上，注意使两者中心重合，按同样的方法测出它们一起运动的周期 T_1.

(4) 测出两个小圆柱体(对称放置)与下盘共同转动的周期 T_x.

(5) 测出上、下圆盘三悬点之间的距离 a 和 b，然后算出悬点到中心的距离 r 和 R (等边三角形外接圆半径).

(6) 其他物理量的测量：用米尺测出两圆盘之间的垂直距离 H_0 和放置两小圆柱体小孔间距 $2x$；用游标卡尺测出待测圆环的内、外直径 $2R_1$、$2R_2$ 和小圆柱体的直径 $2R_x$.

(7) 记录各刚体的质量.

【数据处理】

(1) 实验数据记录.

$$r = \frac{\sqrt{3}}{3}a = \underline{\hspace{3cm}}, \qquad R = \frac{\sqrt{3}}{3}b = \underline{\hspace{3cm}}, \qquad H_0 = \underline{\hspace{2cm}}$$

下盘质量 $m_0 = \underline{\hspace{3cm}}$，待测圆环质量 $m = \underline{\hspace{3cm}}$，圆柱体质量

$m' = \underline{\hspace{2cm}}$

注：本实验的上摆悬线孔的半径 $r = 44.0\text{mm}$，下摆悬线孔的半径 $R = 90.0\text{mm}$.

表 3.7.1　累积法测周期数据记录参考表格

摆动50次所需时间/s		下圆盘		下圆盘加圆环		下圆盘加两圆柱
	1		1		1	
	2		2		2	
	3		3		3	
	4		4		4	
	5		5		5	
	平均		平均		平均	
周期	$T_0 = \underline{\ \ \ }$ s		$T_1 = \underline{\ \ \ }$ s		$T_x = \underline{\ \ \ }$ s	

表 3.7.2　有关长度多次测量数据记录参考表

次数 \ 项目	上圆盘悬孔间距 a/cm	上圆盘悬孔间距 b/cm	待测圆环 外直径 $2R_1$/cm	待测圆环 内直径 $2R_2$/cm	小圆柱体直径 $2R_x$/cm	放置小圆柱体两小孔间距 $2x$/cm
1						
2						
3						

续表

次数 ＼ 项目	上圆盘悬孔间距 a/cm	上圆盘悬孔间距 b/cm	待测圆环		小圆柱体直径 $2R_x$/cm	放置小圆柱体两小孔间距 $2x$/cm
			外直径 $2R_1$/cm	内直径 $2R_2$/cm		
4						
5						
平均						

(2) 计算待测圆环测量结果，并与理论值计算值比较，求相对误差并进行讨论. 已知理想圆环绕中心轴转动惯量的计算公式为 $I_{理论} = \dfrac{m}{2}(R_1^2 + R_2^2)$.

(3) 求出圆柱体绕自身轴的转动惯量，并与理论计算值 $\left(I_{理} = \dfrac{m'}{2}R_x'^2 \right)$ 比较，验证平行轴定理.

【思考题】

(1) 用三线摆测刚体转动惯量时，为什么必须保持下圆盘水平？

(2) 在测量过程中，如下圆盘出现晃动，对周期测量有影响吗？如有影响，应如何避免？

(3) 三线摆放上待测物后，其摆动周期是否一定比空盘的转动周期大，为什么？

(4) 测量圆环的转动惯量时，若圆环的转轴与下圆盘转轴不重合，对实验结果有何影响？

(5) 如何利用三线摆测定任意形状的物体绕某轴的转动惯量？

(6) 三线摆在摆动中受空气阻尼的影响，振幅越来越小，它的周期是否会变化？对测量结果影响大吗，为什么？

【附录】

转动惯量测量式的推导

当下圆盘扭转振动，其转角 θ 很小时，其扭动是一个简谐振动，其运动方程为

$$\theta = \theta_0 \sin \frac{2\pi}{T_0} t \tag{3.7.6}$$

当摆离开平衡位置最远时，其重心升高 h，根据机械能守恒定律有

$$\frac{1}{2}I\omega_0^2 = mgh \tag{3.7.7}$$

即

$$I = \frac{2mgh}{\omega_0^2} \tag{3.7.8}$$

而

$$\omega = \frac{\mathrm{d}\theta}{\mathrm{d}t} = \frac{2\pi\theta_0}{T}\cos\frac{2\pi}{T}t \tag{3.7.9}$$

$$\omega_0 = \frac{2\pi\theta_0}{T_0} \tag{3.7.10}$$

将式(3.7.10)代入式(3.7.8)得

$$I = \frac{mghT^2}{2\pi^2\theta_0^2} \tag{3.7.11}$$

从图 3.7.3 中的几何关系可得

$$(H-h)^2 + R^2 - 2Rr\cos\theta_0 = l^2 = H^2 + (R-r)^2$$

简化得

$$Hh - \frac{h^2}{2} = Rr(1-\cos\theta_0) \tag{3.7.12}$$

略去 $\dfrac{h^2}{2}$，且取 $1-\cos\theta_0 \approx \theta_0^2/2$，则有

$$h = \frac{Rr\theta_0^2}{2H}，\text{代入式(3.7.11)得}$$

$$I = \frac{m\,gRr}{4\pi^2 H}T^2 \tag{3.7.13}$$

即得公式(3.7.1).

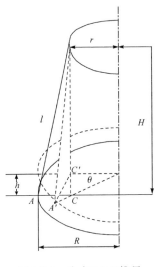

图 3.7.3　公式(3.7.1)推导

实验 3.8　金属线膨胀系数的测量

授课视频

　　绝大多数物质具有热胀冷缩的特性，在一维情况下，固体受热后长度的增加称为线膨胀. 在相同条件下，不同材料的固体，其线膨胀的程度各不相同，我们引入线膨胀系数来表征物质的膨胀特性. 线膨胀系数是物质的基本物理参数之一，在道路、桥梁、建筑等工程设计，精密仪器仪表设计，材料的焊接、加工等各种领域，都必须对物质的膨胀特性予以充分的考虑. 我国高铁的无缝钢轨不同于传统的火车轨道，无缝钢轨是把铁轨因为热胀冷缩导致的温度形变控制在两个

轨枕之间. 利用本实验提供的固体线膨胀系数测量仪和温控仪，能对固体的线膨胀系数予以准确测量.

在科研、生产及日常生活的许多领域，常常需要对温度进行调节、控制. 温度调节的方法有多种，PID 调节是对温度控制精度要求高时常用的一种方法. 物理实验中经常需要测量物理量随温度的变化关系，本实验提供的温控仪针对学生实验的特点，让学生自行设定调节参数，并能实时观察到对于特定的参数、温度及功率随时间的变化关系及控制精度；加深学生对 PID 调节过程的理解，让等待温度平衡的过程变得生动有趣.

【实验目的】

(1) 测量金属的线膨胀系数.

(2) 学习 PID 调节的原理并通过实验了解参数设置对 PID 调节过程的影响.

【实验原理】

1. 线膨胀系数

设温度为 t_0 时固体的长度为 L_0，温度为 t_1 时固体的长度为 L_1. 实验指出，当温度变化范围不大时，固体的伸长量 $\Delta L = L_1 - L_0$ 与温度变化量 $\Delta t = t_1 - t_0$ 及固体的长度 L_0 成正比，即

$$\Delta L = \alpha L_0 \Delta t \qquad (3.8.1)$$

式中，比例系数 α 称为固体的线膨胀系数，由上式知

$$\alpha = \frac{\Delta L}{L_0} \cdot \frac{1}{\Delta t} \qquad (3.8.2)$$

可以将 α 理解为当温度升高 1℃时固体增加的长度与原长度之比. 多数金属的线膨胀系数在 $(0.8 \sim 2.5) \times 10^{-5} ℃^{-1}$.

线膨胀系数是与温度有关的物理量. 当 Δt 很小时，由式(3.8.2)测得的 α 称为固体在温度为 t_0 时的微分线膨胀系数. 当 Δt 是一个不太大的变化区间时，近似认为 α 是不变的，由式(3.8.2)测得的 α 称为固体在 $t_0 \sim t_1$ 温度范围内的线膨胀系数.

由式(3.8.2)知，在 L_0 已知的情况下，固体线膨胀系数的测量实际归结为温度变化量 Δt 与相应的长度变化量 ΔL 的测量. 由于 α 数值较小，在 Δt 不大的情况下，ΔL 也很小，因此准确地控制 t、测量 t 及 ΔL 是保证测量成功的关键.

2. PID 调节原理

具体介绍参见实验 3.5 中的实验原理部分.

【实验仪器】

金属线膨胀实验仪、ZKY-PID 温控实验仪、千分表.

1. 金属线膨胀实验仪

仪器外型如图 3.8.1 所示. 金属棒的一端用螺钉连接在固定端，滑动端装有轴承，金属棒可在此方向自由伸长. 通过流过金属棒的水加热金属，金属的膨胀量用千分表测量. 支架都用隔热材料制作，金属棒外面包有绝热材料，以阻止热量向基座传递，保证测量准确.

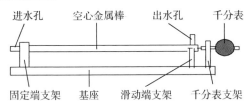

图 3.8.1　金属线膨胀实验仪

2. 开放式 PID 温控实验仪

具体介绍参见实验 3.5.

3. 千分表

千分表是用于精密测量位移量的量具，它利用齿条-齿轮传动机构将线位移转变为角位移，由表针的角度改变量读出线位移量. 大表针转动 1 圈(小表针转动 1格)，代表线位移 0.2mm，最小分度值为 0.001mm.

【实验内容】

1. 检查仪器后面的水位管，将水箱水加到适当值

平常加水从仪器顶部的注水孔注入. 若水箱排空后第 1 次加水，应该用软管从出水孔将水经水泵加入水箱，以便排出水泵内的空气，避免水泵空转(无循环水流出)或发出嗡鸣声.

2. 设定 PID 参数

若对 PID 调节原理及方法感兴趣，可在不同的升温区段有意改变 PID 参数组合，观察参数改变对调节过程的影响.

若只是把温控仪作为实验工具使用，则可按以下的经验方法设定 PID 参数:

$$K_P = 3\,(\Delta T)^{1/2}, \qquad T_I = 30, \qquad T_D = 1/99$$

式中，ΔT 为设定温度与室温之差. 参数设置好后，用启控/停控键开始或停止温度调节.

3. 测量线膨胀系数

实验开始前检查待测金属棒是否固定良好，千分表安装位置是否合适. 一旦开始升温就读数，避免再触动实验仪.

为保证实验安全，温控仪最高设置温度为 60℃. 若决定测量 n 个温度点，则每次升温范围为 $\Delta T = (60 - 室温)/n$. 为减小系统误差,将第 1 次温度达到平衡时的温度及千分表读数分别记为 T_0, l_0. 温度的设定值每次提高 ΔT，在新的设定值达到平衡后，记录温度及千分表读数于表 3.8.1 中.

表 3.8.1　数据记录表

次数	0	1	2	3	4	5	6	7
千分表读数	$l_0=$							
温度/℃	$T_0=$							
$\Delta T_i = T_i - T_0$								
$\Delta L_i = l_i - l_0$								

【数据处理】

根据 $\Delta L = \alpha L_0 \Delta t$，由表 3.8.1 的数据用线性回归法或作图法求出 ΔL_i-ΔT_I 直线的斜率 K，已知固体样品长度 $L_0 = 500\text{mm}$，则可求出固体线膨胀系数 $\alpha = K/L_0$.

【思考题】

(1) 本实验系统可能的误差来源有哪些?

(2) 实验测得的紫铜的线膨胀系数能代表紫铜在任意温度区间的线膨胀系数吗? 为什么?

实验 3.9　用玻尔共振仪研究受迫振动

由受迫振动而导致的共振现象具有相当的重要性和普遍性. 在声学、光学、电学、原子核物理及各种工程技术领域中，都会遇到各种各样的共振现象. 共振现象既有破坏作用，也有许多实用价值. 许多仪器和装置的原理也基于各种各样的共振现象，如超声发生器、无线电接收机、交流电的频率计等. 在微观科学研究中共振现象也是一种重要的研究手段，如利用核磁共振和顺磁共振研究物质结构等.

表征受迫振动性质的是受迫振动的振幅频率特性和相位频率特性(简称幅频特性和相频特性). 本实验中，用玻尔共振仪定量测定机械受迫振动的幅频特性和相频特性，并利用光电编码器测定动态物理量——相位差.

【实验目的】

(1) 观察扭摆的阻尼振动，测定阻尼系数.

(2) 研究玻尔共振仪中弹性摆轮受迫振动的幅频特性和相频特性.

(3) 研究不同阻尼力矩对受迫振动的影响，观察共振现象.

(4) 利用光电编码器测定动态物理量——相位差.

【实验原理】

物体在周期外力的持续作用下发生的振动称为受迫振动，这种周期性的外力称为强迫力. 如果外力按简谐振动规律变化，那么稳定状态时的受迫振动也是简谐振动，此时振幅保持恒定，振幅的大小与强迫力的频率和原振动系统无阻尼时的固有振动频率以及阻尼系数有关. 在受迫振动状态下，系统除受到强迫力的作用外，同时还受到回复力和阻尼力的作用. 所以在稳定状态时物体的位移、速度变化与强迫力变化不是同相位的，存在一个相位差. 当强迫力频率与系统的固有频率相同时产生共振，此时速度振幅最大，相位差为90°.

实验采用摆轮在弹性力矩作用下自由摆动，在电磁阻尼力矩作用下做受迫振动来研究受迫振动特性，可直观地显示机械振动中的一些物理现象.

当摆轮受到周期性强迫外力矩 $M = M_0 \cos \omega t$ 的作用，并在有空气阻尼和电磁阻尼的介质中运动时(阻尼力矩为 $-b\dfrac{\mathrm{d}\theta}{\mathrm{d}t}$)，其运动方程为

$$J \frac{\mathrm{d}^2\theta}{\mathrm{d}t^2} = -k\theta - b\frac{\mathrm{d}\theta}{\mathrm{d}t} + M_0 \cos \omega t \tag{3.9.1}$$

式中，J 为摆轮的转动惯量；$-k\theta$ 为弹性力矩；M_0 为强迫力矩的幅值；ω 为强迫力的圆频率.

令 $\omega_0^2 = \dfrac{k}{J}$，$2\beta = \dfrac{b}{J}$，$m = \dfrac{m_0}{J}$，则式(3.9.1)变为

$$\frac{\mathrm{d}^2\theta}{\mathrm{d}t^2} + 2\beta\frac{\mathrm{d}\theta}{\mathrm{d}t} + \omega_0^2\theta = m\cos\omega t \tag{3.9.2}$$

当 $m\cos\omega t = 0$ 时，式(3.9.2)即为阻尼振动方程.

当 $\beta = 0$，即在无阻尼情况时，式(3.9.2)变为简谐振动方程，系统的固有频率为 ω_0. 方程(3.9.2)的通解为

$$\theta = \theta_1\mathrm{e}^{-\beta t}\cos(\omega_{\mathrm{f}}t + \alpha) + \theta_2\cos(\omega t + \varphi_0) \tag{3.9.3}$$

由式(3.9.3)可见，受迫振动可分成两部分：

第一部分，$\theta_1\mathrm{e}^{-\beta t}\cos(\omega_{\mathrm{f}}t + \alpha)$，表示减幅振动部分，其中 $\omega_{\mathrm{f}} = \sqrt{\omega_0^2 - \beta^2}$，与初始条件有关，经过一定时间后衰减消失.

第二部分，说明强迫力矩对摆轮做功，向振动体传送能量，最后达到一个稳定的振动状态. 振幅为

$$\theta_2 = \frac{m}{\sqrt{(\omega_0^2 - \omega^2)^2 + 4\beta^2\omega^2}} \tag{3.9.4}$$

它与强迫力矩之间的相位差为

$$\varphi = \arctan\frac{-2\beta\omega}{\omega_0^2 - \omega^2} = \arctan\frac{-\beta T_0^2 T}{\pi(T^2 - T_0^2)} \tag{3.9.5}$$

由式(3.9.4)和式(3.9.5)可看出，振幅 θ_2 与相位差 φ 的数值取决于强迫力矩 m、频率 ω、系统的固有频率 ω_0 和阻尼系数 β 四个因素，而与振动的初始状态无关.

由 $\dfrac{\partial}{\partial\omega}[(\omega_0^2 - \omega^2)^2 + 4\beta^2\omega^2] = 0$（或 $\dfrac{\partial\theta_2}{\partial\omega} = 0$）的极值条件可得出，当强迫力的圆频率 $\omega = \sqrt{\omega_0^2 - 2\beta^2}$ 时，产生共振，θ_2 有极大值. 若共振时圆频率和振幅分别用 ω_{r}、θ_{r} 表示，则

$$\omega_{\mathrm{r}} = \sqrt{\omega_0^2 - 2\beta^2} \tag{3.9.6}$$

$$\theta_{\mathrm{r}} = \frac{m}{2\beta\sqrt{\omega_0^2 - 2\beta^2}} \tag{3.9.7}$$

式(3.9.6)和式(3.9.7)表明，阻尼系数 β 越小，共振时的圆频率越接近于系统的固有频率，振幅 θ_{r} 也越大. 图 3.9.1 和图 3.9.2 表示出在不同 β 时受迫振动的幅频特性和相频特性.

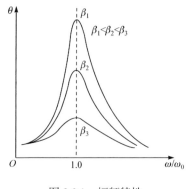

图 3.9.1　幅频特性

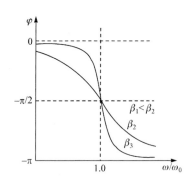

图 3.9.2　相频特性

【实验仪器】

DH0306 型玻尔共振实验仪由振动仪与电器控制箱两部分组成. 振动仪部分如图 3.9.3 所示, 铜质摆轮 A 安装在机架上, 蜗卷弹簧 B 的一端与摆轮 A 的轴相连, 另一端固定在机架支柱上.

在弹簧弹性力的作用下, 摆轮可绕轴自由往复摆动. 在摆轮的外围有一卷槽型缺口, 其中一个长形凹槽 C 比其他凹槽长出许多. 机架上对准长形缺口处有一个光电门 H, 该光电门有两路, 居上方的一路对应短凹槽, 居下方的一路对应长凹槽, 它与信号源相连接, 用来测量摆轮的振幅角度值和摆轮的振动周期. 在机架下方有一对带有铁芯的阻尼线圈 K, 摆轮 A 恰好嵌在铁芯的空隙, 当线圈中通过直流电流后, 摆轮受到一个电磁阻尼力的作用, 改变电流的大小即可使阻尼力的大小发生相应变化. 为使摆轮 A 做受迫振动, 在电动机轴上装有偏心轮, 通过连杆 E 带动摆轮, 在电动机轴上装有光电编码器, 它随电机一起转动. 由它可以计算出相位差 φ. 电机转速可以在面板上精确设定, 由于电路中采用特殊稳速装置, 转速极为稳定. 强迫力矩周期可以在面板上精确设定.

受迫振动时摆轮与外力矩的相位差是利用光电编码器来测量的. 每当摆轮上长形凹槽 C 通过平衡位置时, 光电门 H 接收光, 触发控制器读取光电编码器的角度值, 在稳定情况时, 相邻两次读取值是一致的(电机启动前, 摇杆 M 处于竖直位置, 铜质摆轮 A 处于静止状态, 光电门 H 居箭头中心).

摆轮振幅是利用光电门 H 测出一个周期中摆轮 A 上凹形缺口通过光电门的个数而求得, 并在信号源液晶显示器上直接显示出此值(图 3.9.4 和图 3.9.5).

玻尔共振仪各部分一经校正, 请勿随意拆装改动, 电器控制箱与主机有专门电缆相接, 不要混淆.

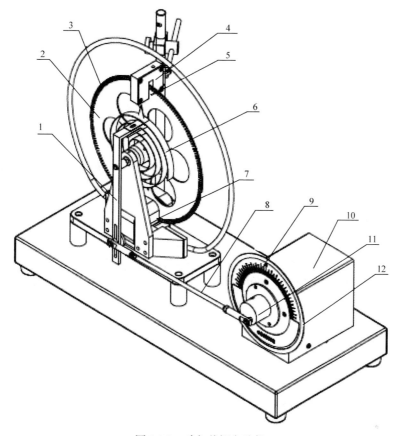

图 3.9.3 玻尔共振实验仪

1. 摇杆 M；2. 铜质摆轮 A；3. 短凹槽 D；4. 光电门 H；5. 长形凹槽 C；6. 蜗卷弹簧 B；7. 阻尼线圈 K；8. 连杆 E；9. 角度盘 F；10. 步进电机 I；11. 偏心轮 G；12. 有机玻璃转盘 L

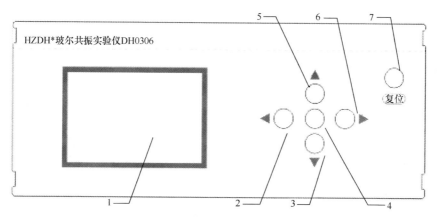

图 3.9.4 玻尔共振实验仪前面板示意图

1. 液晶显示屏幕；2、3、5、6. 方向控制键；4. 确认键；7. 复位键

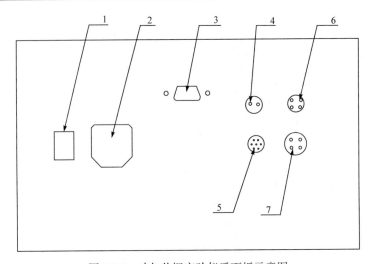

图 3.9.5　玻尔共振实验仪后面板示意图
1. 电源开关；2. 电源插座(带保险)；3. 通信接口；4. 阻尼线圈电源；5. 光电编码器接口；
6. 光电门接口；7. 电机控制

经过运输或实验后若发现仪器工作不正常可进行调整，具体步骤如下：

(1) 静止状态时，摇杆 M、摆盘上的长形槽口、光电门中轴线在同一竖直平面内.

(2) 此时摆轮上一条长形槽口应基本与指针对齐，若发现明显偏差，可将摆轮后面三只固定螺丝略松动，用手握住蜗卷弹簧 B 的内端固定处，另一手即可将摆轮转动，使长形槽口对准尖头，然后再将三只螺丝旋紧：一般情况下，只要不改变弹簧 B 的长度，此项调整极少进行.

(3) 若将弹簧 B 与摇杆 M 相连接处外端的夹紧螺钉松开，此时弹簧 B 外圈即可任意移动(可缩短、放长)，缩短距离不宜小于6cm. 在旋紧端拧螺丝时，务必保持弹簧处于垂直面内，否则将明显影响实验结果.

(4) 两次相位差相差较大，在上述调节正确的情况下还可调节连杆 E 的长度、连杆 E 与摇杆 M 的连接点位置.

将光电门 H 中心对准摆轮上的长狭缝，光电门上一路光穿过长狭缝，一路光穿过短狭缝，并保持摆轮在光电门中间狭缝中自由摆动，此时可选择阻尼挡为"1""2"或"3". 进入强迫振动实验界面，打开电机，此时摆轮将做受迫振动，待达到稳定状态时，两次相位差读数相等，两次读数值在调整良好时差 1°以内(在不大于 2°时实验即可进行)；若发现相差较大，必须重复上述步骤，重新调整.

【实验内容】

1. 实验准备

按下电源开关后，屏幕上出现实验界面，如图 3.9.6 所示.

2. 自由振荡——摆轮振幅 θ 与系统固有周期 T_0 对应值的测量

自由振荡实验的目的是测量摆轮的振幅 θ 与系统固有振动周期 T_0 的关系(表 3.9.1).

在图 3.9.6 状态按确认键，进入自由振荡实验界面.

用面板上的方向控制键将光标移动到"测量"上，用手转动摆轮 160°左右，放开手后按"确认"键，控制箱开始记录实验数据，振幅的有效数值范围为 160°～50°(振幅小于 20°测量自动关闭，数据量达 200 测量自动关闭，也可以按下"确认"键停止计数). 测量完成后光标自动置于"<"(光标移动至"<>"后，按"确认"

图 3.9.6　实验界面

表 3.9.1　振幅 θ 与 T_0 关系

振幅 θ /(°)	固有周期 T_0 /s	振幅 θ /(°)	固有周期 T_0 /s	振幅 θ /(°)	固有周期 T_0 /s	振幅 θ /(°)	固有周期 T_0 /s

键进入数据查询状态"<"），可使用面板上的"◀""▶"键查看实验数据. 实验数据将保留直到关机，下次测量将覆盖上次保存的数据，或按下"清空"键清除保存的数据(图 3.9.7～图 3.9.9).

图 3.9.7　自由振荡界面一

图 3.9.8　自由振荡界面二

图 3.9.9　　自由振荡界面三

3. 测定阻尼系数 β

返回到图 3.9.6 状态下，按"确认"键，选中"阻尼振荡"，进入"阻尼振荡"实验界面，如图 3.9.10 所示. 阻尼分三个挡，阻尼 1 最小，根据实验要求选择阻尼挡(光标移到"阻尼挡"上按确认键进入阻尼挡设置，按面板上的"▲"或"▼"键设置阻尼挡位).

首先将角度盘指针 F 放在 0° 位置，用手转动摆轮 160° 左右，放开手后按"确认"键，控制箱开始记录实验数据，振幅的有效数值范围为 160°～50°(振幅小于20° 测量自动关闭，数据量达 45 测量自动关闭，也可以按下"确认"键停止计数). 测量完成后光标自动置于"<"(光标移动至"<>"后，按"确认"键进入数据查询状态"<")，可使用面板上的"◀""▶"键查看实验数据. 实验数据将保留直到关机，下次测量将覆盖上次保存的数据，或按下"清空"键清除保存的数据(图 3.9.11 和图 3.9.12).

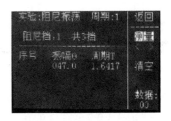

图 3.9.10　阻尼振荡界面一　　　　　　图 3.9.11　阻尼振荡界面二

图 3.9.12　　阻尼振荡界面三

从液显窗口读出摆轮做阻尼振动时的振幅数值 θ_1, θ_2, θ_3, $\cdots$, θ_n, 利用

$$\ln \frac{\theta_0 e^{-\beta t}}{\theta_0 e^{-\beta(t+nT)}} = n\beta\overline{T} = \ln\frac{\theta_0}{\theta_n} \tag{3.9.8}$$

求出 β 值. 式中, n 为阻尼振动的周期次数; θ_n 为第 n 次振动时的振幅; $\overline{T}$ 为阻尼振动周期的平均值. 此值可以测出 10 个摆轮振动周期值, 然后取其平均值. 一般阻尼系数需测量 2~3 次, 数值填入表 3.9.2 中.

利用式(3.9.9)对所测数据(表 3.9.2)按逐差法处理, 求出 β 值

$$5\beta\overline{T} = \ln\frac{\theta_i}{\theta_{i+5}} \tag{3.9.9}$$

式中, i 为阻尼振动的周期次数; θ_i 为第 i 次振动时的振幅.

表 3.9.2 测定阻尼系数　　　　　　　　　　　阻尼挡位:＿＿＿

序号	振幅 θ /(°)	周期 T/s	序号	振幅 θ /(°)	周期 T/s	$\ln\frac{\theta_i}{\theta_{i+5}}$
θ_1			θ_6			
θ_2			θ_7			
θ_3			θ_8			
θ_4			θ_9			
θ_5			θ_{10}			
$\ln\frac{\theta_i}{\theta_{i+5}}$ 平均值						

$$\overline{T} = \underline{\qquad\qquad}\ \text{s}, \quad \beta = \underline{\qquad\qquad}.$$

4. 测定强迫振动的幅频特性和相频特性曲线

在进行强迫振荡前必须先做阻尼振荡.

仪器在图 3.9.6 状态下, 选中"强迫振荡", 按确认键进入强迫振荡实验界面, 如图 3.9.13 所示. 将光标移动到电机开关处, 默认情况下电机处于"关"状态, 转动偏心轮使得角度盘 F 上的零度线和有机玻璃转盘 L(图 3.9.3)上的红色刻度线对齐, 按下确认键启动电机, 状态如图 3.9.14 所示. 待摆轮和电机的周期相同, 振幅已稳定, 相位差读数稳定, 方可开始测量. 光标移动到测量开关上, 按确认键开始测量, 自动测量 10 次, 自动计算平均值. 本次测量完成

后，光标自动跳到"保存"上(图 3.9.15)，可保存当前测量，"撤销"保存，"清空"所有保存数据，"打开"已经保存的数据(图 3.9.16).

将光标移动到电机周期处，按确认键进入电机周期设置，按"◀""▶"改变数据位，按"▲"或"▼"改变周期值，电机转速的改变可按照 $\Delta\varphi$ 控制在 10° 左右来定，可进行多次这样的测量.

每次改变了强迫力矩的周期，都需要等待系统稳定，然后再进行测量. 该实验建议记录 10 组以上数据，其中应该包括电机转动周期与自由振荡实验时的自由振荡周期相同的数值(表 3.9.3).

图 3.9.13　强迫振荡界面一

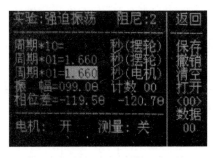

图 3.9.14　强迫振荡界面二

图 3.9.15　强迫振荡界面三

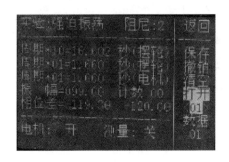

图 3.9.16　强迫振荡界面四

表 3.9.3　幅频特性和相频特性测量数据记录表　　　　阻尼挡位：_____

电机周期 T/s	摆轮振幅 θ/(°)	查表 3.9.1 得出的与振幅 θ 对应的 T_0 /s	相位差 φ /(°)	$\varphi = \arctan \dfrac{-\beta T_0^2 T}{\pi(T^2 - T_0^2)}$	$\dfrac{\omega}{\omega_0} = \dfrac{T_0}{T}$

以 ω/ω_0 为横轴，振幅 θ 为纵轴，作幅频特性曲线.
以 ω/ω_0 为横轴，相位差 φ 为纵轴，作相频特性曲线.

【思考题】

(1) 什么条件下强迫力的周期与摆轮的周期相同?
(2) 如实验中阻尼电流不稳定, 会有什么影响?

【误差分析】

因为本仪器中采用石英晶体作为计时部件, 所以测量周期(圆频率)的误差可以忽略不计, 误差主要来自阻尼系数 β 的测定和无阻尼振动时系统的固有振动频率 ω_0 的确定, 且后者对实验结果影响较大.

在前面的原理部分中我们认为弹簧的弹性系数 k 为常数, 它与扭转的角度无关. 实际上由于制造工艺及材料性能的影响, k 值随着角度的改变而有微小的变化(3%左右), 因而造成在不同振幅时系统的固有频率 ω_0 有变化. 如果取 ω_0 的平均值, 则将在共振点附近使相位差的理论值与实验值相差很大. 为此可测出振幅与固有频率 ω_0 的对应数值, 在 $\varphi = \arctan \dfrac{-\beta T_0^2 T}{\pi(T^2 - T_0^2)}$ 中 T_0 采用对应于某个振幅的数值代入(可查看自由振荡实验中做出的 θ 与 T_0 的对应表, 找出该振幅在自由振荡实验时对应的摆轮固有周期. 若此 θ 值在表中查不到, 则可根据对应表中摆轮的运动趋势, 用内插法估计一个 T_0 值), 这样可使系统误差明显减小.

实验综合设计拓展 振动的研究

【实验目的】

(1) 学习如何选择实验方法验证物理规律.
(2) 研究弹簧振子中弹簧的有效质量, 测量弹簧的刚度系数.
(3) 研究受迫振动的幅频特性和相频特性.
(4) 研究不同阻尼对受迫振动的影响, 掌握共振现象.

【实验仪器】

弹簧、气垫导轨、焦利秤、计时仪器、砝码、光电门、玻尔共振仪.

【实验要求】

(1) 设计一个研究简谐振动运动规律的实验方案.
(2) 设计测量弹簧的有效质量和刚度系数的方法.

(3) 测定所设计振动系统在自由振动时的振幅和振动频率.

(4) 测定受迫振动的幅频特性和相频特性.

【实验报告】

(1) 写明实验的目的和意义.

(2) 阐明实验原理和设计思路, 写出有关简谐振动的运动规律及验证方法.

(3) 说明实验方法和测量方法的选择.

(4) 列出所用仪器和材料, 确定实验步骤和数据记录处理表格.

(5) 归纳总结本设计的利弊.

实验 3.10　声速的测量

授课视频

声波特性的测量, 如频率、波长、声速、声压衰减、相位等, 是声波检测技术中的重要内容. 我国古代为了防止敌军在城外挖地道, 有"伏罃而听"的历史典故, 现代声速的测量, 不仅可以了解介质的特性而且还可以了解介质的状态变化, 在声波定位、探伤、测距等应用中具有重要的实用意义. 例如, 声波测井、声波测量气体或液体的浓度和比重、声波测量输油管中不同油的分界面等.

本实验采用压电陶瓷换能器来实现对超声波在空气中传播速度这一非电量的测量.

【实验目的】

(1) 掌握驻波法和相位比较法及时差法测量声速的原理.

(2) 了解压电换能器的功能, 熟悉信号源和示波器的使用.

(3) 加深对驻波及振动合成理论的理解.

【实验原理】

1. 超声波与压电陶瓷换能器

频率为 20Hz～20kHz 的机械振动在弹性介质中传播形成声波, 高于 20kHz 称为超声波, 超声波的传播速度就是声波的传播速度, 而超声波具有波长短、易于定向发射等优点. 声速实验所采用的声波频率一般都在 20～60kHz, 在此频率范围内, 采用压电陶瓷换能器作为声波的发射器、接收器效果最佳.

压电陶瓷换能器根据工作方式, 分为纵向(振动)换能器、径向(振动)换能器及弯曲振动换能器. 声速教学实验中大多数采用纵向换能器. 图 3.10.1 为纵向换能器的结构简图.

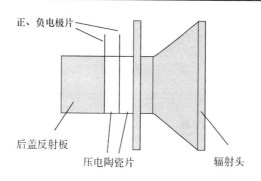

正、负电极片

后盖反射板

压电陶瓷片

辐射头

图 3.10.1 纵向换能器的结构简图

2. 声速的测量方法

声速的测量方法可以分为两大类. 一类是根据波动理论 $v=f\lambda$，通过测量声波的频率 f 和波长 λ 得到声速 v；另一类是根据运动学理论 $v=L/t$，通过测量传播距离 L 和时间间隔 t 得到声速 v.

1) 根据波动理论测量声速

$$v=f\lambda \tag{3.10.1}$$

式中，频率可由声速测试仪的信号源频率显示窗口直接读出，而波长又可用共振干涉法(驻波法)和相位比较法两种方法来测量.

A. 共振干涉法(驻波法)

实验装置如图 3.10.2 所示，图中 S1 和 S2 为压电陶瓷换能器. S1 作为声波发射器，由信号源供给频率为数万赫的交流电信号(一般使用正弦波)，由逆压电效应发出一平面超声波；而 S2 则作为声波接收器，压电效应将接收到的声压转换成电信号，输入示波器，我们就可看到一组由声压信号产生的正弦波形. 由于 S2 在接收声波的同时还能反射一部分超声波，接收的声波、发射的声波振幅虽有差异，但二者周期相同且在同一线上沿相反方向传播，且二者在 S1 和 S2 区域内产生了波的干涉，形成驻波. 我们在示波器上观察到的实际上是这两个相干波合成后在声波接收器 S2 处的振动情况. 移动 S2 位置(即改变 S1 和 S2 之间的距离)，从示波器显示的波形上可以看出，当 S2 在某些位置时振幅将达到最大值. 根据波的干涉理论可以知道：任何两相邻的振幅最大值的位置之间(或两相邻的振幅最小值的位置之间)的距离均为 $\lambda/2$. 为了测量声波的波长，可以在观察示波器上波形幅值的同时，缓慢地改变 S1 和 S2 之间的距离，这样在示波器上就可以看到波形幅值不断地由最大变到最小再变到最大，两相邻的最大振幅之间所对应的 S2 移动过的距离为 $\lambda/2$，而超声换能器 S2 至 S1 之间距离的改变可通过转动鼓轮来实现.

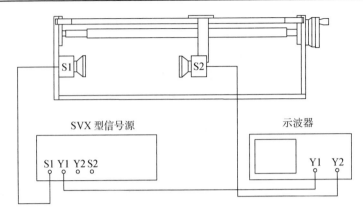

图 3.10.2　共振干涉法、相位比较法连线图

　　在连续多次测量相隔半波长的 S2 的位置变化及声波频率 f 以后，我们可运用测量数据计算出声速，用逐差法处理测量的数据.

　　B. 相位比较法

　　从 S1 发出的超声波通过介质传到 S2，在 S1、S2 之间的相位差为

$$\varphi = \omega t = 2\pi f \frac{L}{V} = 2\pi \frac{L}{\lambda} \tag{3.10.2}$$

当 $\Delta L = L_2 - L_1 = \lambda$ 时，$\Delta\varphi = \varphi_2 - \varphi_1 = 2\pi$. 因此，$L$ 每改变一个波长 λ，相位差就变化 2π，通过观察相位差变化 $\Delta\varphi$，便可测出 λ，进而求得声速. $\Delta\varphi$ 的测定可用相互垂直的两个振动的合成的李萨如图来进行. 将 S1 的信号输入示波器 x 轴，S2 的信号输入 y 轴. 为了方便测量，选择李萨如图为直线时(一般选右斜线)作为测量的起点，移动 S2，当 L 变化一个波长 λ 时，就会出现同样斜率的直线，如图 3.10.3 所示. 因此，通过示波器，利用李萨如图就可测出声波的波长.

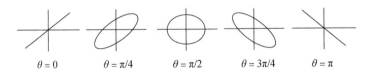

$$\theta = 0 \qquad \theta = \pi/4 \qquad \theta = \pi/2 \qquad \theta = 3\pi/4 \qquad \theta = \pi$$

图 3.10.3　用李萨如图观察相位变化

　　2) 根据运动学理论(时差法)测量声速

$$v = L/t \tag{3.10.3}$$

　　连续波经脉冲调制后由发射换能器发射至被测介质中，声波在介质中传播，经过 t 时间后，到达 L 距离处的接收换能器. 由运动定律可知，声波在介质中传播的速度可由以下公式求出：

$$速度 v = 距离\ L/时间\ t$$

通过测量两换能器发射、接收平面之间距离 L 和时间 t，就可以计算出当前介质下的声波传播速度.

【实验内容】

仪器在使用之前，加电开机预热 15min. 在接通市电后，自动工作在连续波方式，这时脉冲波强度选择按钮不起作用.

1. 驻波法测量空气中的声速

1) 测量装置的连接

如图 3.10.2 所示，信号源面板上的发射端换能器接口(S1)，用于输出一定频率的功率信号，请接至测试架的发射换能器(S1)；接收换能器(S2)的输出接至示波器的 CH2(Y2)，并将示波器的通道开关调整到 CH2(Y2). 信号源面板上的发射端的发射波形 Y1 与双踪示波器的 CH1(Y1)可暂不连接.

2) 测定压电陶瓷换能器的频率工作点(共振频率)

为了得到较清晰的接收波形，必须将外加的驱动信号频率调节到换能器 S1、S2 的谐振频率附近，使其共振，这样才能够较好地进行声能与电能的相互转换(实际上有一个小的通频带)，S2 才会有一定幅度的电信号输出，才会有较好的实验效果.

换能器工作状态的调节方法如下：首先调节发射强度旋钮，使声速测试仪信号源输出合适的电压，再调整信号频率(在 25～45kHz)，观察频率调整时 CH2(Y2)通道的波形幅度变化. 选择合适的示波器扫描挡和增益挡，并进行调节，使示波器显示稳定的接收波形. 在某一频率点处(34～40kHz)，波形幅度明显增大，再适当调节示波器增益挡，细调频率，使该波形幅度为极大值，此频率即与压电换能器相匹配的一个谐振工作点，记录共振频率 f.

3) 测量波长

将测试方法设置到连续波方式，选择合适的发射强度. 完成前述 1)和 2)步骤后，选好谐振频率. 然后转动距离调节鼓轮，这时波形的幅度会发生变化，记录下幅度为最大时的坐标 L_i，坐标由数显尺或机械刻度读出(数显容栅尺原理说明见本实验附录). 再向前或者向后(必须是一个方向)移动坐标，当接收波经变小后再到最大时，记录下此时的坐标 L_{i+1}，即可求得声波波长 $\lambda_i = 2|L_{i+1} - L_i|$. 多次测定，用逐差法处理数据(参照表 3.10.1).

因声速还与介质温度有关，所以须记下介质温度 t.

2. 相位比较法/李萨如图法测量空气中的声速

如图 3.10.2 所示连接线路，此时信号源面板上的发射端的发射波形 Y1 必须与双踪示波器的 CH1(Y1)相接.

将测试方法设置到连续波方式，选择合适的发射强度. 像前述步骤 2)一样测出共振频率后，将示波器打到"X-Y"方式或将示波器扫描旋钮左旋关闭，选择合适的示波器通道挡，示波器将显示出李萨如图(图 3.10.3). 转动鼓轮，移动 S2，使李萨如图显示的椭圆变为一定角度的一条斜线(一般选右斜线)，记录下此时的坐标 L_i，坐标可由数显尺或机械刻度尺读出. 再向前或者向后(必须是一个方向)移动距离，使观察到的波形又回到前面所说的特定角度的斜线，这时接收波的相位变化为 2π，记录下此时的坐标 L_{i+1}，即可求得声波波长 $\lambda_i = |L_{i+1} - L_i|$. 多次测定，用逐差法处理数据(参照表 3.10.2).

记下介质温度 t.

3. 注意事项

(1) 实验前应掌握示波器、信号发生器和频率仪的使用方法.
(2) 换能器的发射面和接收面应尽量保持平行.

【数据处理】

1. 记录原始数据并按要求计算

表 3.10.1　共振干涉法数据表格

$f=$_____kHz，室温 $t=$_____℃

测量顺序点	测量点坐标 l_i/mm	$\lambda_i = \dfrac{2}{5}\|l_i - l_{i+5}\|$ /mm	$\Delta\lambda_i^2 = (\bar{\lambda} - \lambda_i)^2$
1		$\lambda_1 = \dfrac{2}{5}\|L_1 - L_6\| =$	
2			
3		$\lambda_2 = \dfrac{2}{5}\|L_2 - L_7\| =$	
4			
5		$\lambda_3 = \dfrac{2}{5}\|L_3 - L_8\| =$	
6			
7		$\lambda_4 = \dfrac{2}{5}\|L_4 - L_9\| =$	
8			
9		$\lambda_5 = \dfrac{2}{5}\|L_5 - L_{10}\| =$	
10			
波长 λ 的平均值		$\bar{\lambda}_{共} =$	$\sum \Delta\lambda_i^2 =$

表 3.10.2　相位比较法数据表格

$f = \underline{\hspace{2cm}}$ kHz, 室温 $t = \underline{\hspace{1.5cm}}$℃

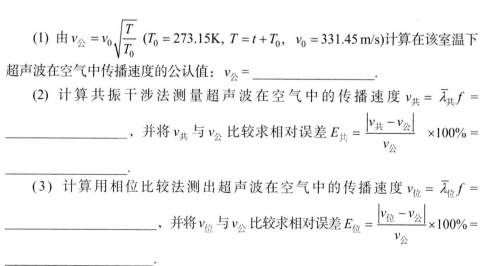

测量顺序点	测量点坐标 l_i/mm	$\lambda_i = \dfrac{1}{5}\,|\,l_i - l_{i+5}\,|\,$/mm	$\Delta\lambda_i^{\,2} = |\,\bar{\lambda} - \lambda_i\,|^2$
1		$\lambda_1 = \dfrac{1}{5}|L_1 - L_6| =$	
2			
3		$\lambda_2 = \dfrac{1}{5}|L_2 - L_7| =$	
4			
5		$\lambda_3 = \dfrac{1}{5}|L_3 - L_8| =$	
6			
7		$\lambda_4 = \dfrac{1}{5}|L_4 - L_9| =$	
8			
9		$\lambda_5 = \dfrac{1}{5}|L_5 - L_{10}| =$	
10			
波长 λ 的平均值		$\bar{\lambda}_{位} =$	$\sum\Delta\lambda_i^{\,2} =$

2. 数据处理

(1) 由 $v_{公} = v_0\sqrt{\dfrac{T}{T_0}}$ $(T_0 = 273.15\text{K},\ T = t + T_0,\ v_0 = 331.45\ \text{m/s})$ 计算在该室温下超声波在空气中传播速度的公认值：$v_{公} = \underline{\hspace{4cm}}$.

(2) 计算共振干涉法测量超声波在空气中的传播速度 $v_{共} = \bar{\lambda}_{共}f = \underline{\hspace{3cm}}$，并将 $v_{共}$ 与 $v_{公}$ 比较求相对误差 $E_{共} = \dfrac{|v_{共} - v_{公}|}{v_{公}} \times 100\% = \underline{\hspace{3cm}}$.

(3) 计算用相位比较法测出超声波在空气中的传播速度 $v_{位} = \bar{\lambda}_{位}f = \underline{\hspace{3cm}}$，并将 $v_{位}$ 与 $v_{公}$ 比较求相对误差 $E_{位} = \dfrac{|v_{位} - v_{公}|}{v_{公}} \times 100\% = \underline{\hspace{3cm}}$.

(4) 评定标准不确定度(用共振干涉法、相位比较法分别进行表 3.10.3 所示的计算).

表 3.10.3　评定标准不确定度计算表

波长的 $\Delta_{仪} = 0.01\text{mm}$　　　　　　　　　　　频率的 $\Delta_{仪} = 1\text{Hz}$

共振干涉法	相位比较法
$\lambda:\quad S_\lambda = \sqrt{\sum_{i=1}^{5}(\lambda_i - \bar{\lambda})^2 / 5 \times (5-1)} = \underline{\quad}$ $u_\lambda = \Delta_仪 / \sqrt{3} = \underline{\quad}$ $\sigma_\lambda = \sqrt{S_\lambda^2 + u_\lambda^2} = \underline{\quad}$ $f:\quad S_f = 0$ $u_f = \Delta_仪 / \sqrt{3} = \underline{\quad}$ $\sigma_f = u_f = \Delta_仪 / \sqrt{3} = \underline{\quad}$	$\lambda:\quad S_\lambda = \sqrt{\sum_{i=1}^{5}(\lambda_i - \bar{\lambda})^2 / 5 \times (5-1)} = \underline{\quad}$ $u_\lambda = \Delta_仪 / \sqrt{3} = \underline{\quad}$ $\sigma_\lambda = \sqrt{S_\lambda^2 + u_\lambda^2} = \underline{\quad}$ $f:\quad S_f = 0$ $u_f = \Delta_仪 / \sqrt{3} = \underline{\quad}$ $\sigma_f = u_f = \Delta_仪 / \sqrt{3} = \underline{\quad}$
$v:\quad E_r = \sigma_v / v_共 = \sqrt{\left(\dfrac{\sigma_\lambda}{\bar{\lambda}}\right)^2 + \left(\dfrac{\sigma_f}{f}\right)^2}$ $\sigma_v = v_共 \cdot E_r = \underline{\quad}$ 测量结果：$v_共 \pm \sigma_v = \underline{\quad}$	$v:\quad E_r = \sigma_v / v_位 = \sqrt{\left(\dfrac{\sigma_\lambda}{\bar{\lambda}}\right)^2 + \left(\dfrac{\sigma_f}{f}\right)^2}$ $\sigma_v = v_位 \cdot E_r = \underline{\quad}$ 测量结果：$v_位 \pm \sigma_v = \underline{\quad}$

【思考题】

(1) 声速测量中共振干涉法与相位比较法有何异同？

(2) 为什么换能器要在谐振频率条件下进行声速测定？

(3) 试举三个超声波应用的例子，它们都是利用了超声波的哪些特性？

【附录】

1. 声速公认值

1) 空气中的声速

声速是声波在介质中传播的速度，其中声波在空气中的传播比较重要，空气可以作为理想气体处理，声波在空气中的传播速度为

$$v = \sqrt{\frac{\gamma RT}{M}}$$

式中，γ 为空气定压比热容和定容比热容的比值 $\left(\gamma = \dfrac{C_p}{C_V}\right)$；$R$ 为气体普适常量；M 为气体分子量；T 为绝对温度.

由上式可见，温度是影响空气中声速的主要因素. 如果忽略空气中水蒸气及

其他夹杂物的影响，在 0℃($T_0 = 273.15$ K)时的声速为

$$v_0 = \sqrt{\frac{\gamma \cdot R \cdot T_0}{M}} = 331.45\text{m/s}$$

在 t 时的声速为

$$v_t = v_0 \sqrt{\frac{T}{T_0}}$$

式中，$v_0 = 331.45\text{m/s}$，$T_0 = 273.15\text{K}$，$T = (t+273.15)\text{K}$.

2) 液体中的声速(表 3.10.4)

表 3.10.4　液体中的声速

介质	温度/℃	声波速度/(m/s)
海水	17	1510~1550
普通水	25	1497
菜籽油	30.8	1450
变压器油	32.5	1425

3) 固体中的纵波声速

铝：$v_棒 = 5150\text{m/s}$，$v_块 = 6300\text{m/s}$.

铜：$v_棒 = 3700\text{m/s}$，$v_块 = 5000\text{m/s}$.

钢：$v_棒 = 5050\text{m/s}$，$v_块 = 6100\text{m/s}$.

玻璃：$v_棒 = 5200\text{m/s}$，$v_块 = 5600\text{m/s}$.

有机玻璃：$v_棒 = 1500~2200\text{m/s}$，$v_块 = 2000~2600\text{m/s}$.

注：以上数据仅供参考. 由于介质的成分和温度的不同，实际测得的声速范围可能会比较大.

2. 数显容栅尺使用说明

数显表头的使用方法及维护如下：

(1) inch/mm 按钮为英/公制转换用，测量声速时用"mm".

(2) "OFF""ON"按钮为数显表头电源开关.

(3) "ZERO"按钮为表头数字回零用.

(4) 数显表头在标尺范围内，接收换能器处于任意位置都可设置"0"位. 摇动丝杆，接收换能器移动的距离为数显表头显示的数字.

(5) 数显表头右下方有"▼"处为打开更换表头内纽扣式电池的地方.

(6) 使用时，严禁将液体淋到数显表头上，如不慎将液体淋入，可用电吹风吹干(电吹风用低挡，并保持一定距离，使温度不超过 60℃).

(7) 数显表头与数显杆尺的配合极其精确，应避免剧烈的冲击和重压.

(8) 仪器使用完毕后，应关掉数显表头的电源，以免不必要的电池消耗.

实验 3.11　杨氏模量的测定

杨氏弹性模量是描述材料形变能力的重要物理量，是选定机械零件材料的依据之一，是工程技术设计中常用的参数. 杨氏模量的测量方法很多，本实验采用光杠杆测量金属丝的杨氏弹性模量. 测量中需综合运用多种测量长度的量具，确保一定的精确度要求，学习从误差分析的角度选用最合适的量具，并要求用不确定度表示完整的测量结果.

用一般测量长度的工具不易精确测量长度的微小变化，也难以保证其精度要求. 光杠杆是一种应用光放大原理测量被测物微小长度变化的装置，它的特点是直观、简便、精度高. 目前光杠杆原理已被广泛地应用于其他测量技术中，光杠杆装置还被许多高灵敏度的测量仪器(如灵敏电流计、冲击电流计和光电检流计等)用来显示微小角度的变化.

港珠澳大桥是整个亚洲最长的跨海大桥，技术复杂、施工难度高、选用的是钢-混组合连续梁桥，考虑桥梁的承载力，要对桥梁的材料力学性能进行精准评估，其中杨氏模量是必不可少的参数之一.

【实验目的】

(1) 学会用拉伸法测定杨氏弹性模量.

(2) 掌握光杠杆测量微小长度变化的原理和方法.

(3) 学习运用误差分析的方法选用合适的量具，并尝试用不确定度表示测量结果.

【实验原理】

1. 弹性模量的测量

在外力作用下，固体所发生的形状变化，称为形变. 形变可分为弹性形变与塑性形变两大类. 外力撤除后物体能完全恢复原状的形变，称为弹性形变；如外力撤除后物体不能完全恢复原状，而留下剩余形变，就称为塑性形变. 本实验只研究弹性形变，因此应当控制外力的大小，以保证外力撤除后物体能恢复原状.

一根均匀的金属丝(或棒)，长为 L，截面面积为 S，在受到沿长度方向的外力

F 的作用时发生形变，伸长 ΔL. 根据胡克定律，在弹性限度内，其应力 F/S 与应变 $\Delta L/L$ 成正比，即

$$\frac{F}{S} = Y\frac{\Delta L}{L}$$

(3.11.1)

这里，Y 称为该金属丝的杨氏模量. 它只取决于材料的性质，而与其长度 L、截面面积 S 无关，单位为 N/m^2.

设金属丝的直径为 d，则截面面积 $S = \frac{1}{4}\pi d^2$，其杨氏模量为

$$Y = \frac{4FL}{\pi d^2 \Delta L}$$

(3.11.2)

这里，F、L、d 可以直接测得，ΔL 采用光杠杆法测量.

2. 光杠杆及其放大原理

图 3.11.1 是弹性模量测量实验装置示意图. 待测金属丝上端固定，下端由夹具固定并可随夹具移动而伸长. 光杠杆的两前足置于固定工作台的槽中，后足放在夹具的平台上并随夹具平台移动，从而使光杠杆上的平面镜可进行仰俯变化. 在光杠杆平面镜的正前方放有望远镜和标尺，从望远镜观察到标尺及标尺刻度线的变化，从而可算出光杠杆后足的移动，即金属丝的伸长量.

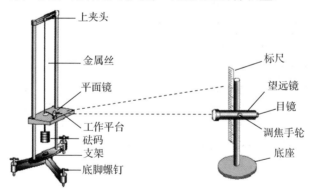

图 3.11.1 测量弹性模量实验装置图

光杠杆的放大原理如图 3.11.2 所示，当金属丝在外力作用下发生微小变化时，光杠杆的平面反射镜发生偏转，设转角为 α，此时从望远镜中看到的是标尺刻度 R_i 经平面镜反射所成的像，则入射线与反射线之间的夹角为 2α，标尺刻线的像移为 N. 因 α 角很小，故有几何关系

$$\alpha \approx \tan \alpha = \frac{\Delta L}{b}, \quad 2\alpha \approx \tan 2\alpha = \frac{N}{D} = \frac{R_i - R_0}{D}$$

式中，b 为光杠杆的臂长，即后足到两前足连线的距离；D 为光杠杆的镜面到标尺的距离；$N = R_1 - R_0$ 为金属丝被拉伸前后的两次读数差，即有

$$\alpha \approx \frac{\Delta L}{b}, \quad 2\alpha \approx \frac{N}{D}$$

由此可得

$$2\frac{\Delta L}{b} = \frac{N}{D}$$

即

$$\Delta L = \frac{b}{2D} N$$

代入式(3.11.2)得

$$Y = \frac{8FLD}{\pi d^2 bN} \tag{3.11.3}$$

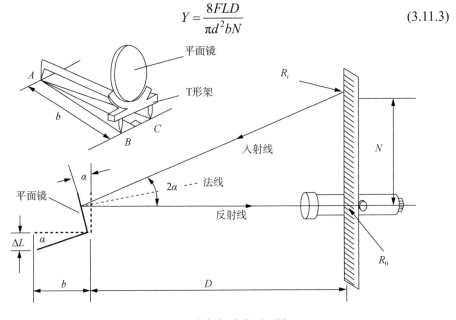

图 3.11.2 光杠杆放大原理图

【实验仪器】

拉伸仪(底座带水准仪)、光杠杆、望远镜及标尺、钢卷尺、螺旋测微器、游标卡尺.

1. 拉伸仪

拉伸仪由底座、支架、砝码、工作平台、上夹头、下夹头、金属丝(钢丝)等组成. 底座的螺丝钉可调节, 使支架垂直; 上、下夹头夹紧钢丝, 下夹头可随钢丝的伸缩而上下自由移动; 工作平台上放光杠杆, 光杠杆的后足放在下夹头所在位置的平台上, 可随下夹头一起移动; 砝码用来拉伸钢丝.

2. 望远镜

望远镜一般用于观察远距离物体, 也可作为测量和对准的工具. 基本的望远镜系统是由物镜和目镜组成的无焦系统, 即物镜的像方焦点与目镜的物方焦点重合. 物镜和目镜都是会聚透镜, 在物镜和目镜之间的中间像平面上安装分划板(其上有叉丝和刻尺)以供瞄准或测量, 这种望远镜称为开普勒望远镜, 其光学成像原理如图 3.11.3 所示. 无穷远处的物体 AB 发出的光经物镜(长焦距为 f_o)后在物镜的焦平面上成倒立缩小的实像 A_1B_1, 再由目镜(短焦距 f_e)将此实像在无穷远处成一放大倒立(相对物而言)的虚像 A_2B_2, 从而可放大像对人眼的视角 ($\varphi_2 > \varphi_1$). 可见, 望远镜的实质是起视角放大作用.

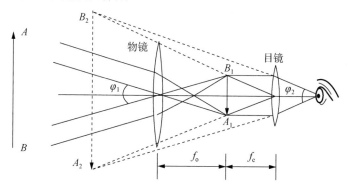

图 3.11.3　望远镜的基本光学系统

实际上, 为方便人眼观察, 物体经望远镜后一般不是成像于无穷远处, 而是成虚像于人眼的明视距离(约 25cm)处; 而且为实现对远近不同物体的观察, 物镜与目镜的间距即筒长是可调的, 即物镜的像方焦点与目镜的物方焦点可能会不重合. 望远镜的结构如图 3.11.4 所示, 镜筒、内筒和目镜三者均可相对移动. 使用望远镜要遵循如下步骤调节:

(1) 使望远镜轴对准被观察物体. 本实验中要使人从望远镜外侧沿镜筒方向看到平面镜中标尺的像(可调节平面镜的镜面方向及移动望远镜的位置和高度). 带激光对准的望远镜, 可利用激光进行观察和调节, 比较直观和方便.

(2) 调节目镜看清叉丝, 即旋转目镜, 改变其与叉丝之间的距离, 直至看到清晰的十字叉丝.

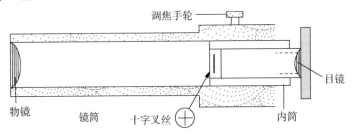

图 3.11.4　望远镜的结构示意图

(3) 望远镜对物体调焦. 旋转调焦手轮, 改变目镜(连同叉丝)与物镜之间的距离, 使被观察物体(标尺刻度)清晰可见, 并且与分划板叉丝无视差(即使中间像落在叉丝平面上).

实验中使用的望远镜采用了内调焦系统, 使最短视距缩小, 便于室内使用, 并利用仪器分划板上、下丝读数之差, 乘以视距常数 100, 就是望远镜的标尺到反光镜的往返距离, 不需要用钢卷尺测量.

3. 螺旋测微器

用于测量金属丝的直径, 该工具的使用参看本书实验 2.1.

4. 游标卡尺

用于单次测量光杠杆前、后足的垂直距离, 该工具的使用参看本书实验 2.1.

【实验内容】

1. 测量前仪器的调整

(1) 将钢丝上端固定在支架的上夹头, 下端用可自由移动的夹具让其穿过工作平台的小孔, 下夹头悬挂砝码钩(约 1kg)以使钢丝拉直.

(2) 调整支架的底座螺丝使钢丝竖直, 工作平台水平(用水准仪). 此时钢丝的下夹头应处于无碍状态(不能与周围支架碰蹭).

(3) 光杠杆的两前足放在工作平台的沟槽中, 后足放在下夹头的平面上, 调整平面镜的镜面使其铅直.

(4) 望远镜标尺架放在距光杠杆平面镜约 1.6m 处, 调整望远镜镜筒与平面镜等高.

(5) 初步寻找标尺的像, 从望远镜镜筒外观察平面反射镜, 看镜中是否有标尺的像, 若未见到, 则左右移动望远镜标尺架, 同时观察平面镜, 直到在平面镜中看到标尺的像.

带激光对准的望远镜，根据激光轨迹，先进行望远镜、光杠杆镜面的等高同轴调节，再进行反射关系调节——让光杠杆镜面的反射激光打在望远镜标尺上且与激光源大致等高即可.

(6) 调节望远镜找标尺的像. 先调望远镜目镜，看到清晰的十字叉丝；再调调焦手轮，使标尺成像在十字叉丝平面上；最后要在望远镜中看到清晰的标尺刻线和十字叉丝.

(7) 调节平面镜镜面使其垂直于望远镜光轴. 望远镜中看到的标尺刻度线应与望远镜所在处的标尺刻度线尽量接近，若两者相差太大，则适当调节平面反射镜的俯仰. 最好使十字叉丝水平线正好压住标尺零刻度线或靠近零刻度线的某一刻度线上.

2. 测量

(1) 测量负载量和金属丝伸长量的关系. 为了消除弹性形变的滞后效应引起的系统误差，本实验采取先测递增负荷，再测递减负荷，每次增减 1kg 以消除误差. 同时，为了避免开始测量时钢丝未拉直，本实验规定加初载砝码 2kg，分别记录相应的标尺读数.

逐次增加 1kg 的砝码，共 6 次. 依次记下每一次标尺读数 R_1，R_2，$\cdots$，R_6. 再逐次减去 1kg 砝码，测得相应的读数 R_6，R_5，$\cdots$，R_1，记入表 3.11.1.

(2) 读出尺度望远镜中的上丝、下丝读数，计算出光杠杆镜面到标尺的距离

$$D = \left| 上丝读数 - 下丝读数 \right| \times 50$$

(3) 用米尺测量上、下夹头之间金属丝的长度 L.

(4) 在纸上压出光杠杆三个足尖痕迹，用游标卡尺量出后足至前两足连线的垂直距离 b.

(5) 用螺旋测微器测量金属丝的直径 d，要求在钢丝加载前、后及上、中、下不同位置测 6 次，记入表 3.11.2.

【注意事项】

(1) 带激光对准的望远镜，在调节、使用中应避免用眼直视激光，以免伤害眼睛.

(2) 实验仪器一经调好并开始测量时，就不能再触碰实验装置，否则实验要重新开始.

(3) 加减砝码时一定要轻拿轻放，并等稳定后再读数.

(4) 观察标尺和读数时，眼睛正对望远镜，不得忽高忽低引起视差.

【数据处理】

1. 测量金属丝受力后望远镜观察到的标尺坐标，并用逐差法处理数据

表 3.11.1　标尺坐标数据记录

取 $F = 3.00\text{kg}$，$\Delta F_{仪} = 0.03\text{kg}$，$\Delta R_{仪} = 0.5\text{mm}$

次数	砝码重 /kg	增重时读数 R_i/mm	减重时读数 R_i'/mm	两次读数的平均值 R_i/mm	每增重 3kg 时的读数差 N_i/mm	$\Delta N^2 = (\bar{N} - N_i)^2$ /mm^2
1	1.00			$\bar{R}_1 =$	$N_1 = \mid \bar{R}_4 - \bar{R}_1 \mid$	
2	2.00			$\bar{R}_2 =$	$N_2 = \mid \bar{R}_5 - \bar{R}_2 \mid$	
3	3.00			$\bar{R}_3 =$	$N_3 = \mid \bar{R}_6 - \bar{R}_3 \mid$	
4	4.00			$\bar{R}_4 =$		
5	5.00			$\bar{R}_5 =$		
6	6.00			$\bar{R}_6 =$	$\bar{N} =$	$\sum \Delta N^2 =$

2. 测量金属丝直径

表 3.11.2　测金属丝直径

螺旋测微器零点 $d_0 = \underline{\hspace{2cm}}$　　　　　　　　　　　　　　　　　（单位：mm）

读数 d'					平均值
直径 $d = d' - d_0$					$\bar{d} =$
$\Delta d^2 = (\bar{d} - d_i)^2$					$\sum \Delta d^2 =$

3. 单次测量以下长度量

上、下夹头间金属丝长 $L = \underline{\hspace{2cm}}$ (mm)；

光杠杆镜面到标尺距离 $D = \underline{\hspace{2cm}}$ (mm)；

光杠杆后足到两前足连线的垂直距离 $b = \underline{\hspace{2cm}}$ (mm).

4. 计算金属丝的杨氏模量

$$\bar{Y} = \frac{8FLD}{\pi \bar{d}^2 b \bar{N}} \text{（单位）} = \underline{\hspace{2cm}}$$

5. 计算所测各量的标准不确定度

F:　$\sigma_F = \sqrt{S_F^2 + u_F^2} = $ _____ ,　$u_F = \dfrac{\Delta F_{仪}}{\sqrt{3}} = $ _____　$(S_F = 0)$

L:　$\sigma_L = \sqrt{S_L^2 + u_L^2} = $ _____ ,　$u_L = \dfrac{\Delta_{仪}}{\sqrt{3}} = $ _____　(单次测量 $S_L = 0$)

D:　$\sigma_D = \sqrt{S_D^2 + u_D^2} = $ _____ ,　$u_D = \dfrac{\Delta_{仪}}{\sqrt{3}} = $ _____　(单次测量 $S_D = 0$)

b:　$\sigma_b = \sqrt{S_b^2 + u_b^2} = $ _____ ,　$u_b = \dfrac{\Delta_{仪}}{\sqrt{3}} = $ _____　(单次测量 $S_b = 0$)

d:　$\sigma_d = \sqrt{S_d^2 + u_d^2}$ ，其中

$$S_d = \sqrt{\frac{\sum \Delta d^2}{6 \times (6-1)}} = \underline{\qquad} ,\qquad u_d = \frac{\Delta_{仪}}{\sqrt{3}} = \underline{\qquad}$$

N:　$\sigma_N = \sqrt{S_N^2 + u_N^2}$ ，其中

$$S_N = \sqrt{\frac{\sum \Delta N^2}{3 \times (3-1)}} = \underline{\qquad} ,\qquad u_N = \frac{\Delta_{仪}}{\sqrt{3}} = \frac{\Delta R_{仪}}{\sqrt{3}} = \underline{\qquad}$$

因此

$$F \pm \sigma_F = \underline{\qquad} ,\qquad\qquad L \pm \sigma_L = \underline{\qquad}$$
$$D \pm \sigma_D = \underline{\qquad} ,\qquad\qquad b \pm \sigma_b = \underline{\qquad}$$
$$\bar{d} \pm \sigma_d = \underline{\qquad} ,\qquad\qquad \bar{N} \pm \sigma_N = \underline{\qquad}$$

6. 计算 Y 的标准不确定度

$$\sigma_Y = E_r \cdot \bar{Y} = \sqrt{\left(\frac{\sigma_F}{F}\right)^2 + \left(\frac{\sigma_L}{L}\right)^2 + \left(\frac{\sigma_D}{D}\right)^2 + \left(2\frac{\sigma_d}{d}\right)^2 + \left(\frac{\sigma_b}{b}\right)^2 + \left(\frac{\sigma_N}{N}\right)^2} \cdot \bar{Y} = \underline{\quad}$$

因此结果表达式为

$$Y = \bar{Y} \pm \sigma_Y = \underline{\qquad} \ \text{N} / \text{mm}^2$$

【思考题】

(1) 怎样提高光杠杆测量微小长度变化的灵敏度?

(2) 本实验中共测了几个长度量, 用了几种测量仪器, 为什么要这样进行?

(3) 逐差法处理数据有什么好处, 什么样的数据才能用逐差法处理?

实验综合设计拓展　　微小长度的测量

【实验目的】

　　了解测量长度的基本工具和方法.

【实验仪器】

　　移测显微镜、牛顿环装置、光杠杆和尺读望远镜、迈克耳孙干涉仪、He-Ne 激光器、待测细丝等.

【实验要求】

　　(1) 分别设计三种以上测定细丝直径的实验方案.
　　(2) 画出实验草图.

【实验报告】

　　(1) 简要概述本实验涉及的基本原理.
　　(2) 详细叙述本实验的设计思路、设计过程和实验结果.
　　(3) 针对各种实验方案的结果分析讨论其优缺点，提出改进意见.

实验 3.12　　用旋光仪测旋光性溶液的旋光率和浓度

　　天然旋光性是分子光学最重要的现象之一，对于研究分子结构有特别的作用. 许多物质(无论是结构简单还是结构非常复杂的)都具有能使通过物质的光的偏振平面旋转的能力. 旋光性是研究分子中原子以及键的相互影响的很好的工具，因此旋光性实验既具有重要的理论价值，也具有非常重要的实际应用.

【实验目的】

　　(1) 观察线偏振光通过旋光物质的旋光现象.
　　(2) 了解旋光仪的结构及工作原理.
　　(3) 学习用旋光仪测旋光性溶液的旋光率和浓度.

【实验原理】

　　如图 3.12.1 所示，线偏振光通过某些物质的溶液(特别是含有不对称碳原子物质的溶液，如蔗糖溶液等)后，偏振光的振动面将旋转一定的角度 φ，这种现象称为旋光现象. 旋转的角度 φ 称为旋转角或旋光度. 它与偏振光通过的溶液长度 l 和溶液中旋光性物质的浓度 c 成正比, 即

$$\varphi = kcl \qquad (3.12.1)$$

式中, k 称为该物质的旋光率, 它在数字上等于偏振光通过单位长度(1dm)、单位浓度(1g/mL)的溶液后引起振动面旋转的角度[①]. c 的单位为 g/mL, l 的单位为 dm.

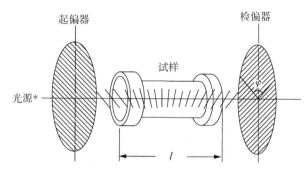

图 3.12.1　观测偏振光的振动

　　实验表明, 同一旋光物质对不同波长的光有不同的旋光率. 在一定的温度下, 它的旋光率与入射光波长的平方成反比, 即随波长的减小而迅速增大. 这个现象称为旋光色散. 考虑到这一情况, 通常采用钠黄光的 D 线($\lambda = 589.3$nm)来测定旋光率.

　　若已知待测旋光性溶液的浓度 c 和液柱的长度 l, 则测出旋光度 φ 就可由 $\varphi = kcl$ 算出其旋光率 k. 在液柱的长度 l 不变时, 如果依次改变浓度 c, 测出其相应的 φ, 然后画出 φ-c 曲线, 即旋光曲线, 则得到一条直线, 其斜率为 kl. 从直线的斜率也可以算出旋光率 k[②].

　　反之, 通过测量旋光性溶液的旋光率, 可确定溶液中所含旋光物质的浓度. 通常可根据测出的旋光度从该物质的旋光曲线上查出对应的浓度.

---

　　① 某些晶体(如石英等)也具有旋光性质, 其旋光度 $\varphi = k \cdot d$, 其中 d 为晶体通光方向的厚度, 单位为 mm. 可见, 晶体的旋光率 k 在数值上等于偏振光通过厚度为 1mm 的晶体片后振动面的旋转角度.

　　② 在这里, 我们忽略了温度和溶液浓度对旋光率的影响. 实际上旋光率 k 与温度和浓度均有关. 例如, 在 20℃ 时, 对于钠黄光 D 线, 蔗糖水溶液的旋光率为

$$k_{20} = 66.412 + 0.01267c - 0.000376c^2$$

式中, 浓度 $c = 0 \sim 50$(g/100g 溶液). 当温度 t 偏离 20℃, 在 14~30℃时, 其旋光率随温度变化的关系为

$$k_t = k_{20}[1 - 0.00037(t-20)]$$

大体上, 在 20℃ 附近, 温度每升高或降低 1℃, 蔗糖水溶液的旋光率约减小或增加 0.24°mL/(g·dm).

【实验仪器】

测量物质旋光度的装置称为旋光仪，WXG-4 型圆盘旋光仪的结构如图 3.12.2 所示.

测量时，先将旋光仪中起偏镜(4)和检偏镜(7)的偏振轴调到相互正交，这时在望远镜目镜(10)中看到最暗的视场；然后装上测试管(6)，转动检偏镜(7)，使因振动面旋转而变亮的视场重新达到最暗，此时检偏镜的旋转角度即表示被测溶液的旋光度.

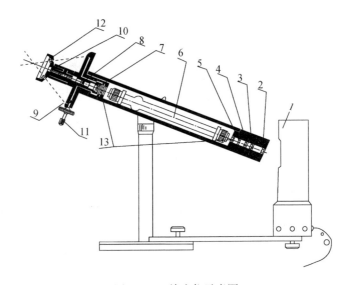

图 3.12.2　旋光仪示意图

1. 光(钠光)；2. 会聚透镜；3. 滤色片；4. 起偏镜；5. 半波片(石英片)；6. 测试管；7. 检偏镜；8. 望远镜物镜；9. 刻度盘游标；10. 望远镜目镜；11. 刻度盘转动手轮；12. 放大镜；13. 保护片

因为人的眼睛难以准确地判断视场是否为最暗，故多采用半荫法，用比较视场中相邻两光束的强度是否相同来确定旋光度. 具体装置如图 3.12.3 所示. 在起偏镜后再加一石英晶体片，此石英片和起偏镜的一部分在视场中重叠. 随石英片安放位置的不同，可将视场分为两部分(图 3.12.3(a))或者三部分(图 3.12.3(b)). 同时在石英片的旁边装上一定厚度的玻璃片，以补偿由石英片产生的光强变化. 取石英片的光轴平行于自身表面并与起偏镜的偏振轴成一角度 θ (仅几度). 由光源发出的光经起偏镜后变成线偏振光，其中一部分光再经过石英片(其厚度恰使在石英片内分成的 e 光和 o 光的相位差为 π 的奇数倍，出射的合成光仍为线偏振光)，其振动面相对于入射光的偏振面转过了 2θ，所以测试管的光是振动面间的夹角为 2θ 的两束线偏振光.

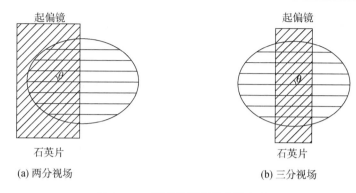

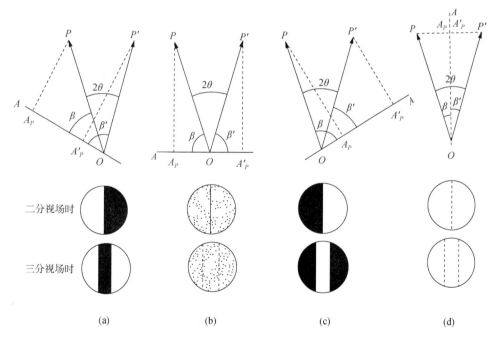

（a）两分视场　　　　　　　　　　　　　　　（b）三分视场

图 3.12.3　石英片的两种安装方式

　　在图 3.12.4 中，如果以 OP 和 OA 分别表示起偏镜和检偏镜的偏振轴，OP' 表示透过石英片后偏振光的振动方向，β 表示 OP 和 OA 的夹角，β' 表示 OP' 与 OA 的夹角；再以 A_P 和 A'_P 分别表示通过起偏镜和起偏镜加石英片的偏振光在检偏镜偏振轴方向的分量，则可知，当转动检偏镜时，A_P 和 A'_P 的大小将会发生变化，反映在从目镜中见到的视场上将出现亮暗的交替变化(图 3.12.4 的下半部分). 图中列出了四种显著不同的情形：

二分视场时

三分视场时

　　（a）　　　　　　　　（b）　　　　　　　　（c）　　　　　　　　（d）

图 3.12.4　转动检偏镜时，目镜中视场的亮度变化图

(a) $\beta' > \beta$，$A_P > A'_P$，通过检偏镜观察时，与石英片对应的部分为暗区，与起偏镜对应的部分为亮区，视场被分为清晰的两(或三)部分. 当 $\beta' = \pi/2$ 时，亮暗的反差最大.

(b) $\beta = \beta'$，$A_P = -A'_P$，通过检偏镜观察时，视场中两(或三)部分界线消失，亮度相等，较暗.

(c) $\beta > \beta'$，$A'_P > A_P$，视场又分为两(或三)部分，与石英对应的部分为亮区，与起偏镜对应的部分为暗区，当 $\beta = \pi/2$ 时，亮暗的反差最大.

(d) $\beta = \beta'$，$A_P = A'_P$，通过检偏镜观察时，视场中两(或三)部分界线消失，亮度相等，较亮.

由于在亮度不太强的情况下，人眼辨别亮度微小差别的能力较大，所以常取如图 3.12.4(b)所示的视场作为参考视场，并将此时检偏镜偏振轴所指的位置取作刻度盘的零点.

在旋光仪中放上测试管后,透过起偏镜和石英片的两束偏振光均通过测试管，它们的振动面转过相同的角度 φ，并保持两振动面间的夹角 2θ 不变. 如果转动检偏镜，使视场仍旧回到如图 3.12.4(b)所示的状态，则检偏镜转过的角度即为被测试溶液的旋光度. 迎着射来的光线看去，若检偏镜向右(顺时针方向)转动，表示旋光性溶液使偏振光的偏振面向右(顺时针方向)旋转，该溶液称为右旋溶液，如蔗糖的水溶液；反之，若检偏镜向左(逆时针方向)转动，该溶液称为左旋溶液，如果糖的水溶液.

【实验内容】

1. 实验准备及调整旋光仪

(1) 将纯净待测物质(如蔗糖)分别配制成 10%、15%、20%、25%、30%的五种不同浓度的溶液作为待测溶液，并加以稳定和沉淀.

(2) 接通电源，点燃约 10min，待完全发出钠黄光后，方可以观察使用.

(3) 调节旋光仪的目镜，能看清视场中两(或三)部分的分界线清晰时为止.

(4) 校验零点：转动刻度盘手轮使检偏镜转动，观察并熟悉视场明暗变化的规律. 当视场中视场照度均匀一致时(图 3.12.4(b))，根据三分视场原理，此时作为零点及测量参考视场误差最小. 记下刻度盘上的相应读数左游 α_0 和右游 α'_0，零点读数为

图 3.12.5　游标度盘($\alpha = 9.30°$)

$$\bar{\alpha}_0 = \frac{1}{2}(\alpha_0 + \alpha'_0).$$ 刻度盘的读数原理见图 3.12.5.

(5) 检验溶剂是否有旋光现象.

2. 测定旋光性溶液的旋光率和浓度

(1) 将配好的五种不同浓度的旋光性溶液分别注入长度相同的样品管内. 把样品管放入镜筒中,试管有圆泡一端朝上,以便气泡存入不致影响观察和测量. 转动刻度盘手轮使检偏镜转动, 当视场照度均匀一致时(图 3.12.4(b)), 读出刻度盘所旋转的角度 α 和 α'.

测每一种浓度溶液的旋光度时应重复测读 3 次,取其平均值(为降低测量误差).

(2) 测出不同浓度的旋光性溶液的旋光度 φ. 然后,在坐标纸上作 φ-c 曲线,并由图解法算出斜率即为该物质的旋光率 k (也可用作图法或最小二乘法求旋光率 $\bar{k}$).

(3) 将两种未知浓度的同种旋光性溶液放入旋光仪中, 分别测出其旋光度,再根据作出的旋光曲线(φ-c 曲线)确定待测溶液的浓度 x 值、y 值.

【注意事项】

(1) 钠光灯管使用时间不宜超过 4h, 长时间使用电风扇吹风后应关熄 $10 \sim 15 \mathrm{min}$, 待冷却后再使用. 灯管如遇只发红光不能发黄光, 往往是输入电压过低(不到 220V)所致, 这时应设法升高电压到 220V 左右.

(2) 溶液应装满试管,不能有气泡. 注入溶液后, 试管和试管两端的透光窗均应擦净,才可装入旋光仪.

(3) 试管的两端经过精密磨制, 以保证其长度为确定值, 使用时应十分小心,以防损坏试管.

(4) 镜片不能用不洁或硬质布、纸去擦, 以免镜片表面产生划痕.

(5) 由于旋光率与所用光波波长、温度以及浓度均有关系, 所以测定旋光率时应对上述各量做记录或加以说明.

【数据处理】

表 3.12.1　数据记录表

钠光波长 λ =5893Å, 溶液温度 t =____℃, 液柱长 l =____dm

浓度 C_i		旋光度/(°)			$\bar{\alpha}_i = \dfrac{\sum(\alpha + \alpha')}{6}$	旋光度 $\varphi_i = \bar{\alpha}_i - \bar{\alpha}_0$	$k_i = \dfrac{\varphi_i}{C_i l}$ / $[(°) \cdot \mathrm{mL}/(\mathrm{g} \cdot \mathrm{dm})]$
		零点读数 $\bar{\alpha}_0$ =1/2(左游 α_0 + 右游 α_0')=					
		1 次	2 次	3 次			
10%	左游 α						
	右游 α'						

续表

零点读数 $\bar{\alpha}_0$ =1/2(左游 α_0 + 右游 α'_0)=

浓度 C_i		旋光度/(°)			$\bar{\alpha}_i = \dfrac{\sum(\alpha+\alpha')}{6}$	旋光度 $\varphi_i = \bar{\alpha}_i - \bar{\alpha}_0$	$k_i = \dfrac{\varphi_i}{C_i l}$ / $[(°) \cdot \text{mL}/(\text{g} \cdot \text{dm})]$
		1 次	2 次	3 次			
15%	左游 α						
	右游 α'						
20%	左游 α						
	右游 α'						
25%	左游 α						
	右游 α'						
30%	左游 α						
	右游 α'						
X%	左游 α						
	右游 α'						
Y%	左游 α						
	右游 α'						

【思考题】

(1) 对波长 λ=589.3nm 的钠黄光,石英的折射率为 n_o = 1.5442, n_e = 1.5533. 如果要使垂直入射的线偏振光(设其振动方向与石英片光轴的夹角为 θ)通过石英片后变为振动方向转过 2θ 的线偏振光,试问石英片的最小厚度应为多少?

(2) 为什么说用半荫法测定旋光度比单用两个尼科耳棱镜(或两块偏振片)更方便、更准确?

实验 3.13　光电效应测定普朗克常量

光电效应是指一定频率的光照射在金属表面时会有电子从金属表面逸出的现象. 不仅纯金属材料会产生光电效应,半导体材料及表面吸附一层其他元素原子的金属也会产生光电效应. 光电效应在现代生活的许多方面都得到了广泛的应用,如用光电管制成的光控继电器用于自动控制、光纤通信技术、光伏电池等,黄昏时路灯自动打开、调控复印机中碳粉浓度、控制相机的曝光时间等;另外还广泛应用在各种光谱仪、光子计数器、红外探测仪、表面分析仪等众多高新探测技术中.

中国物理学家叶企孙和合作者一起利用 X 射线精确地测定普朗克常量, 被物理学界沿用 10 多年之久.

【实验目的】

(1) 了解光电效应的规律, 加深对光的量子性的理解.

(2) 验证爱因斯坦光电效应方程, 求普朗克常量 h.

(3) 测定光电管的伏安特性曲线.

【实验原理】

光电效应的实验原理如图 3.13.1 所示. 入射光照射到光电管阴极 K 上, 产生的光电子在电场的作用下向阳极 A 迁移构成光电流, 改变外加电压 U_{AK}, 测量出光电流 I 的大小, 即可得出光电管的伏安特性曲线.

光电效应的基本实验事实如下:

(1) 对应于某一频率, 光电效应的 I-U_{AK} 关系如图 3.13.2 所示. 从图中可见, 对一定的频率, 有一电压 U_0:

当 $U_{AK} \leqslant U_0$ 时, 电流为零, 这个相对于阴极为负值的电压 U_0 被称为截止电压;

当 $U_{AK} > U_0$ 后, I 迅速增加, 然后趋于饱和, 饱和光电流 I_M 的大小与入射光强度 P 成正比.

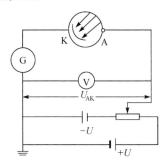
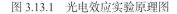
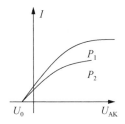

图 3.13.1　光电效应实验原理图　　　图 3.13.2　同一频率, 不同光强时光电管的
　　　　　　　　　　　　　　　　　　　　　　　　　伏安特性曲线

(2) 对于不同频率的光, 其截止电压的值不同, 如图 3.13.3 所示.

作截止电压 U_0 与频率 ν 的关系图如图 3.13.4 所示, U_0 与 ν 呈正比关系. 当入射光频率低于某极限值 ν_0(ν_0 随不同金属而异)时, 不论光的强度如何, 照射时间

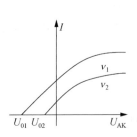
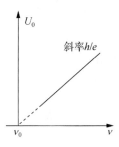

图 3.13.3　不同频率时光电管的伏安特性曲线　　图 3.13.4　截止电压 U_0 与入射光频率 ν 的关系图

多长，都没有光电流产生.

(3) 光电效应是瞬时效应. 即使入射光的强度非常微弱，只要频率大于 ν_0，在开始照射后立即有光电子产生，所经过的时间至多为 10^{-9}s 的数量级.

按照爱因斯坦的光量子理论，光能并不像电磁波理论所想象的那样分布在波阵面上，而是集中在被称为光子的微粒上，但这种微粒仍然保持着频率(或波长)的概念，频率为 ν 的光子具有能量 $E = h\nu$，h 为普朗克常量. 当光子照射到金属表面上时，一次被金属中的电子全部吸收，而无需积累能量的时间. 电子把能量的一部分用来克服金属表面对它的吸引力，余下的就变为电子离开金属表面后的动能，按照能量守恒原理，爱因斯坦提出了著名的光电效应方程

$$h\nu = \frac{1}{2}m{v_0}^2 + A \tag{3.13.1}$$

式中，A 为金属的逸出功；$\frac{1}{2}m{v_0}^2$ 为光电子获得的初始动能.

由式(3.13.1)可见，入射到金属表面的光频率越高，逸出的电子动能越大，所以即使阳极电势比阴极电势低也会有电子落入阳极形成光电流，直至阳极电势低于截止电压，光电流才为零，此时有关系

$$eU_0 = \frac{1}{2}mv_0^2 \tag{3.13.2}$$

阳极电势高于截止电压后，随着阳极电势的升高，阳极对阴极发射的电子的收集作用越强，光电流随之上升；当阳极电压高到一定程度，已把阴极发射的光电子几乎全收集到阳极，再增加 U_{AK} 时 I 不再变化，光电流出现饱和，饱和光电流 I_M 的大小与入射光的强度 P 成正比.

光子的能量 $h\nu_0 < A$ 时，电子不能脱离金属，因而没有光电流产生. 产生光电效应的最低频率(截止频率)是 $\nu_0 = A/h$.

将式(3.13.2)代入式(3.13.1)可得

$$eU_0 = h\nu - A \tag{3.13.3}$$

此式表明截止电压 U_0 是频率 ν 的线性函数, 直线斜率 $k=h/e$. 只要用实验方法得出不同频率对应的截止电压, 求出直线斜率, 就可算出普朗克常量 h.

【实验仪器】

ZKY-GD-4 智能光电效应(普朗克常量)实验仪由汞灯及电源、滤色片、光阑、光电管、智能实验仪构成, 仪器结构如图 3.13.5 所示. 实验仪有手动和自动两种工作模式, 具有数据自动采集、存储、实时显示采集数据、动态显示采集曲线(连接普通示波器, 可同时显示 5 个存储区中存储的曲线), 以及采集完成后查询数据的功能.

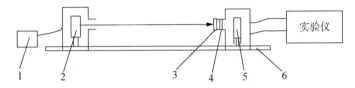

图 3.13.5　ZKY-GD-4 智能光电效应实验仪结构图
1. 汞灯电源；2. 汞灯；3. 滤色片；4. 光阑；5. 光电管；6. 基座

1) 滤光片组

5 组：中心波长 365.0nm, 404.7nm, 435.8nm, 546.1nm, 578.0nm.

2) 汞灯

可用谱线：365.0nm, 404.7nm, 435.8nm, 546.1nm, 578.0nm；

测量误差：≤ 3%.

【实验内容】

1. 测试前的准备

(1) 汞灯及光电管暗箱遮光盖盖上.

(2) 调整光电管与汞灯距离约为 40cm, 并保持不变.

(3) 将实验仪及汞灯电源接通, 预热 20min.

(4) 将“电流量程”选择开关置于所选挡位, 进行测试前调零.

实验仪在开机或改变电流量程后, 都会自动进入调零状态. 调零时应将光电管暗箱电流输出端 K 与实验仪微电流输入端(后面板上)断开, 旋转“调零”旋钮使电流指示为 000.0×10^{-13}A.

(5) 用高频匹配电缆将电流输入连接起来, 按“调零确认/系统清零”键, 系统进入测试状态.

(6) 若要动态显示采集曲线, 需将实验仪的“信号输出”端口接至示波器的“Y”输入端, “同步输出”端口接至示波器的“外触发”输入端. 示波器“触发源”

开关拨至"外","Y 衰减"旋钮拨至约"1V/格","扫描时间"旋钮拨至约"20μs/格".此时示波器将用轮流扫描的方式显示 5 个存储区中存储的曲线,横轴代表电压 U_{AK},纵轴代表电流 I.

2. 测普朗克常量 h

1) 影响测量精度的因素及测量方法

理论上,测出在各频率的光照射下阴极电流为零时对应的 U_{AK},其绝对值即该频率的截止电压,然而实际上由于光电管的阳极反向电流、暗电流、本底电流及极间接触电势差的影响,实测电流并非阴极电流,实测电流为零时对应的 U_{AK} 也并非截止电压.

光电管制作过程中阳极往往被污染,沾上少许阴极材料,入射光照射阳极或入射光从阴极反射到阳极之后都会造成阳极光电子发射,U_{AK} 为负值时,阳极发射的电子向阴极迁移构成了阳极反向电流.

暗电流和本底电流是热激发产生的光电流与杂散光照射光电管产生的光电流,可以在光电管制作或测量过程中采取适当措施以减小它们的影响.

极间接触电势差与入射光频率无关,只影响 U_0 的准确性,不影响 U_0-ν 直线斜率,对测定 h 无大影响.

此外,由于截止电压是光电流为零时对应的电压,若电流放大器灵敏度不够高或稳定性不好,都会给测量带来较大误差.

光电管结构的特殊设计使光不能直接照射到阳极,由阴极反射照到阳极的光也很少,加上采用新型的阴阳极材料及制造工艺,使得阳极电流大大降低,暗电流的水平也较低.

在测量各谱线的截止电压 U_0 时,可采用"零电流法"或"补偿法".

"零电流法"是直接将在各谱线照射下测得的电流为零时对应的电压 U_{AK} 的绝对值作为截止电压 U_0.此法的前提是阳极反向电流、暗电流和本底电流都很小,用零电流法测得的截止电压与真实值相差较小,且各谱线的截止电压都相差 ΔU,对 U_0-ν 曲线的斜率无大的影响,因此对 h 的测量不会产生大的影响.

"补偿法"是调节电压 U_{AK} 使电流为零后,保持 U_{AK} 不变,遮挡汞灯光源,此时测得的电流 I_1 为电压接近截止电压时的暗电流和本底电流.重新让汞灯照射光电管,调节电压使电流值至 I_1,将此时对应的电压 U_{AK} 的绝对值作为截止电压 U_0.此法可补偿暗电流和本底电流对测量结果的影响.

2) 测量步骤

(1) 将汞灯遮光盖罩上.

(2) 测量截止电压时，"伏安特性测试/截止电压测试"状态键应为截止电压测试状态. "电流量程"开关应处于 10^{-13}A 挡.

(3) 手动测量：使"手动/自动"模式键处于手动模式. 将直径 4mm 的光阑及 365.0nm 的滤色片装在光电管暗箱光输入口上，打开汞灯遮光盖.

(4) 从低到高调节电压，用零电流法测量该波长对应的 U_0 值.

(5) 依次换上 404.7nm、435.8nm、546.1nm 和 577.0nm 的滤色片，重复步骤(4).

(6) 自动测量：按"手动/自动"模式键切换到自动模式.

此时电流表左边的指示灯闪烁，表示系统处于自动测量扫描范围设置状态，用电压调节键可设置扫描起始电压和终止电压.

对各条谱线，我们建议扫描范围大致设置为：365nm，$-1.90\sim-1.50$V；405nm，$-1.60\sim-1.20$V；436nm，$-1.35\sim-0.95$V；546nm，$-0.80\sim-0.40$V；577nm，$-0.65\sim-0.25$V.

实验仪设有 5 个数据存储区，每个存储区可存储 500 组数据，并有指示灯表示其状态. 灯亮表示该存储区已存有数据，灯不亮为空存储区，灯闪烁表示系统预选的或正在存储数据的存储区.

设置好扫描起始电压和终止电压后，按动相应的存储区按键，仪器将先清除存储区原有数据，等待约 30s，然后按 4mV 的步长自动扫描，并显示、存储相应的电压、电流值.

扫描完成后，仪器自动进入数据查询状态，此时查询指示灯亮，显示区显示扫描起始电压和相应的电流值. 用电压调节键改变电压值，就可查阅到在测试过程中，扫描电压为当前显示值时相应的电流值. 读取电流为零时对应的 U_{AK}，以其绝对值作为该波长对应的 U_0 值，并将数据记于表 3.13.1 中.

按"查询"键，查询指示灯灭，系统恢复到扫描范围设置状态，可进行下一次测量.

在自动测量过程中或测量完成后，按"手动/自动"键，系统恢复到手动测量模式，模式转换前工作存储区内的数据将被清除.

3. 测光电管的伏安特性曲线步骤

(1) "伏安特性测试/截止电压测试"状态键应为伏安特性测试状态. "电流量程"开关应拨至 10^{-10}A 挡，并重新调零.

(2) 将直径 4mm 的光阑及所选谱线的滤色片装在光电管暗箱光输入口上.

(3) 测伏安特性曲线可选用"手动/自动"两种模式之一，测量的最大范围为 −1～50V，自动测量时步长为 1V，仪器功能及使用方法如前所述.

① 手动测量：从低到高调节电压，记录电流从零到非零点变化所对应的电压值(即截止电压)作为第一组数据，以后电压每变化一定值记录一组数据，记录于表 3.13.2 中，电压最高加到 50V.

在 U_{AK} 为 50V 时，将仪器设置为手动模式，测量并记录对同一谱线、同一入射距离，光阑分别为 2mm、4mm、8mm 时对应的电流值于表 3.13.3 中，验证光电管的饱和光电流与入射光强成正比.

也可在 U_{AK} 为 50V 时，将仪器设置为手动模式，测量并记录对同一谱线、同一光阑时，光电管与入射光在不同距离，如 300mm、400mm 等对应的电流值于表 3.13.4 中，同样验证光电管的饱和电流与入射光强成正比.

② 用示波器观察：将光电效应实验仪与示波器正确连接. "伏安特性测试/截止电压测试"状态键应为伏安特性测试状态，自动工作方式.

(a) 可同时观察 5 条谱线在同一光阑、同一距离下的饱和伏安特性曲线.

(b) 可同时观察某条谱线在不同距离(即不同光强)、同一光阑下的伏安饱和特性曲线.

(c) 可同时观察某条谱线在不同光阑(即不同光通量)、同一距离下的伏安饱和特性曲线.

由此可验证光电管饱和光电流与入射光成正比.

【数据处理】

表 3.13.1　测量普朗克常量 U_0-ν 关系

光阑孔 $\Phi=$____mm

波长 λ_i /nm		365.0	404.7	435.8	546.1	577.0
频率 ν_i /($\times 10^{14}$Hz)		8.214	7.408	6.879	5.490	5.196
截止电压 U_{0i}/V	手动					
	自动					
	平均值					

数据处理：由表 3.13.1 的实验数据，得出 U_0-ν 直线的斜率 k，即可用 $h=ek$ 求出普朗克常量，并与 h 的公认值 h_0 比较，求出相对误差

$$E_r = \frac{|h_0 - h|}{h_0} \times 100\%$$

式中，$e = 1.602 \times 10^{-19} \mathrm{C}$，$h_0 = 6.626 \times 10^{-34} \mathrm{J \cdot s}$．

表 3.13.2　测量光电管的伏安特性曲线 I-U_{AK} 关系

波长 1：___ nm 光阑：___ mm	U_{AK}/ V	−1	0	5	10	15	20	25	30	35	40	45	50
	$I/(\times 10^{-10}\mathrm{A})$												
波长 2：___ nm 光阑：___ mm	U_{AK}/ V												
	$I/(\times 10^{-10}\mathrm{A})$												

表 3.13.3　测量饱和光电流与光强的关系

	$U_{AK} =$ ___ V,　$L =$ ___ mm			
光阑	光阑直径/mm	2	4	8
	光阑面积/mm²			
波长 1：___ nm	电流 $I/(\times 10^{-10}\mathrm{A})$			
	比值 I/S			
波长 2：___ nm	电流 $I/(\times 10^{-10}\mathrm{A})$			
	比值 I/S			

表 3.13.4　测量饱和光电流与距离的关系

	$U_{AK} =$ ___ V,　$\lambda =$ ___ nm,　$\Phi =$ ___ mm			
入射距离 L/mm				
$I/(\times 10^{-10}\mathrm{A})$				

【思考题】

(1) 实验时测量到的光电流是否就是光电效应概念中的光电流，为什么？

(2) 为什么反向电流加到一定值后，光电流会出现负值？

(3) 为减小测量截止电压的误差，实验中采取了什么措施？

实验 3.14　光栅衍射测波长

光的衍射现象是光的波动性的一种表现，它说明光的直线传播是衍射现象不显著时的近似结果．研究光的衍射不仅有助于加深对光的波动特性的理解，也有助于进一步学习近代光学实验技术，如光谱分析、全息照相、光学信息处理等.

　　光栅是一组紧密均匀排列的狭缝，是光谱仪器中的重要的分光元件，它不仅用于光谱学，还广泛用于计量、光通信、信息处理等方面. 1821 年夫琅禾费创制了用细金属丝做成的衍射光栅，并且用它测量了太阳光谱暗线的波长. 后来他又在贴着金箔的玻璃上用金刚石刻划平行线做成色散更大的光栅. 直接在玻璃板上刻制光栅是诺伯尔(Nobert, 1806~1881)首创的. 现代使用的光栅有透射式和反射式两种，多是以刻线光栅为模板，复制在以光学玻璃为基板的薄膜上做成的，也可以用全息照相的方法制作.

　　以衍射光栅为色散元件组成的摄谱仪或单色仪是物质光谱分析的基本仪器之一，在研究谱线结构、特征谱线的波长和强度，特别是在研究物质结构和对元素作定性与定量的分析中有极其广泛的应用.

【实验目的】

　　(1) 观察光线通过光栅后的衍射现象.

　　(2) 进一步熟悉分光计的调节和使用.

　　(3) 测定汞灯在可见光范围内几条谱线的波长.

【实验原理】

　　光栅是根据多缝衍射原理制成的一种分光元件，它能产生谱线间距较宽的光谱，所得光谱线的亮度比用棱镜分光时要小一些，但光栅的分辨本领比棱镜大. 光栅不仅适用于可见光，还能用于红外和紫外光波，常用在光谱仪上. 光栅在结构上有平面光栅、阶梯光栅和凹面光栅等，同时又分为透射式和反射式两类. 本实验选用透射式平面刻痕光栅或全息光栅.

　　透射式平面刻痕光栅是在光学玻璃片上刻划大量相互平行、宽度和间距相等的刻痕而制成. 当光照射到光栅平面上，刻痕处由于散射不易透光，光线只能在刻痕间的狭缝中通过. 因此光栅实际上是一排密集、均匀又平行的狭缝.

　　若单色平行光垂直照射在光栅面上，则透过各狭缝的光线因衍射将向各个方向传播，经透镜会聚后相互干涉，并在透镜焦平面上形成一系列被相当宽的暗区隔开的、间距不同的明条纹.

　　按照光栅衍射理论，衍射光谱中明条纹的位置由下式决定：

$$(a+b)\sin\varphi_k = \pm k\lambda$$

或

$$d\sin\varphi_k = \pm k\lambda, \quad k = 0,1,2,\cdots \tag{3.14.1}$$

式中, $d=a+b$ 称为光栅常量, φ_k 为 k 级明条纹的衍射角(参看图 3.14.1).

如果入射光不是单色光, 则由式(3.14.1)可以看出, 光的波长不同, 其衍射角 φ_k 也各不相同, 于是复色光将被分开, 而在中央 $k=0$、$\varphi_k=0$ 处, 各色光仍重叠在一起, 组成中央明条纹. 在中央明条纹两侧对称地分布着 $k=1,2,\cdots$ 级光谱, 各级光谱线都按波长大小的顺序依次排列成一组彩色谱线, 这样就把复色光分解为单色光, 见示意图 3.14.1.

如果已知光栅常量 d, 用分光计测出 k 级光谱中某一明条纹的衍射角 φ_k, 由式(3.14.1)即可算出该明条纹所对应的单色光的波长 λ; 反之, 若已知入射单色光的波长 λ, 测出衍射角 φ_k, 则可求得光栅常量 d.

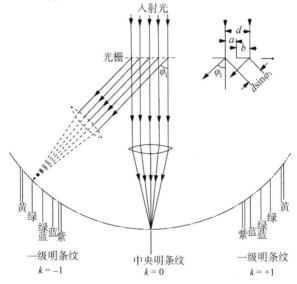

图 3.14.1　衍射光谱

【实验仪器】

分光计、钠灯、汞灯、光栅.

【实验内容】

1. 调整好分光计并放好光栅

(1) 按图 3.14.2 将光栅置于载物台中央, 开启分光计的照明灯开关, 先通过目视使光栅平面垂直于望远镜的光轴, 然后以光栅面作反射面, 用自准法调节载物台或望远镜光轴的倾斜螺丝,使光栅面反射回来的亮十字成像在分划板叉丝上, 如图 3.14.3 所示.

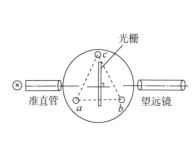 

图 3.14.2　光栅放置图　　　　　　图 3.14.3　自准法调节效果图

(2) 点燃准直管之光源(钠灯或汞灯),移去光栅,以已调好的望远镜光轴为基准,调节准直管光轴的倾斜度螺钉,使狭缝像(亮竖线)位于视场中央. 调节狭缝宽度约为 1mm,并向前、后移动狭缝,使它位于准直管透镜系统的焦平面上,这时狭缝像应与望远镜叉线竖直线平行. 也就是说,准直管光轴和望远镜光轴是同轴等高的,且两者均与光栅面垂直.

2. 测量光栅常量 d

以钠灯为光源(其波长 $\lambda = 5893\text{Å}$)照明准直管的狭缝. 依次测量钠线 $k = \pm 3, \pm 2$ 级的衍射角 φ_3、φ_2,由式(3.14.1)求得光栅常量 $\overline{d}$.

3. 测量汞灯几条谱线的波长

改用汞灯照明狭缝,转动望远镜到分划板叉丝竖直线与狭缝亮竖线准确重合. 将光栅置于载物台中央,缓缓转动载物台,直到十字准线像恰好与狭缝亮竖线相吻合时为止,见图 3.14.3,这是 $k = 0$ 处各色光组成的中央明条纹.

下一步是将望远镜从中央明条纹转到光谱线的任意一侧,使望远镜分划板叉丝竖线分别与 $k = 1, 2$ 级中各条谱线重合,依次记录每一条谱线的两个窗口读数 θ_k, θ_k'.

再将望远镜依次转到中央明条纹的另一侧,用叉丝竖线依次对准 $k = -1$、-2 级中各条谱线,读出和记录相应谱线的两个游标窗口读数 θ_{-k}、θ_{-k}'. 记下光栅常量 d 值,见表 3.14.1.

显然,各级谱线中每种色光的衍射角

$$\varphi_k = \frac{1}{4}\left[|\theta_k - \theta_{-k}| + |\theta_k' - \theta_{-k}'|\right] \tag{3.14.2}$$

由式(3.14.1)可见,d 已测出,或由实验室给出,将各色光 φ_k 代入便可得该谱线的

波长测量值 $\overline{\lambda}$，与公认值(查附表)比较计算相对误差.

4. 操作注意

(1) 光栅是精密光学器件，严禁用手触摸光栅面.

(2) 分光计各调节部分仅供微调之用，严禁用力过猛或盲目乱调，以免损坏.

【数据处理】

表 3.14.1　测量汞灯各级谱线的 φ_k 和 λ_k

$$d=\underline{\qquad}\text{Å}$$

读数 谱线	$k=1$		$k=-1$		φ_1	$\lambda_1/\text{Å}$	$k=2$		$k=-2$		φ_2	$\lambda_2/\text{Å}$	$\overline{\lambda}/\text{Å}$
	θ_1	θ_1'	θ_{-1}	θ_{-1}'			θ_2	θ_2'	θ_{-2}	θ_{-2}'			
蓝色													
绿色													
黄色①													
黄色②													

【思考题】

(1) 光栅光谱和棱镜光谱有哪些不同之处?

(2) 当用钠光($\lambda=5893\text{Å}$)垂直入射到 1mm 内有 500 条刻痕的平面透射光栅上时，试问最多能看到几级光谱?并说明理由.

(3) 当准直管的狭缝太宽、太窄时将会出现什么现象，为什么?

(4) 中央明条纹两侧的谱线不等高是何原因，应如何调整?

实验综合设计拓展　光栅常数的测定及光栅特性的研究

【实验目的】

(1) 了解光栅的制作原理及分类.

(2) 掌握光栅常数的测量方法.

(3) 研究衍射光栅的特性及其入射光波长的影响.

【实验仪器】

分光计、光栅、滤光片、钠光灯、汞灯、He-Ne 激光等.

【实验要求】

(1) 根据光栅衍射理论测量光栅常数.
(2) 研究衍射光栅的特性.

【实验报告】

(1) 阐述光栅的形成及其应用.
(2) 详细描述光栅衍射理论, 如何测量光栅常数.
(3) 变换不同的单色光测量同一光栅的光栅常数, 比较结果的异同, 并由此分析入射光波长对测量光栅常数的影响.
(4) 综合分析衍射光栅的特性.

实验 3.15　光 的 偏 振

　　光的干涉和衍射现象表明光是一种波动, 但是这些现象还不能告诉我们光波是纵波还是横波, 而光的偏振现象清楚地显示其振动方向与其传播方向垂直, 说明光是横波. 在 1808 年, 法国物理学家及军事工程师马吕斯在实验上发现了光的偏振现象. 光的电磁理论建立后,光的横波性得以完满地说明. 光的偏振使人们对光的传播(反射、折射、吸收和散射)的规律有了新的认识, 并在光学计量、晶体性质研究和实验应力分析等领域有着广泛的应用.

【实验目的】

(1) 观察光的偏振现象, 熟悉偏振的基本规律.

(2) 通过测定布儒斯特角, 以测定玻璃的折射率.

(3) 了解椭圆偏振光、圆偏振光的产生方法和各种波长片的作用原理.

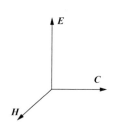

图 3.15.1　电矢量、磁矢量和光的传播方向的关系

【实验原理】

1. 偏振光的基本概念

　　光是电磁波, 描述它的电场矢量 E 和磁场矢量 H 相互垂直, 且均垂直于光的传播方向 C(图 3.15.1). 通常用电场矢量 E 代表光的

振动方向[①]，并将电矢量 E 和光的传播方向 C 所构成的平面称为光振动面. 在传播过程中，电场矢量的振动方向始终在某一确定方向的光称为平面偏振光或线偏振光[图 3.15.2(c)].

光源发射的光是由大量原子或分子辐射构成的. 单个原子或分子辐射的光是偏振的. 由于大量原子或分子的热运动和辐射的随机性，它们所发射的光的振动面出现在各个方向的概率是相同的. 一般来说，在 10^{-6}s 内各个方向电矢量的时间平均值相等，故这种光源发射的光对外不显现偏振的性质，称为自然光[图 3.15.2(a)]. 在发光过程中，有些光的振动面在某个特定方向上出现的概率大于其他方向，即在较长时间内电矢量在某一方向上较强，这样的光称为部分偏振光，如图 3.15.2(b)所示.

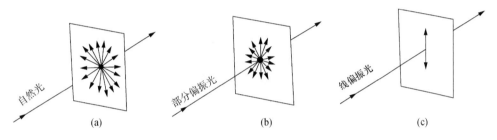

图 3.15.2　自然光、部分偏振光、线偏振光

还有一些光，其振动面的取向和电矢量的大小随时间有规律的变化，而电矢量末端在垂直于传播方向的平面上的轨迹呈椭圆或圆. 这种光称为椭圆偏振光或圆偏振光.

2. 获得偏振光的常用方法

将非偏振光变成偏振光的过程称为起偏，起偏的装置称为起偏器. 常用的起偏器主要有以下三种.

1) 反射起偏器(或透射起偏器)

当自然光在两种介质的界面上反射和折射时，反射光和折射光都将成为部分偏振光. 逐渐增大入射角，当达到某一特定值 φ_b 时，反射光成为完全偏振光，其振动面垂直于入射面，而角 φ_b 称为起偏振角，见图 3.15.3. 由布儒斯特定律得

---

① 从视觉和感光材料的特性上看，引起视觉和光化学反应的是光的电矢量，所以通常把电矢量 E 的方向当作光的振动方向. 按关系式 $E \times H = C$，光的传播方向 C 和 E 的方向也唯一地限定了 H 的方向.

$$\tan\varphi_b = n_2 / n_1 \tag{3.15.1}$$

若入射光以起偏振角 φ_b 射到多层平行玻璃片上, 经过多次反射最后透射出来的光就接近于线偏振光, 其振动面平行于入射面. 由多层玻璃片组成的这种透射起偏器又称为玻璃片堆.

2) 晶体起偏器

利用某些晶体的双折射现象来获得线偏振光, 如尼科耳棱镜等, 获得线偏振光的原理见相关的理论书籍.

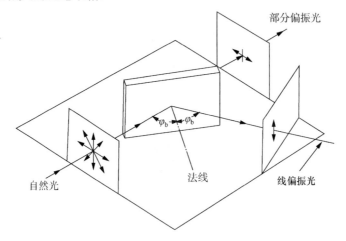

图 3.15.3　反射起偏原理图

3) 偏振片(分子型薄膜偏振片)

聚乙烯醇胶膜内部含有刷状结构的链状分子. 在胶膜被拉伸时, 这些链状分子被拉直并平行排列在拉伸方向上. 由于吸收作用, 拉伸过的胶膜只允许振动取向平行于分子排列方向(此方向称为偏振片的偏振轴)的光通过, 利用它可获得线偏振光. 偏振片是一种常用的 "起偏" 元件, 用它可获得截面积较大的偏振光束, 而且出射偏振光的偏振程度可达 98%.

3. 偏振光的检测

鉴别光的偏振状态的过程称为检偏, 它所用的装置称为检偏器. 实际上, 起偏器和检偏器是通用的. 用于起偏的偏振片称为起偏器, 把它用于检偏就成为检偏器了.

按照马吕斯定律, 强度为 I_0 的线偏振光通过检偏器后, 透射光的强度为

$$I = I_0 \cos^2 \theta \tag{3.15.2}$$

式中, θ 为入射光偏振方向与检偏器偏振轴之间的夹角. 显然, 当以光线传播方向为轴转动检偏器时, 透射光强度 I 将发生周期性变化. 当 $\theta = 0°$ 时, 透射光强度为

最大值；当 $\theta = 90°$时，透射光强度为最小值(消光状态)，接近全暗；当 $0° < \theta < 90°$时，透射光强度 I 介于最大值和最小值之间(图 3.15.4). 因此，根据透射光强度变化的情况，可以区别线偏振光、自然光和部分偏振光.

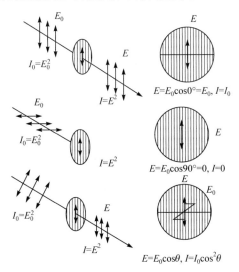

图 3.15.4　线偏振光经过检偏器时光强的变化

4. 线偏振光通过晶体片(波片)时的情形

1) 两个互相垂直的、同频率且有固定相位差的简谐振动的合成

我们知道，两个互相垂直的、同频率且有固定相位差的简谐振动(如通过晶片后的 e 光和 o 光的振动)可用下列方程表示：

$$x = A_e \sin \omega t \tag{3.15.3}$$

$$y = A_o \sin(\omega t + \varphi) \tag{3.15.4}$$

从式(3.15.3)和式(3.15.4)中消去 t，经三角运算后得到合振动的方程为

$$\frac{x^2}{A_e^2} + \frac{y^2}{A_o^2} - \frac{2xy}{A_e A_o} \cos \varphi = \sin^2 \varphi \tag{3.15.5}$$

一般来说，此式为椭圆方程，即合振动的轨迹在垂直于传播方向的平面内呈椭圆.

(1) 当 $\varphi = k\pi$ $(k = 0, 1, 2, 3, \cdots)$时，式(3.15.5)变为直线.

(2) 当 $\varphi = \left(k + \frac{1}{2} \right)\pi$ $(k = 0, 1, 2, \cdots)$时，式(3.15.5)变为正椭圆；若 $A_o = A_e$，合振动为圆.

(3) 当 φ 不等于以上各值时，合振动为不同长短轴组合的椭圆.

2) 线偏振光垂直射到表面平行于自身光轴的单轴晶片时,产生的各种偏转光

当线偏振光垂直射到厚度为 L、表面平行于自身光轴的单轴晶片时,则寻常光(o 光)和非常光(e 光)沿同一方向前进,但传播的速度不同. 对于负晶体,振动方向平行于光轴的 e 光速度比 o 光快. 这两种偏振光通过晶片后,相位差 φ 为

$$\varphi = \frac{2\pi}{\lambda}(n_o - n_e)L \tag{3.15.6}$$

式中,λ 为入射偏振光在真空的波长;n_o 和 n_e 分别为晶片对 o 光和 e 光的折射率;L 为晶片的厚度.

在某一波长的线偏振光垂直射入晶片的情形下,能使 o 光和 e 光产生相位差 $\varphi = (2k+1)\pi$(相当于光程差为 $\lambda/2$ 的奇数倍)的晶片,称为对应于该单色光的二分之一波片($\lambda/2$ 波片). 与此相似,能使 o 光和 e 光产生相位差 $\varphi = \left(k + \frac{1}{2}\right)\pi$ (相当于光程差为 $\lambda/4$ 的奇数倍)的晶片称为四分之一波片($\lambda/4$ 波片).

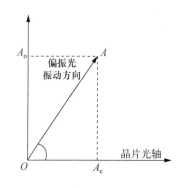

图 3.15.5　线偏振光振动方向与$\lambda/4$波片光轴方向

如图 3.15.5 所示,当振幅为 A 的线偏振光垂直射到 $\lambda/4$ 波片,且振动方向与波片光轴成 θ 角时,由于 o 光和 e 光的振幅分别为 $A\sin\theta$ 和 $A\cos\theta$,是 θ 的函数,所以通过 $\lambda/4$ 波片后合成的光的偏振状态也将随角度 θ 的变化而不同.

利用两个互相垂直的、同频率且有固定相位差的简谐振动的合成,不难分析出:

(1) 当 $\theta = 0°$时,$A_o = 0$, $A_e = A$,经过 $\lambda/4$ 波片后获得振动方向平行于光轴的线偏振光.

(2) 当 $\theta = \pi/2$ 时,$A_o = A$, $A_e = 0$,经过 $\lambda/4$ 波片后获得振动方向垂直于光轴的线偏振光.

(3) 当 $\theta = \pi/4$ 时,$A_e = A_o$,经 $\lambda/4$ 波片后 o、e 光相位差 $\varphi = \left(k + \frac{1}{2}\right)\pi$,获得圆偏振光.

(4) 当 θ 为其他值时,经过 $\lambda/4$ 波片后透出的光为椭圆偏振光.

【实验仪器】

钠光灯及电源、分光计、平面玻璃片、起偏器、检偏器、$\lambda/4$ 波片.

【实验内容】

1. 起偏和检偏　鉴别自然光和偏振光(分光计上进行)

(1) 以一白炽灯为光源①，按实验室所给的器材，选择并设计产生一束平行光的实验方案. 使平行光束垂直射到偏振片 P_1 上，以 P_1 为起偏器，旋转 P_1，观察并描述光屏上光斑强度的变化情况.

(2) 在 P_1 后加入作为检偏器的偏振片 P_2. 固定 P_1 的方位，转动检偏器 P_2 观察，描述光屏上光斑强度的变化情形，与步骤(1)所得的结果比较，并做出解释.

(3) 根据以上的观测结果，总结应如何判别自然光和偏振光.

2. 测量光在平玻璃片上的布儒斯特角及玻璃的相对折射率

(1) 将平玻璃片置于分光计的载物台上，缓慢地转动载物台，以改变入射角，旋转望远镜使反射光进入望远镜筒.

(2) 将检偏器套在望远镜物镜处，旋转检偏器 360°，观察反射光有无明显消光. 若无明显消光，则再次转动载物台以改变入射角，直到旋转检偏器，通过望远镜筒观察到的反射光有明显消光时为止，此时，入射角就是该玻璃片的布儒斯特角 φ_b.

(3) 固定载物台，旋转检偏器到明亮的反射光，将其与望远镜中竖线重合，读出分光计读数 θ、θ'.

(4) 移去平玻璃片，望远镜正对准直管时，入射光与望远镜视场中的竖线重合，从分光计读出入射光的角度数 θ_0、θ_0'.

(5) 由下式计算布儒斯特角 φ_b 和玻璃的相对折射率 n.

$$\varphi_b = 90° - \frac{\varphi}{2}, \quad \varphi = \frac{1}{2}\left[|\theta - \theta_0| + |\theta' - \theta_0'|\right], \quad n = \tan\varphi_b$$

(6) 为了消除误差，应多次做左、右两个反射方向的对称测量，计算玻璃的折射率，并进行误差分析.

3. 观察圆偏振光和椭圆偏振光

(1) 以单色平行光垂直照射于一组相互正交的偏振片($P_1 \perp P_2$ 处于消光状态)上，在 P_1、P_2 间插入一块 $\lambda/4$ 波片 C. 观察 $\lambda/4$ 波片插入前后，透过 P_2 的光强变化.

---

① 为使光源发出的光强度稳定，该白炽灯光使用直流稳压电源供电.

(2) 保持正交偏振片 P₁ 和 P₂ 的取向不变，转动插入其间的 $\lambda/4$ 波片 C，使 C 的光轴与 P₁(或 P₂)偏振轴的夹角从 0°转至 360°，观测并描述夹角改变时透过 P₂ 的光强度的变化情况，并做出解释.

(3) 在步骤(2)中，以使正交偏振片处于消光状态时 $\lambda/4$ 波片的光轴 A_0 位置作为 0°线，转动 $\lambda/4$ 波片，使其光轴与 0°线的夹角依次为 30°、45°、60°、75°、90° 等值，在取上述每一个角度时都将检偏器 P₂ 转动一周(从 0°至 360°)，观察并描述从 P₂ 透出的光的强度变化情形，然后做出解释.

将以上观测的结果记录在自己设计的表格中，并根据所观察到的光强变化，判断它们是什么性质的偏振光.

【数据处理】

表 3.15.1　测量波片起偏角 φ_b 及折射率 $\bar{n}$

i	θ	θ'	φ	φ_b	$n = \tan\varphi_b$	$\bar{n}$
1						
2						
3						

入射光位置 $\theta_0=$_____，$\theta_0' =$_____

表 3.15.2　$\lambda/4$ 波片的作用

$\lambda/4$ 波片光轴 $A_0=$_____

光轴与线偏夹角 θ	光轴旋至 $A_0+\theta$	旋转 P2 360°观察视场中光强变化情况	结论
30°			
45°			
60°			
75°			
90°			

【思考题】

(1) 自然光中的电振动矢量在垂直于光传播方向的平面内呈各向同性分布，合成电矢量的平均值似乎应为 0，为什么光强度却不为零?

(2) 用一块偏振片来检验普通光源(如电灯)发出的光. 当旋转偏振片改变其偏振片方向时，透射光的强度 I 并不改变. 这是为什么?

(3) 如果在互相正交的偏振片 P₁、P₂ 中间插进一块 $\lambda/2$ 波片，使其光轴和起偏器的偏振轴平行，那么透过检偏器 P₂ 的光斑是亮的还是暗的，为什么?将检偏

器 P_2 转动 90°后，光斑的亮暗是否变化，为什么?

(4) 假如有自然光、圆偏振光、自然光与圆偏振光的混合光等三种光，请设计一个实验方案将它们判别出来.

实验综合设计拓展　光的偏振性及应用的研究

【实验目的】

(1) 深入理解光的偏振的基本规律，掌握各类偏振光的产生方法和各种波长片的作用原理.

(2) 学会利用光学器件，正确判定光的各种偏振特性.

(3) 利用线偏振光通过旋光物质会发生旋光现象的特性，测定旋光溶液的旋光率和浓度.

【实验仪器】

分光计、偏振器、旋光仪、钠光灯、各种波片、待测蔗糖溶液等.

【实验要求】

(1) 设计一个实验方案，如何判断自然光、圆偏振光及两者的混合光.

(2) 设计一个实验方案，如何区别椭圆偏振光和部分偏振光.

(3) 设计一个实验方案，如何测定旋光溶液的旋光率和浓度.

【实验报告】

(1) 详细阐述偏振光的基本概念和获得各类偏振光的常用方法.

(2) 阐述一个设计方案，并附光路图解.

(3) 记录测量数据并计算结果.

(4) 实验总结.

实验 3.16　弗兰克-赫兹实验

20 世纪初，在原子光谱的研究中确定了原子能级的存在. 原子光谱中的每根谱线就是原子从某个较高能级向较低能级跃迁时的辐射形成的. 然而，原子能级的存在，除了可由光谱研究证实，还可利用慢电子轰击稀薄气体原子的方法来证明. 1914 年弗兰克-赫兹采用这种方法，研究了电子与原子碰撞前后电子能量改变的情况，测定了汞原子的第一激发电势，从而证明了原子分立态的存在. 后来他们又观测了实验中被激发的原子回到正常态时所辐射的光，测出的辐射光的频率很好地满足了玻尔假设中的频率定则. 弗兰克-赫兹实验的结果为玻尔的原子模型理论提供了直接证据.

【实验目的】

(1) 测定氩原子的第一激发电势，证实原子能级的存在，研究原子能量的量子化现象.

(2) 学习实验研究方法来检验物理假说和验证物理理论的方法.

【实验原理】

根据玻尔的原子理论，原子是由原子核和以核为中心沿各种不同轨道运动的一些电子构成的. 对于不同的原子，这些轨道上的电子数分布各不相同. 当同一原子从低能量状态跃迁到较高能量状态时，原子就处于受激状态. 但是原子所处的能量状态并不是任意的，而是受到玻尔理论的两个基本假设的制约.

(1) 定态假设. 原子只能处在稳定状态中，其中每一状态相应于一定的能量值 E_i（$i=1, 2, 3, \cdots$），这些能量值是彼此分立的，不连续的.

(2) 频率定则. 当原子从一个稳定状态过渡到另一个稳定状态时，会吸收或放出一定频率的电磁辐射. 频率 ν 的大小取决于原子所处两定态之间的能量差，并满足如下关系：

$$h\nu = E_n - E_m \tag{3.16.1}$$

式中，$h = 6.63 \times 10^{-34}$ J·s，称作普朗克常量.

原子状态的改变通常在两种情况下发生：一是当原子本身吸收或放出电磁辐射时；二是当原子与其他粒子发生碰撞而交换能量时. 本实验就是利用具有一定能量的电子与氩原子相碰撞而发生能量交换来实现氩原子状态的改变.

由玻尔理论可知，处于基态的原子发生状态改变时，其所需能量不能小于该原子从基态跃迁到第一受激态时所需的能量，这个能量称为临界能量. 当电子与原子碰撞时，若电子能量小于临界能量，则发生弹性碰撞；若电子能量大于临界能量，则发生非弹性碰撞. 这时，电子给予原子跃迁到第一受激态时所需要的能量，其余的能量仍由电子保留.

一般情况下，原子在受激态所处的时间不会太长，短时间后会回到基态，并以电磁辐射的形式释放出所获得的能量. 其频率 ν 满足下式：

$$h\nu = eU_{Ar} \tag{3.16.2}$$

式中，U_{Ar} 为氩原子的第一激发电势. 所以当电子的能量等于或大于第一激发能时，原子就开始发光.

弗兰克-赫兹实验原理图如图 3.16.1 所示.

在充氩的弗兰克-赫兹管中，电子由阴极 K 发出，阴极 K 和第二栅极 G_2 之间的加速电压 U_{G_2K} 使电子加速. 在板极 A 和第二栅极 G_2 之间可设置减速电压 U_{G_2A}. 管内空间电势分布图 3.16.2 所示.

当电子能量足够大时，就能越过拒斥电场到达阳极 A 而形成阳极电流 I，如果有电子在 K-G 空间中与氩原子发生碰撞，并把一部分能量传给氩原子，电子所剩的能量就可能很小，不能越过拒斥电场，达不到阳极 A，不能形成阳极电流. 这类电子增多，阳极电流 I 将明显下降. 逐渐增加栅极电压 U_{G_2K}，观测阳极电流随 U_{G_2K} 的变化，可得 U_{G_2K}-I 曲线，如图 3.16.3 所示.

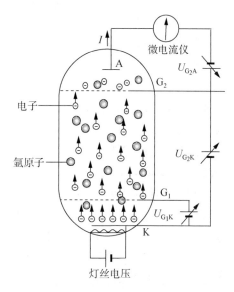

图 3.16.1　弗兰克-赫兹实验原理图

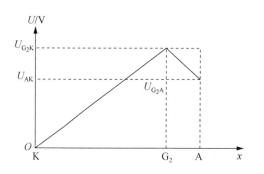

图 3.16.2　弗兰克-赫兹管管内空间电势分布

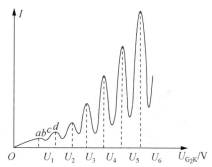

图 3.16.3　弗兰克-赫兹实验 U_{G_2K}-I

1. 曲线特点

(1) I 不是随着 U_{G_2K} 增加而单调增加的，曲线中间出现了多次凹陷和凸显，即存在着若干个谷点和峰点.

(2) 相邻的两谷点或峰点之间对应的电势差都是 U_0.

2. 对曲线的解释

(1) 当灯丝加热时，阴极 K 的氧化层即发射电子，在 G_2、K 间电场的作用下被加速而取得越来越大的能量. 但在起始阶段，由于电压 U_{G_2K} 较低，电子的能量较小, 即使在运动过程中, 它与原子相碰撞(为弹性碰撞). 这样, 能量保留在电子中, 穿过拒斥电场的电子所形成的阳极电流 I 将随第二栅极电压 U_{G_2K} 的增加而增大(图 3.16.3 Oa 段).

(2) 当 U_{G_2K} 达到氩原子的第一激发电压时, 电子在第二栅极附近与氩原子相碰撞(此时产生非弹性碰撞). 电子把从加速电场中获得的全部能量传递给氩原子, 使氩原子从基态激发到第一激发态. 而电子本身, 由于把全部能量传递给氩原子, 即使能穿过第二栅极, 也不能克服反向拒斥电场. 所以, 此时极板电流 I 将显著减小(图 3.16.3 ab 段).

(3) 随着第二栅极电压 U_{G_2K} 的增加, 电子能量也随之增加, 与氩原子相碰后还留下足够的能量. 这就可以克服拒斥电场的作用力而达到极板 A, 这时极板电流 I 又开始上升(图 3.16.3 bc 段).

(4) 直到 U_{G_2K} 是氩原子第一激发电压的 2 倍时, 电子在 G_2、K 之间又会因为第 2 次非弹性碰撞而失去能量, 因而又造成第 2 次板极电流的下降(图 3.16.3cd 段). 这种能量转移随着加速电压 U_{G_2K} 的增加而呈现周期性变化. 如果以 U_{G_2K} 为横坐标, 以板极电流 I_a 为纵坐标, 就可以得到谱峰曲线, 两相邻谷点(或峰点)之间的加速电压差值就是氩原子的第一激发电势值, 也叫能级差. 由此可推断出氩原子的第一激发电势.

(5) 实验中板极电流 I 的下降并不是完全突然的, 其峰值总有一定的宽度. 这是由于从阴极发出电子的初始能量不完全一样, 服从一定的统计规律. 另外, 电子与原子的碰撞有一定的概率, 当大部分电子恰好在栅极 G_2 前使氩原子激发而损失能量时, 显然会有一些电子逃避了碰撞而直接到达板极, 因此板极电流并不降到零.

这个实验就说明了弗兰克-赫兹管内的缓慢电子与氩原子碰撞,使原子从低能级激发到高能级, 通过测量氩的第一激发电势值(定值, 即吸收和发射的能量是完全确定的、不连续的)说明了玻尔原子能级的存在.

如果弗兰克-赫兹管中充以其他元素, 则可得到其他元素的第一激发电势, 几种元素的第一激发电势如下:

元素名称	钠(Na)	钾(K)	锂(Li)	镁(Mg)	氖(Ne)	氩(Ar)	汞(Hg)
第一激发电势 U_0/V	2.21	1.63	1.84	2.712	16.62	11.55	4.88

【实验仪器】

智能弗兰克-赫兹实验仪的使用(图 3.16.4).

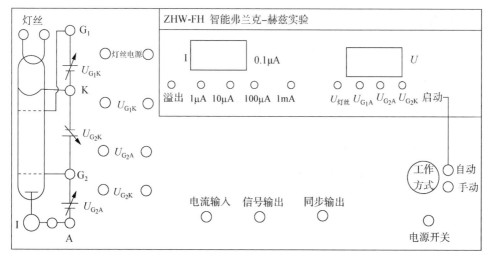

图 3.16.4 智能弗兰克–赫兹实验仪

1. 手动测试介绍

(1) 连接左面板上的连接线：用相同颜色的导线与相同颜色的接线柱相连，检查连接无误后按下电源，开机.

(2) 变换电流量程：选择适当的电流量程(上边的小绿灯亮)，若出现溢出，必须提高电流量程.

(3) 根据仪器上面给定的参数要求依次设定各级电压、灯丝电压、第一栅极电压、拒斥电压.

(4) 修改电压方法：

按下面板上的 ◀/▶ 键，电压的修改位将进行向前/向后移动，同时闪动位随之改变，以提示目前修改的电压位置.

按下面板上的 ▲/▼ 键，电压值在当前修改位递增/递减一个单位.

2. 自动测试介绍

(1) 用机器配备的连接线将"信号输出"和"同步输出"与示波器相连. 用"同步信号"作为触发信号，将示波器调试到外触发方式.

(2) 按下"工作方式"键为"自动"(前面小红灯亮)，状态设置与"手动测试介绍"的(1)~(4)相同. 再按 U_{G_2K} 按键设定测试终止电压为 $U_{G_2K} = 80.0\text{V}$. 自动测试开始，观察示波器的输出.

【注意事项】

(1) 电压 U_{G_2K} 只能在面板上的自动测试键按下后, 设置才有效.

(2) 电压 U_{G_2K} 只能设置扫描终止电压, 系统默认电压 U_{G_2K} 的初始值为零.

(3) 要根据手动测试的电流值来确定电流量程. 否则, 在自动测试中有可能因量程选择过小而导致电流溢出, 自动测试不能顺利完成.

(4) 自动测试过程中, 电压 U_{G_2K} 大约每 0.4s 递增 0.2V.

(5) 建议工作状态和手动测试情况下相同.

【实验内容】

1. 自动测量: 测定氩原子的第一激发电势

(1) 接通电源, 预热 1min. 将弗兰克-赫兹实验仪设定为自动测量状态.

(2) 按照实验仪器使用说明, 设定各级电压参数, 电流量程先设为最小量程, 保证电流显示有效位数最多, 根据自动测量过程中是否溢出再修改电流量程.

(3) 各级电压参数设定好以后, 按下启动按钮. 注意观察: ①当第二栅极电压为多大时才有阳极电流. ②注意阳极电流的变化,观察第二栅极电压 0～80V 变化过程中有几个电流的峰值或谷值. ③注意观察电流显示是否溢出(溢出指示灯亮与否).

(4) 自动测试结束. ①正常结束. 当电压 U_{G_2K} 大于设定的测试终止值后, 实验主机自动恢复到开机状态. 同时, 测试的数据保留在实验主机的存储器中, 直到下次自动测试开始时才刷新存储器的内容. 所以, 示波器依然可观测到波形. ②非正常结束. 在自动测试过程中, 如果想提前终止自动测试, 只需按下"手动"键, 实验主机就恢复到开机状态. 同时, 测试的数据保留在实验主机的存储器中, 直到下次自动测试开始时才刷新存储器的内容. 所以, 示波器依然可观测到部分波形.

2. 手动测量: 测定氩原子的第一激发电势

(1) 将弗兰克-赫兹实验仪设为手动状态, 根据自动测量的观察, 选取合适的电流量程, 设置合适的各级电压.

(2) 记录测试数据. 手动改变第二栅极电压 U_{G_2K} 从 0V 至 80.0V,每增加 0.2V 的电压, 记录一个对应的电流值.

(3) 根据测试数据作出氩原子的 $I\text{-}U_{G_2K}$ 曲线,并在图上标出 U_0 值和实验条件($U_{灯丝}$、U_{G_1K}、U_{G_2A} 和温度值).

(4) 在测试数据中找出 I 谷(峰)值时对应的电压值 U_{G_2K},计算出实验值的 U_0' 和 E_r 值.

3. 实验注意事项

(1) 弗兰克-赫兹管很容易因电压设置不合适而遭到损害,所以一定要按照规定的实验步骤和适当的状态进行实验.

(2) 测试时,A、G_1、G_2、K 及灯丝接线柱不要接错或短路,以免损坏仪器.

【数据处理】

(1) 手动测试记录点有 400 个,建议在报告记录中左边每增加 0.2V,竖行记录 U_{G_2K} 从 0~80.0V 的值(请在预习时写好),右边竖行留着记录电流值,要求字体小,上下左右对整齐.

(2) 计算电流为谷(峰)值时的实验值 U_0':

$U_{灯丝}$ =_____, U_{G_1K} =_____, U_{G_2A} =_____, 温度=_____

U_{G_2K}/V					平均值
第一激发电势 U_0'/V	—				$\overline{U_0'}$ =

$$E_r = \frac{\left|\overline{U_0'} - 理论值\right|}{理论值} \times 100\% = \underline{\qquad}$$

【思考题】

(1) 灯丝电压的改变对弗兰克-赫兹实验有何影响?

(2) 拒斥电压和第一栅极电压的改变对弗兰克-赫兹实验有何影响?

实验 3.17 利用塞曼效应测定电子荷质比

1896 年塞曼用强磁场和精密的光谱仪器,发现放在电磁铁两极之间的光源发射的光谱线分裂成几部分. 这是在物理学发展史上具有重要意义的一个物理效应, 称为塞曼效应. 利用塞曼效应, 根据磁场对光产生的影响, 使我们认识到发光原子内部的运动状态及其量子化的特性, 进而测定电子的荷质比. 此实验涉及光、机、电、磁等多方面的知识和多种测量技术, 是一个综合性物理实验.

【实验目的】

(1) 了解原子在磁场中能级的分裂和测量电子荷质比 e/m 的原理.
(2) 学习光路调节和标准具的使用.

【实验原理】

1. 塞曼效应

1896 年塞曼发现了光源所发射的一条谱线在外磁场作用下分裂为三条谱线的现象. 后来进一步发现, 磁场对光源作用也可能使谱线分裂成多于三条的情况. 这种在外磁场作用下使光谱线产生分裂的现象称为塞曼效应.

塞曼效应证实原子具有磁矩, 而且其空间取向是量子化的. 在磁场中, 原子磁矩受到磁场作用, 使得原子在原来能级上获得一附加能量. 由于原子磁矩在磁场中可以有几个不同的取向, 因而相应有不同的附加能量. 这样, 原来一个能级便分裂成能量略有不同的几个子能级. 在原子发光过程中, 原来两能级之间跃迁产生的一条光谱线, 由于上、下能级分裂成几个能级, 因此光谱线也就相应地分裂成若干成分.

根据理论推导(见本实验附录), 在磁场中原子附加的能量 ΔE 的表达式如下:

$$\Delta E = Mg \cdot \frac{eh}{4\pi m} \cdot B \qquad (3.17.1)$$

式中, h 为普朗克常量; e/m 为电子荷质比. 令 $\mu_B = \dfrac{eh}{4\pi m}$, 称 μ_B 为玻尔磁子, $\mu_B = 9.274 \times 10^{-24} \, \text{A} \cdot \text{m}^2$, 则式(3.17.1)变为

$$\Delta E = Mg\mu_B \cdot B \qquad (3.17.2)$$

式中, M 为磁量子数, 取整数值, 表示原子磁矩取向量子化; g 称为朗德因子, 它与原子中电子轨道动量矩、自旋动量矩及其耦合方式有关; B 为外磁场. 由此可见, 原子附加能量正比于外磁场 B, 同时与原子所处的状态有关.

本实验以低压水银灯为光源, 研究谱线 546.1nm 的塞曼效应. 水银原子从 E_2 态 $(6s7s^3s_1)$ 跃迁到 E_1 态 $(6s6p^3p_2)$ 而产生的光谱, 其能级图及相应的 M、g、Mg 值如图 3.17.1 所示.

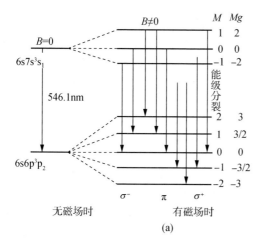

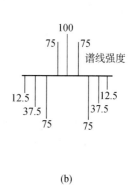

(a)　　　　　　　　　　　　　　　　　(b)

图 3.17.1　塞曼效应能级图

现在我们来讨论谱线分裂情况. 设某一光谱线是由能级 E_2 跃迁至能级 E_1 而产生的, 其频率为 ν, 则有 $h\nu = E_2 - E_1$.

在磁场中, 其上、下能级发生分裂, 分别有附加能量 ΔE_2 和 ΔE_1, 令新谱线的频率为 ν', 则有

$$h\nu' = (E_2 + \Delta E_2) - (E_1 + \Delta E_1)$$

分裂谱线的频率差为

$$\Delta\nu = \nu - \nu' = \frac{1}{h}(\Delta E_1 - \Delta E_2)$$

将频率差换成波长差并将式(3.17.1)代入上式, 则得

$$\Delta\lambda = \frac{-\lambda^2}{c}\cdot\Delta\nu = (M_2 g_2 - M_1 g_1)\frac{\lambda^2 e}{4\pi mc}\cdot B \tag{3.17.3}$$

令 $L = \dfrac{eB}{4\pi mc} = 4.67\times 10\,\mathrm{T}^{-1}\cdot\mathrm{m}^{-1}$ 为裂距单位, 并称它为洛伦兹单位.

理论与实验表明, 原子发光遵从如下选择定则: $\Delta M = 0$ 或 ± 1, 而且选择定则与光的偏振有关. 若以 $\boldsymbol{k}$ 矢量方向表示光传播方向, 我们分别从垂直于磁场方向(横向)和平行于磁场方向(纵向)观察, 所得结果如表 3.17.1 所示.

表 3.17.1　观察结果

选择定则	$\boldsymbol{k}\perp\boldsymbol{B}$ (横向观察)	$\boldsymbol{k}//\boldsymbol{B}$ (纵向观察)
$\Delta M = 0$	直线偏振光(π)	无光
$\Delta M = +1$	直线偏振光(σ^+)	左旋圆偏振光(σ^+)
$\Delta M = -1$	直线偏振光(σ^-)	右旋圆偏振光(σ^-)

从图 3.17.1(a)中可看到，由于选择定则的限制，只允许 9 种跃迁存在，故原 546.1nm 的一条谱线将分裂为 9 条彼此靠近的谱线；图 3.17.1(b)中以线长短表示各谱线的相对强度，并把 π 成分画在波长坐标轴上方，σ 成分画在波长坐标轴下方. 它们的间距即为谱线裂距，相邻谱线裂距为 1/2 洛伦兹单位. 设 $\lambda = 500$nm，$B = 1$T，则相邻谱线波长差为

$$\Delta\lambda = \frac{\lambda^2 eB}{8\pi mc} \approx 0.5\text{nm}$$

可见这个波长差是非常小的，欲测如此小的波长差，必须用具有高分辨本领的光学仪器，如法布里-珀罗(Fabry-Perot, F-P)标准具、阶梯光栅等.

2. 利用 F-P 标准具测定波长差

1) F-P 标准具的构造

这种仪器因 1897 年法布里-珀罗制造和使用而得名.

F-P 标准具结构见图 3.17.2，它是两面严格平行和高平面度的，两表面是由镀有高反射率介质膜的玻璃构成的. 当单色光 S 以小角度入射到标准具时，S 光经 M 和 M'平面多次反射和透射，产生一系列相互平行的反射光 1，2，3，…和透射光 1′，2′，3′，…，这些相邻光束之间的光程差 Δ 为

$$\Delta = 2nt\cos\theta_k = k\lambda \quad \text{(亮条纹)} \tag{3.17.4}$$

式中，n 为面间的介质折射率；θ_k 为 S 光在 M'面上的入射角(图 3.17.3)；λ 为入射光波长；t 为标准具两表面间的间距(厚度)；k 为干涉序，为整数.

如果在透射光前放一凸透镜，在此镜的焦平面上将出现一组同心圆环——等倾干涉条纹. 由于 F-P 标准具的间距比波长大得多，故中心亮条纹($\theta \approx 0$)的干涉序很高(设 $t = 5$mm，$n = 1$，$\lambda = 500.0$nm，则中心的 $k_{\text{中心}} = 2 \times 10^4$).

2) 微小波长差的测量

如图 3.17.3 所示，根据折射定律，在 θ_k 很小时有

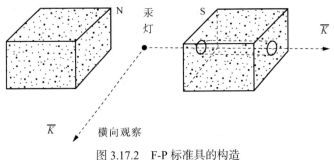

图 3.17.2　F-P 标准具的构造

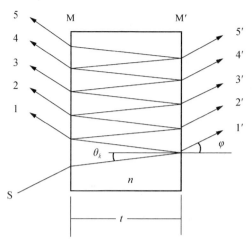

图 3.17.3　F-P 标准具光路示意图

$$\cos\theta_k = \sqrt{1-\sin^2\theta_k} = 1 - \frac{\theta_k^2}{2} = 1 - \frac{1}{2}\left(\frac{\varphi}{n}\right)^2$$

如果在 F-P 标准具前放一凸透镜，则通过 F-P 标准具有透射光成像于焦平面上，所以光线的入射角 θ_k 与干涉条纹直径有如下关系(图 3.17.4)：

$$\cos\theta_k = 1 - \frac{\varphi^2}{2n^2} = 1 - \frac{d_k^2}{8n^2f^2} \tag{3.17.5}$$

式中，f 为透镜焦距；n 为标准具内介质折射率；d_k 为 k 级条纹直径. 代入式(3.17.4)得

$$2nt\left(1 - \frac{d_k^2}{8n^2f^2}\right) = k\lambda \tag{3.17.6}$$

上式表明，干涉条纹直径越大的区域，干涉条纹越密. 第二项中负号表示直径越大的干涉条纹，其对应序 k 越小，反之越大. 另外，对同一序的干涉条纹，直径大的波长小. 相同波长相邻级的(k 与 $k-1$ 级)条纹直径平方差：

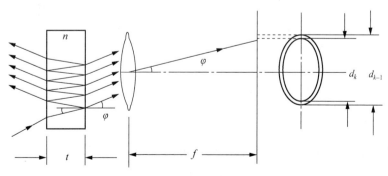

图 3.17.4　入射角 θ_k 与干涉条纹直径的关系

$$d_{k-1}^2 - d_k^2 = \frac{4f^2 n\lambda}{t} \tag{3.17.7}$$

此式说明，$d_{k-1}^2 - d_k^2$ 是与干涉序 k 无关的常数.

对于另一种波长 λ' 的 k 级条纹，相似地有式(3.17.6)关系，即

$$2nt\left(1 - \frac{d_k'^2}{8n^2 f^2}\right) = k\lambda' \tag{3.17.8}$$

从式(3.17.6)～式(3.17.8)可得波长差的表达式

$$\Delta\lambda = \lambda_k - \lambda_k' = \frac{t}{4f^2 nk}(d_k'^2 - d_k^2) = \frac{\lambda(d_k'^2 - d_k^2)}{k(d_{k-1}^2 - d_k^2)}$$

对中心圆环，有 $k = (2nt)/\lambda$，将其代入上式，则得分裂后两相邻谱线的波长差

$$\Delta\lambda = \frac{d_k'^2 - d_k^2}{d_{k-1}^2 - d_k^2} \cdot \frac{\lambda^2}{2nt} \tag{3.17.9}$$

式中，各干涉条纹直径如图 3.17.5 所示，图中实线表示波长为 λ 的干涉条纹，而虚线则表示波长为 λ' 的干涉条纹，$\lambda' < \lambda$. 根据式(3.17.9)，只要已知 t，n 和 λ，测得各干涉条纹直径即可计算 $\Delta\lambda$.

式(3.17.9)是根据一块玻璃两表面镀高反射率介质膜的标准具推导出来的，本实验中所用的标准具是由两块平面玻璃构成的(图 3.17.6)，其内表面相距为 t，且内表面镀以高反射率介质膜. 令 $n=1$，则各式均同样适用.

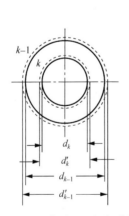

图 3.17.5 分裂后两相邻谱线

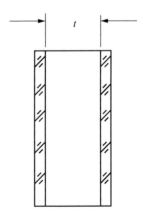

图 3.17.6 标准具

3. 电子荷质比(e/m)的测定

将光源置于磁场中，在磁场作用下，使波长为 λ 的谱线产生分裂，根据式(3.17.3)和式(3.17.9)，又因 $\Delta\nu = -\frac{c}{\lambda^2}\Delta\lambda$，则有

$$\frac{\lambda^2 eB}{4\pi mC}(M_2 g_2 - M_1 g_1) = \frac{\lambda^2}{2nt} \cdot \frac{d_k'^2 - d_k^2}{d_{k-1}^2 - d_k^2}$$

令 $n=1$，上式整理可得

$$\frac{e}{m} = \frac{2\pi C}{tB(M_2 g_2 - M_1 g_1)} \cdot \frac{d_k'^2 - d_k^2}{d_{k-1}^2 - d_k^2} \tag{3.17.10}$$

据此便可测定电子荷质比 e/m.

【实验内容】

1. 仪器装置及调整

仪器装置原理图如图 3.17.7 所示. 其中 L_1 为聚光镜，使汞灯发出的光聚焦于滤光片上，经滤光片后 546.1nm 的光(绿光)得以通过，其他色光大部分被滤去；L_2 为准直透镜，使入射于 F-P 标准具的光束接近于平行光；L_3 透镜使 F-P 标准具产生的干涉图样成像于观察屏处，供读数显微镜进行测量. 由于实验是垂直于磁场方向进行观察，在外磁场作用下一条 546.1nm 的谱线分裂为 9 条谱线(均绿色)，相应地一条干涉条纹也将分裂为 9 条干涉条纹，这些条纹互相重合而使测量困难. 为此，我们可利用偏振片将 σ 成分的 6 条条纹滤去，只让 π 成分的 3 条条纹(中心 3 条)留下来(因为两种成分的线偏振光的偏振方向是正交的)，所以我们观察到的应是如图 3.17.8 所示图像. 在了解光路原理及各光学元件作用的基础上，调整好实验仪器系统.

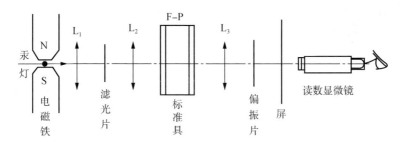

图 3.17.7　仪器装置原理图

2. F-P 标准具的调节

F-P 标准具的两玻璃片表面的平行是十分重要的，只有把平行度调好了，才能看到亮条纹很细且亮的高对比度的干涉图像，并且条纹的直径不随观察角度的变化而变化. 调节的方法是：依次调节标准具上三只螺丝，同时微微摆动头来改变观察角，看干涉圆圈直径是否变化. 例如，调节上螺丝，当头向上(即沿径向往外)摆动时，看到干涉条纹直径在扩大(或中心处条纹往外"冒"出)，

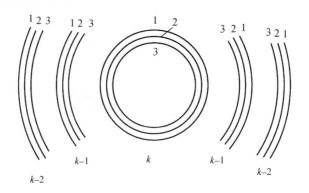

图 3.17.8　干涉图像

则应将上螺丝顺时针拧进去；反之则逆时针退出. 每拧一次螺丝，接着摆一次头，直至上下摆动头时看不到条纹直径扩大或缩小为止. 然后依次对左下方螺丝和右下方螺丝做类似的调节. 此后再重复调节三只螺丝，逐步逼近到最佳的平行状态.

3. 测量与数据处理

(1) 调节读数显微镜，看到清晰的中心干涉条纹(不加磁场时).

(2) 加磁场，将电磁铁的电流调到 8～10A，观察干涉条纹的分裂情况，然后加偏振片并旋转偏振片，直到看到每一级干涉条纹变为 3 条条纹(中间一条较亮).

(3) 用读数显微镜测量 k 级、$k-1$ 级、$k-2$ 级的各干涉条纹直径.

(4) 用特斯拉计测量磁感应强度 $B(1T=10^4G)$.

【数据处理】

列出数据记录表(表 3.17.2)并根据图 3.17.1 和式(3.17.10)计算电子荷质比 e/m 及其百分误差.

已知：$\left(\dfrac{e}{m}\right)^{标准值} = 1.77\times10^{11}\text{C/kg}$，$t=2\times10^{-3}\text{m}$，特斯拉计测得 $B = 1.2\text{T}$.

表 3.17.2　数据表格

干涉级数	同级细条纹序	条纹直径上端读数/mm	条纹直径下端读数/mm	条纹直径 d/mm	d^2/mm^2	相邻两级中间条纹直径平方差	同级中相邻两条纹直径平方差	M_2g_2 $-M_1g_1$	$\dfrac{e}{m}$
k	1					$d_{k-1}^2 - d_k^2$ $= d_{k-2}^2 - d_{k-1}^2$ $=$ 平均值	$d_{k,1}^2 - d_{k,2}^2$ $= d_{k-1,1}^2 - d_{k-1,2}^2$ $= d_{k-2,1}^2 - d_{k-2,2}^2$ $=$ 平均值	$+\dfrac{1}{2}$	
	2								
	3								

续表

干涉级数	同级细条纹序	条纹直径上端读数/mm	条纹直径下端读数/mm	条纹直径 d/mm	d^2/mm²	相邻两级中间条纹直径平方差	同级中相邻两条纹直径平方差	M_2g_2 $-M_1g_1$	$\dfrac{e}{m}$
k-1	1								
	2						$d_{k,3}^2 - d_{k,2}^2$		
	3						$= d_{k-1,3}^2 - d_{k-1,2}^2$	$-\dfrac{1}{2}$	
k-2	1						$= d_{k-2,3}^2 - d_{k-2,2}^2$		
	2						$=$ 平均值		
	3								

【思考题】

(1) F-P 标准具产生的干涉图是多光束干涉的结果,它与牛顿环、迈克耳孙干涉仪的双光束干涉图有何区别?

(2) 偏振片如何判断偏振光 π 成分和 σ 成分?

【附录】

在磁场中原子附加的能量 ΔE (理论推导)

1. 原子的总磁矩与总角动量的关系

原子中的电子由于有轨道运动和自旋运动,所以有轨道角动量 p_L 和轨道磁矩 μ_L 以及自旋角动量 p_S 和自旋磁矩 μ_S ,它们的关系如下:

$$\mu_L = \frac{-e}{2m} p_L$$

$$p_L = \sqrt{l(l+1)}\frac{h}{2\pi} \tag{3.17.11}$$

$$\mu_S = \frac{-e}{m} p_S$$

$$p_S = \sqrt{S(S+1)}\frac{h}{2\pi} \tag{3.17.12}$$

电子轨道角动量与自旋角动量合成原子总角动量 p_J ,电子轨道磁矩与自旋磁矩合成原子总磁矩 μ (图 3.17.9). 由于 μ_S / p_S 比 μ_L / p_L 大一倍,故合成的磁矩 μ 不在 p_J 的方向上. 但由于 μ 绕 p_J 快速旋进,故只有 μ 在 p_J 方向上的投影分

量 μ_J 对外平均才不为零. 按图 3.17.9 进行向量叠加运算，可以得到 μ_J 与 p_J 的关系

$$\mu_J = g \frac{-e}{2m} p_J \tag{3.17.13}$$

$$g = 1 + \frac{J(J+1) - L(L+1) + S(S+1)}{2J(J+1)} \tag{3.17.14}$$

式中，g 叫作朗德因子，它表征了总角磁矩与总动量矩的关系，而且决定了能级分裂的大小.

2. 外磁场对原子能级的作用

原子的总磁矩在外磁场中受到力矩 F_r 的作用为

$$\boldsymbol{F_r} = \boldsymbol{\mu} \times \boldsymbol{B}$$

力矩 F_r 使总角动量发生旋进（图 3.17.10），旋进引起的附加能量 ΔE 为

$$\Delta E = -\mu_J B \cos(p_J \cdot B) = g \frac{eB}{2m} p_J \cos(p_J \cdot B) \tag{3.17.15}$$

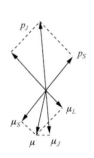

图 3.17.9　角动量和磁矩　　　　　　　　　图 3.17.10　动量旋进

由于 μ 或 p_J 在磁场中的取向是量子化的，即 p_J 在磁场方向的分量是量子化的，它只能是 $h/2\pi$ 的整数倍，即

$$p_J \cos(p_J \cdot B) = M \frac{h}{2\pi} \tag{3.17.16}$$

其中 $M=J,\ J-1,\cdots,-J$，共有 $2J+1$ 个 M 值，代入式(3.17.15)得

$$\Delta E = Mg \cdot \frac{eh}{4\pi m} B \tag{3.17.17}$$

令 $\mu_B = \dfrac{eh}{4\pi m} = 9.274 \times 10^{-24} \, \mathrm{A \cdot m^2}$ ，称为玻尔磁子，所以

$$\Delta E = M g \mu_B B \qquad\qquad (3.17.18)$$

这说明原子在无磁场时的一个能级在外磁场 B 的作用下分裂成 $2J+1$ 个子能级，两相邻子能级差 ΔE 正比于外磁场 B 和 g 因子，但由于 g 因子对于不同能级而不同，则每一能级分裂成的子能级也不同.

第 4 章　普通物理实验

实验 4.1　薄透镜焦距的测定

透镜是光学仪器中最基本的元件. 焦距是反映光学透镜特性最重要的物理量. 不同焦距的透镜或透镜组可以组成各种使用目的不同的光学仪器. 为了正确使用光学仪器, 必须掌握透镜成像的规律; 学会光路的调节技术和透镜焦距的测量方法.

4.1.1　自准直方法测透镜焦距

自准直法是光学实验中常用的方法. 在光学信息处理中, 多使用平行光束, 而自准直法作为检测平行光的手段之一, 测量透镜焦距, 简单迅速, 又能直接测得透镜焦距的数值, 所以是一种重要的测量方法.

【实验目的】

(1) 学会调节光学系统共轴.
(2) 掌握薄透镜焦距的常用测定方法.
(3) 研究透镜成像的规律.

【实验原理】

如图 4.1.1 所示, 若物体 AB 正好处在透镜 L 的前焦面处, 那么物体上各点发出的光经过透镜后, 变成不同方向的平行光, 经透镜后方的反射镜 M 把平行光反射回来, 反射光经过透镜后, 成一倒立的、与原物大小相同的实像 $A'B'$, 像 $A'B'$ 位于原物平面处, 即成像于该透镜的前焦面上. 此时物与透镜之间的距离就是透镜的焦距 f', 它的大小可用刻度尺直接测量出来.

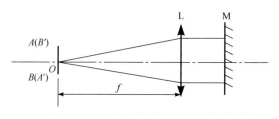

图 4.1.1　自准直法测会聚透镜焦距原理图

【实验仪器】

LED 光源(含匀光器)、待测直镜(直径 40mm，焦距 150mm)、目标物、准透镜(直径 50mm，焦距 75mm)、平面反射镜.

【实验内容】

(1) 参照图4.1.2搭建自准直测量透镜焦距光路,自左向右依次为 LED 光源(含匀光器)、待测直镜(直径 40mm，焦距 150mm)、目标物、准透镜(直径 50mm，焦距 75mm)、反射镜.

图 4.1.2　自准直光路装配图

(2) 安装 LED 光源(可选择红色，含 LED 匀光器)，调整 LED 光源适当高度，然后将其固定在导轨上.

(3) 安装准直镜(直径 50mm，焦距 75mm)，将准直镜靠近 LED 光源，目测准直镜中心高度与 LED 发光点中心高度相同，沿导轨向右移动准直镜，准直镜与 LED 光源之间的距离约为 75mm，此时光束基本准直.

(4) 安装目标物，在准直镜后安装目标物，调整目标物使"扇形"图案处在光路中心.

(5) 安装待测透镜，在目标物后安装待测透镜，并调整透镜位置让"扇形"光斑入射到待测透镜中心.

(6) 安装反射镜，在紧挨待测透镜后安装反射镜，调整反射镜高度使待测透镜出射光斑打在反射镜中心，并调整反射镜的反射角度，让反射的光斑基本与目标物的光斑在同一高度.

(7) 同时移动待测透镜，直至在目标板上获得镂空图案的倒立清晰实像，且像与物等大(充满同一圆面积).

【注意事项】

(1) 注意等高共轴的调节.

(2) 安装自准直透镜时，要注意自准直透镜到 LED 光源的距离.

(3) 反射镜距目标物适当远一些，反光的一面要朝向光源.

【数据处理】

(1) 用尺子分别测量出目标板和被测透镜的位置 a_1、a_2，分别填入表 4.1.1，并利用 $f' = a_2 - a_1$ 计算透镜焦距.

表 4.1.1　自准直测量透镜焦距记录表

测量次数	目标板位置 a_1/mm	被测透镜位置 a_2/mm	透镜焦距 f'/mm
1			
2			
⋮			

(2) 重复 5 次实验，计算焦距，取平均值.

4.1.2　二次成像法测焦距

二次成像法测量焦距是通过两次成像，测量出相关数据，通过成像公式计算出透镜焦距.

【实验目的】

(1) 学会调节光学系统共轴.

(2) 掌握薄透镜焦距的常用测定方法.

(3) 研究透镜成像的规律.

【实验原理】

当物体与白屏的距离 $l > 4f'$ 时，保持其相对位置不变，则会聚透镜置于物体与白屏之间，可以找到两个位置，在白屏上都能看到清晰的像. 如图 4.1.3 所示，透镜两位置之间的距离的绝对值为 d，运用物像的共轭对称性质，容易证明

$$f' = \frac{l^2 - d^2}{4l} \tag{4.1.1}$$

上式表明，只要测出 d 和 l，就可以算出 f'. 由于是通过透镜两次成像而求得的

f',这种方法称为二次成像法或贝塞尔法. 这种方法中不需考虑透镜本身的厚度,因此用这种方法测出的焦距一般较为准确.

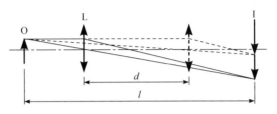

图 4.1.3 透镜两次成像原理图

【实验仪器】

LED 光源(含匀光器)、待测直镜(直径 40mm,焦距 150mm)、目标物、准透镜(直径 50mm,焦距 75mm)、白屏.

【实验内容】

1. 光路搭建与调试

(1) 如图 4.1.4 搭建二次成像测量透镜焦距光路,自左向右依次为 LED 光源(含匀光器)、待测直镜(直径 40mm,焦距 150mm)、目标物、准透镜(直径 50mm,焦距 75mm)、白屏.

图 4.1.4 二次成像法测量透镜焦距光路图

(2) 安装 LED 光源(可选择红色,含 LED 匀光器),调整 LED 光源适当高度,然后将其固定在导轨上.

(3) 安装准直镜(直径 50mm,焦距 75mm),将准直镜靠近 LED 光源,目测准直镜中心高度与 LED 发光点中心高度相同,沿导轨向右移动准直镜,准直镜与 LED 光源之间的距离约为 75mm,此时光束基本准直.

(4) 安装目标物，在准直镜后安装目标物，调整目标物使"扇形"图案处在光路中心.

(5) 安装待测透镜，在目标物后安装待测透镜，并调整透镜位置使"扇形"光斑入射到待测透镜中心.

(6) 安装白屏，调整白屏与目标物之间的距离不小于 600mm(白屏与目标物之间的距离 $l > 4f'$).

2. 数据测量与整理

(1) 待测透镜从目标板位置向白屏方向移动，可以观察到两次清晰成像的位置，分别记录待测透镜在用尺子上的位置 a_1、a_2，透镜两次距离 $d = a_2 - a_1$，同时测量目标板到白屏的距离 l，分别填入表 4.1.2，并利用 $f' = \dfrac{l^2 - d^2}{4l}$，计算透镜焦距.

表 4.1.2 二次成像法测量透镜焦距记录表

测量次数	第一次清晰成像位置 a_1/mm	第二次清晰成像位置 a_2/mm	目标到白屏距离 l/mm	透镜焦距/mm
1				
2				
⋮				

(2) 重复 5 次实验，计算焦距，取平均值.

3. 验证并记录薄透镜的成像规律

【注意事项】

(1) 等高共轴的调节.

(2) 安装自准直透镜时，要注意自准直透镜到 LED 光源的距离.

(3) 白屏到目标物之间的距离一定要大于待测透镜焦距的 4 倍.

【思考题】

用二次成像方法测薄透镜焦距时，为何必须保证白屏与目标物之间的距离 $l > 4f'$？

实验 4.2　显微镜搭建与放大率测量实验

显微镜主要是用来帮助人眼观察近处的微小物体，显微镜与放大镜的区别是二级放大. 通过本实验使学生更了解显微镜的原理，自己搭建显微镜，测量相关参数.

【实验目的】

(1) 学习显微镜的原理及使用显微镜观察微小物体的方法.

(2) 学习测定显微镜放大倍数的方法.

【实验原理】

1. 显微镜的基本光学系统

如图 4.2.1 所示，显微镜的物镜、目镜都是凸透镜，位于物镜物方焦点外侧附近的微小物体经物镜放大后先成一放大的实像，此实像再经目镜成像于无穷远处，这两次放大都使得视角增大. 为了适于观察近处的物体，显微镜的焦距都很短.

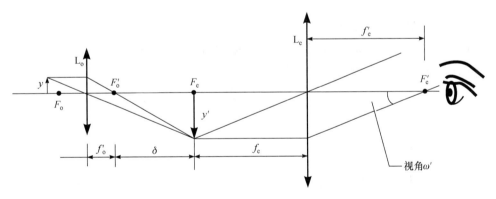

图 4.2.1　显微镜基本光学系统

2. 显微镜的视放大率

显微镜的视放大率定义为像对人眼的张角的正切和物在明视距离 $D=250\text{mm}$ 时直接对人眼的张角的正切之比，如图 4.2.2 所示. 于是由三角关系得

$$\Gamma_{\text{M}} = \frac{y'/f_{\text{e}}'}{y/D} = \frac{Dy'}{f_{\text{e}}'y} = \frac{D\delta}{f_{\text{e}}f_{\text{o}}'} = \beta_{\text{o}}\Gamma_{\text{e}} \tag{4.2.1}$$

其中，$\beta_{\mathrm{o}} = y' / y = \delta / f_{\mathrm{o}}'$ 为物镜的线放大率，$\Gamma_{\mathrm{e}} = D / f_{\mathrm{e}}'$ 为目镜的视放大率. 从上式可看出，显微镜的物镜、目镜焦距越短，光学间隔越大，显微镜的放大倍数越大.

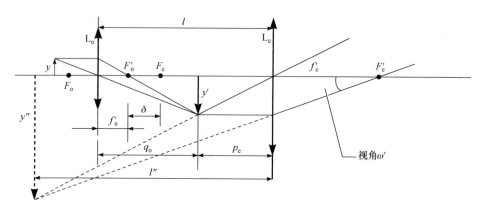

图 4.2.2　显微镜成像于有限远时的光路图

当显微镜成虚像于距目镜为 l'' 的位置上，而人眼在目镜后焦点处观察时，显微镜的视放大率为

$$\Gamma_{\mathrm{M}} = \frac{y'' / (l'' + f_{\mathrm{e}}')}{y / D} = \frac{y'' / (l'' + f_{\mathrm{e}}')}{y' / D} \frac{y'}{y} = \frac{Dy'}{f_{\mathrm{e}}' y} = \beta_{\mathrm{o}} \Gamma_{\mathrm{e}} \tag{4.2.2}$$

中间像并不在目镜的物方焦平面上，$\beta_{\mathrm{o}} = y' / y \neq \delta / f_{\mathrm{o}}'$. 这时视放大率的测量可通过一个与主光轴成 45° 的半透半反镜把标尺成虚像至显微镜的像平面，直接比较测量像长 y''，即可得出视放大率：

$$\Gamma_{\mathrm{M}} = \frac{y''}{y} \tag{4.2.3}$$

【实验仪器】

LED 光源(含匀光器)、分辨率板、物镜(直径 50，焦距 75mm)、目镜(直径 20，焦距 30mm)、分束镜、毫米尺及光源.

【实验内容】

(1) 如图 4.2.3 搭建显微镜系统，导轨上自左向右依次为 LED 光源(含匀光器)、分辨率板、物镜(直径 50，焦距 75mm)、目镜(直径 20，焦距 30mm)、分束镜，导轨外明视距离处为毫米尺.

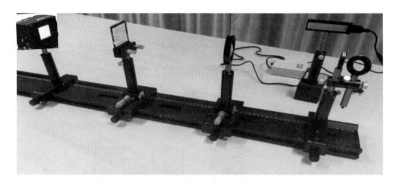

图 4.2.3　测显微镜视放大率实际光路图

(2) 在导轨上安装目镜(直径 20，焦距 30mm)，并在目镜支杆上安装支杆夹，在支杆夹另外一孔中安装分束镜，调整分束镜与目镜中心同高，并成 45°反射角.

(3) 安装物镜(直径 50，焦距 75mm)，在目镜后适当距离安装物镜，调整物镜与目镜同高.

(4) 安装分辨率板，在物镜后安装分辨率板，分辨率板与物镜之间的距离介于物镜的一倍焦距和二倍焦距之间，并调整 2 号或者 4 号刻线与物镜中心同高.

(5) 安装 LED 光源(可选用绿色)，光源前方安装匀光器，适当调整 LED 与分辨率板的距离和光源强度，同时调整物镜和目镜之间距离，最终可以看到分辨板的清晰像，如图 4.2.4 所示.

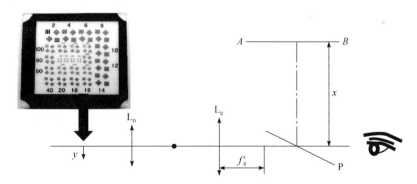

图 4.2.4　测显微镜视放大率的仪器装配示意图

(6) 安装毫米尺，在距离分束镜明视距离处放置毫米尺，然后用照明光源照亮.

【注意事项】

(1) 等高共轴的调节.

(2) 毫米刻度尺到分束镜的距离.

【数据处理】

(1) 调整观察位置,在视野中可以同时观察到分辨率板的"条纹"和毫米尺的刻度像(毫米尺在分束镜明视距离 250mm 处),如图 4.2.5 所示.

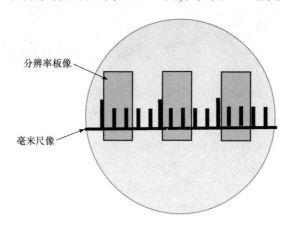

分辨率板像

毫米尺像

图 4.2.5　视野中分辨率板像和毫米尺像

(2) 参考如下数据完成计算过程:物镜与目镜之间距离为 324mm、目标板与物镜之间距离为 105mm、在视场中可清楚看到 4 号(2 号黑条纹实际宽度 d 为 0.5mm,4 号黑条纹实际宽度 d 为 0.25mm)的清晰像.

(3) 如图 4.2.5 所示,上下左右移动眼睛,寻找到清晰完整的条纹,通过刻度尺测定条纹像宽度 d'. 根据读出的宽度 d' 与实际宽度 d 即可算出显微镜放大倍数的实验值 $\Gamma_{实验}$,完成表 4.2.1.

表 4.2.1　显微镜测试数据记录表

测量序号(4 号)	1	2	3
条纹宽度 d/mm	0.25	0.25	0.25
条纹像宽 d'/mm			
$\Gamma_{实验}=d'/d$			

(4) 显微镜的视放大率是物镜放大率与目镜放大率的乘积,其中,物镜放大率 $\beta_0 = y'/y = q_0/l_1$,目镜放大率 $\Gamma_e = D/f_e'$;其中 l_1 是目标物到物镜之间的距离,q_0 是物镜到所成像的距离,其中 l_1 可以测量出,q_0 可以根据成像公式计算出,所以可以求出 β_0,目镜放大率中 D 为明视距离 250mm,f_e' 为目镜焦距,可以求出目镜放大率,最终可以计算理论放大倍数 Γ.

(5) 比较实验值与计算值,计算相对偏差.

$$E = \frac{\Gamma_{\text{实验}} - \Gamma}{\Gamma} \times 100\%$$

【思考题】

显微镜的物镜和目镜镜头的焦距为何都要选择焦距比较小的透镜?

实验 4.3　光学系统像差的测定

光学系统所成实际像与理想像的差异称为像差, 只有在近轴区且以单色光所成像才是完善的(此时视场趋近于 0, 孔径趋近于 0), 但实际的光学系统均需对有一定大小的物体以一定的宽光束进行成像, 故此时的像已不具备理想成像的条件及特性, 即像并不完善. 可见, 像差是由球面本身的特性所决定的, 即使透镜的折射率非常均匀, 球面加工得非常完美, 像差仍会存在. 像差大小的测定方法有很多, 本次选用星点方法测像差大小.

【实验目的】

(1) 了解像差的产生原理.
(2) 学会用平行光管测量透镜的像差.
(3) 掌握星点法测量成像系统单色像差的原理及方法.

【实验原理】

1. 像差的种类

1) 球差

轴上点发出的同心光束经光学系统后, 不再是同心光束, 不同入射高度的光线交光轴于不同位置, 相对近轴像点(理想像点)有不同程度的偏离, 这种偏离称为轴向球差, 简称球差($\delta L'$). 如图 4.3.1 所示.

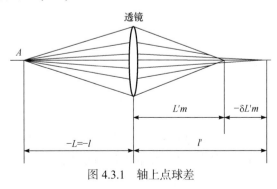

图 4.3.1　轴上点球差

2) 彗差

彗差是轴外像差之一，它体现的是轴外物点发出的宽光束经系统成像后的失对称情况，彗差既与孔径相关又与视场相关. 若系统存在较大彗差，则将导致轴外像点成为彗星状的弥散斑，影响轴外像点的清晰程度. 如图 4.3.2 所示.

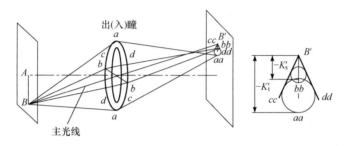

图 4.3.2　彗差

3) 像散

像散用偏离光轴较大的物点发出的邻近主光线的细光束经光学系统后，其子午焦线与弧矢焦线间的轴向距离表示：

$$x'_{ts} = x'_t - x'_s \tag{4.3.1}$$

式中，x'_t、x'_s 分别表示子午焦线至理想像面的距离及弧矢焦线至理想像面的距离，如图 4.3.3 所示.

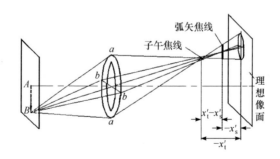

图 4.3.3　像散

当系统存在像散时，不同的像面位置会得到不同形状的物点像. 若光学系统对直线成像，由于像散的存在其成像质量与直线的方向有关. 例如，若直线在子午面内其子午像是弥散的，而弧矢像是清晰的；若直线在弧矢面内，其弧矢像是弥散的而子午像是清晰的；若直线既不在子午面内也不在弧矢面内，则其子午像和弧矢像均不清晰，故而影响轴外像点的成像清晰度.

4) 场曲

使垂直光轴的物平面成曲面像的像差称为场曲，如图 4.3.4 所示. 子午细光束的交点沿光轴方向到高斯像面的距离称为细光束的子午场曲；弧矢细光束的交点沿光轴方向到高斯像面的距离称为细光束的弧矢场曲. 而且即使像散消失了(即子午像面与弧矢像面相重合)，场曲依旧存在(像面是弯曲的).

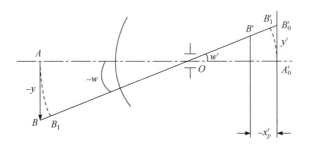

图 4.3.4 场曲

场曲是视场的函数，随着视场的变化而变化. 当系统存在较大场曲时，就不能使一个较大平面同时成清晰像，若对边缘调焦清晰了，则中心就模糊，反之亦然.

5) 畸变

畸变描述的是主光线像差，不同视场的主光线通过光学系统后与高斯像面的交点高度并不等于理想像高，其差别就是系统的畸变，如图 4.3.5 所示.

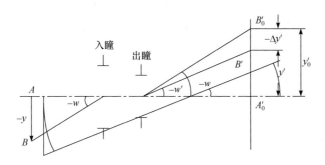

图 4.3.5 畸变

由畸变的定义可知，畸变是垂轴像差，只改变轴外物点在理想像面的成像位置，使像的形状产生失真，但不影响像的清晰度.

6) 色差

光学材料对不同波长的色光有不同的折射率，因此同一孔径不同色光的光线经过光学系统后与光轴有不同的交点. 不同孔径不同色光的光线与光轴的交点也不相同. 在任何像面位置, 物点的像是一个彩色的弥散斑, 如图 4.3.6 所示. 各种色光之间成像位置和成像大小的差异称为色差.

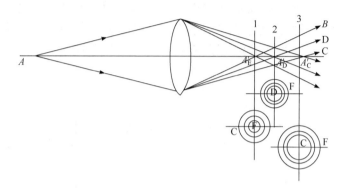

图 4.3.6　轴上点色差

　　轴上点两种色光成像位置的差异称为位置色差, 也叫轴向色差. 对目视光学系统用 $\Delta L'_{FC}$ 表示, 即系统对 F 光(451nm)和 C 光(622nm)的消色差

$$\Delta L'_{FC} = L'_F - L'_C \tag{4.3.2}$$

近轴位置色差表示为

$$\Delta l'_{FC} = l'_F - l'_C \tag{4.3.3}$$

根据定义可知, 位置色差在近轴区就已产生. 为计算色差, 只需对 F 光和 C 光进行近轴光路计算, 就可求出系统的近轴色差和远轴色差.

　　倍率色差, 是指 F 光与 C 光的主光纤的像点高度之差.

$$\Delta Y_{FC} = Y'_F - Y'_C \tag{4.3.4}$$

近轴倍率色差表示为

$$\Delta y'_{FC} = y'_F - y'_C \tag{4.3.5}$$

2. 平行光管结构介绍

　　根据几何光学原理, 无限远处的物体经过透镜后将成像在焦平面上; 反之, 从透镜焦平面上发出的光线经透镜后将成为一束平行光. 如果将一个物体放在透镜的焦平面上, 那么它将成像在无限远处.

　　图 4.3.7 为平行光管的结构图. 它由物镜及置于物镜焦平面上的针孔和 LED 光源组成. 由于针孔置于物镜的焦平面上, 因此, 当光源通过针孔并经过透镜后, 会成为一束平行光.

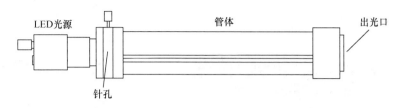

图 4.3.7　平行光管结构示意图

3. 星点法介绍

在光学系统中，任何一个物点发出的光线在系统的作用下所有的出射光线仍然相交于一点，但在实际光学系统中，物空间的一个物点发出的光线经实际光学系统后，不再会聚于像空间一点，而是一个弥散斑，弥散斑的大小与系统的像差有关，弥散斑的性质反映了光学系统成像的质量. 星点法是常用的一种评价光学系统成像质量的方法，其原理为通过观察一个点光源经光学系统后在像面及像面前后不同截面上所成衍射像的形状及光强分布来评价光学系统的成像质量，该衍射像通常被称为星点像.

【实验仪器】

LED 光源、平行光管、环带光阑、被测透镜(直径 40mm，焦距 150mm)、CMOS相机.

【实验内容】

1. 软件的安装与运行

(1) 将 CMOS 相机插到计算机 USB 口，双击运行"实验软件\CMOS 相机采集程序\USB_Setup32cn_V12.6.21.2.exe(如果计算机系统为 win64，运行对应 64 位安装包). (如果已经安装可以忽略)

(2) 双击运行计算机桌面"DaHeng USB Device"，双击"This PC"目录下的

"HV1351UM" ，随后点击"视图"下方的"连续采集"
功能键，此时 CMOS 相机开始工作.

2. 球差的测量

(1) 参考图 4.3.8 搭建测量透镜球差光路. 自左向右依次为 LED 光源、平行光管、环带光阑、被测透镜(直径 40mm，焦距 150mm)、CMOS 相机. 其中，环带光阑为环形镂空目标板，本系统中有 10mm、20mm 和 30mm 三种直径可供选择，

如图 4.3.9 所示.

图 4.3.8　球差测量光路图

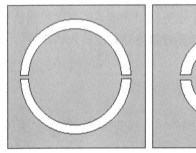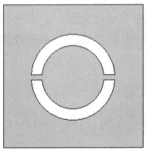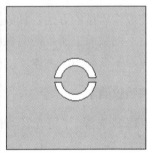

图 4.3.9　环带光阑示意图

(2) 将红色 LED(690nm)光源安装到平行光管上,适当调整针孔位置使其出射平行光.

(3) 安装被测透镜,调整透镜中心基本与平行光管的出光中心同高.

(4) 安装 CMOS 相机,调整相机高度和距离,可以看到经过透镜的光束将会聚到相机靶面上,然后将相机固定在导轨上.

(5) 在平行光管和待测透镜中间安装环带光阑,适当调整环带光阑高度使光阑中心与平行光管出光中心等高.

3. 彗差的观察

1) 光路的搭建与调试

(1) 参考图 4.3.10 搭建观察彗差光路. 自左向右依次为 LED 光源、平行光管、被测透镜(直径 40mm,焦距 200mm)、CMOS 相机.

(2) 将红色 LED(690nm)光源安装到平行光管上,适当调整针孔位置使其出射平行光.

图 4.3.10　星点法观测轴外像差实物图

(3) 安装被测透镜，调整透镜中心基本与平行光管的出光中心同高.

(4) 安装 CMOS 相机，调整相机高度和距离，可以看到经过透镜的光束将会聚到相机靶面上，然后将相机固定在导轨上.

2) 彗差现象观测

(1) 按图 4.3.10 沿光轴方向前后移动 CMOS 相机，找到通过透镜后，星点像中心光最强的位置.

(2) 轻微调节使透镜与光轴成一定夹角，转动透镜，观测 CMOS 相机中星点像的变化，即彗差，效果图可参考图 4.3.11.

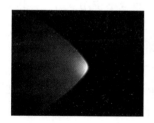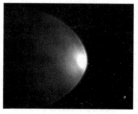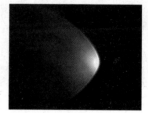

图 4.3.11　彗差观测图

4. 像散的测量

(1) 参考图 4.3.12 搭建测量透镜像散实验光路. 自左向右依次为 LED 光源、平行光管、环带光阑、被测透镜(直径 40mm，焦距 150mm)、CMOS 相机. 其中，环带光阑为环形镂空目标板，本系统中选择 10mm 直径光阑.

(2) 将红色 LED(690nm)光源安装到平行光管上，适当调整针孔位置使其出射平行光.

(3) 安装被测透镜，调整透镜中心基本与平行光管的出光中心同高.

(4) 安装 CMOS 相机，调整相机高度和距离，可以看到经过透镜的光束将会聚到相机靶面上，然后将相机固定在导轨上.

图 4.3.12　测量透镜像散光路图

(5) 在平行光管和待测透镜中间安装环带光阑，适当调整环带光阑高度使光阑中心与平行光管出光中心等高.

【数据处理】

1. 球差的测量

(1) 选用最小环带光阑，移动 CMOS 相机找到会聚点，如图 4.3.13 所示，读取平移台丝杆读数 X_1，记在表 4.3.1 中；同时点击"停止"使 CMOS 停止采集，用鼠标分别点击聚焦位置可以获得像素坐标(a, b)，并将数据填入表 4.3.2 中.

图 4.3.13　最小环带光阑的聚焦点

(2) 更换大号环带光阑，相机靶面上呈现弥散光环，如图 4.3.14(a)所示，弥散斑与会聚点的半径差即是透镜垂轴球差. 点击"停止"使 CMOS 停止采集，用鼠标分别点击弥散斑上下边缘位置可以获得像素坐标(a, c)，并填入表 4.3.2 中；再次点击"实时采集"，调节平移台，使 CMOS 相机向靠近被测镜头方向移动，移动相机再次寻找会聚点，如图 4.3.14(b)所示，读取平移台读数 X_2，记在表 4.3.1 中.

(a)

(b)

图 4.3.14　大号光阑产生的弥散斑

表 **4.3.1**　红色光源轴向球差

	X_1 /mm	X_2 /mm	轴向球差 ($\Delta X = X_2 - X_1$)/mm
1			
2			
⋮			

计算透镜对红色光源的轴向球差：$\Delta X = X_2 - X_1$.

表 **4.3.2**　红色光源的垂轴球差

	b	c	$c - b$	垂轴球差 $5.2 \times (c - b)\mu m$
1				
2				
⋮				

垂轴球差 $= 5.2 \times (c - b)\mu m$，注：CMOS 单个像素大小为 $5.2\mu m$.

2. 像散的测量

(1) 在平行光管和被测透镜支架之间加入最小环带关阑，将透镜微转一个角度固定，在轴向改变平移台可以调整 COMS 相机的前后位置，找到弧矢聚焦面如图 4.3.15(a)所示，平移台的示数 X_1，记录在表 4.3.3 中.

(2) 再次改变平移台位置可以看到 COMS 相机由弧矢聚焦变为子午聚焦，如图 4.3.15(b)所示，记录平移台的示数 X_2，填入表 4.3.3 中.

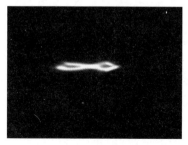　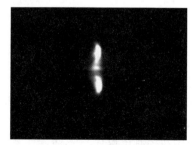

　　(a) 弧矢方向聚焦图　　　　　　　　　(b) 子午方向聚焦图

图 4.3.15　像散聚焦图

表 4.3.3　像散数据记录

平移距离 旋转角度	X_1/mm	X_2/mm	透镜象散 $\Delta X = X_2 - X_1$/mm
1			
2			
⋮			

【思考题】

在光学元器件生产过程中，能完全消除像差吗？简述几种能减小像差的方法.

实验 4.4　光敏电阻光控灯实验

【实验目的】

(1) 了解面包板的使用.

(2) 阐述 LED 的工作原理.

(3) 解释光敏电阻的工作原理.

(4) 设计光敏电阻的应用方案并完成搭建.

【实验原理】

由半导体材料制成的光敏电阻，工作原理基于内光电效应. 当掺杂的半导体薄膜受到光照时，其电导率发生变化. 不同的材料制成的光敏电阻有不同的光谱特性和时间常数. 光敏电阻没有极性，纯粹是一个电阻器件，使用时可加直流电压，也可以加交流电压. 当无光照时，光敏电阻值(暗电阻)很大，电路中电流很小. 当光敏电阻受到一定波长范围的光照时，它的阻值(亮电阻)急剧减小，因此电路中电流迅速增加. 通过一定的电路得到输出信号随光的变化而改变的电压或电流信号.

光敏电阻的暗电阻越大，而亮电阻越小，则性能越好，也就是说，暗电流要小，光电流要大，这样的光敏电阻的灵敏度就高. 实际上，大多数光敏电阻的暗电阻往往超过 1MΩ，甚至高达 100MΩ，而亮电阻即使在正常白昼条件下也可降到 1kΩ 以下，可见光敏电阻的灵敏度是相当高的. 由于存在非线性，因此光敏电阻一般用在控制电路中，不适用作测量元件.

光敏电阻在弱辐射情况下，其光电导与入射辐射成正比；在强辐射情况下，其光电导与入射辐射为抛物线关系，如图 4.4.1 所示.

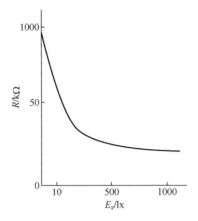

图 4.4.1　光敏电阻的光电特性曲线

1．光敏电阻时间响应的测量

光敏电阻的时间响应较差，而且在弱辐射和强辐射的情况下其时间响应特性不同.

1) 弱辐射下的时间响应

当入射辐射为如图 4.4.2 所示方波脉冲，其辐射通量为

$$\Phi_e(t) = \begin{cases} 0, & t = 0 \\ \Phi_{e,0}, & t > 0 \end{cases}$$

光敏电阻的光电导率和光电流随时间变化的规律为

$$\Delta\sigma = \Delta\sigma_0(1 - e^{-t/\tau})$$

$$\Delta I = \Delta I_0(1 - e^{-t/\tau})$$

当 $t = \tau_r$ 时，$\Delta\sigma = 0.63\,\Delta\sigma_0$，$I = 0.63\,I_{\Phi e0}$；$\tau_r$ 定义为光敏电阻的上升时间常数，即光敏电阻的光电流上升到稳态值 $I_{\Phi e0}$ 的 63% 所需要的时间.

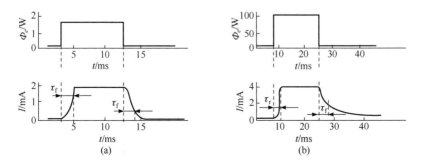

图 4.4.2　光敏电阻在弱辐射和强辐射下的时间响应特性

停止辐射时，入射辐射通量 Φ_e 与时间的关系为

$$\Phi_e(t) = \begin{cases} \Phi_{e,0}, & t=0 \\ 0, & t>0 \end{cases}$$

光电导率和光电流随时间变化的规律为

$$\Delta\sigma = \Delta\sigma_0 e^{-t/\tau}, \quad \Delta I = \Delta I_0 e^{-t/\tau}$$

当 $t=\tau_f$ 时，$\Delta\sigma = 0.37\Delta\sigma_0$，$I = 0.37 I_{\Phi e0}$；$\tau_f$ 定义为光敏电阻的下降时间常数，即光敏电阻的光电流下降到稳态值 $I_{\Phi e0}$ 的 37% 所需要的时间.

2) 强辐射下的时间响应

产生辐射时：

$$\Delta\sigma = \Delta\sigma_0 \tanh\frac{t}{\tau}, \qquad \Delta I = \Delta I_0 \tanh\frac{t}{\tau}$$

当 $t \gg \tau$ 时，$\Delta\sigma = \Delta\sigma_0$，$I = 0.76 I_{\Phi e0}$，在强辐射时，光敏电阻的光电流上升到稳态值的 76% 所需要的时间 τ_r 定义为强辐射作用下的上升时间常数.

停止辐射时：

$$I_\Phi = I_{\Phi 0}\frac{1}{1+t/\tau}, \qquad \Delta\sigma = \Delta\sigma_0\frac{1}{1+t/\tau}$$

当 $t=\tau$ 时，$\Delta\sigma = 0.5\Delta\sigma_0$，$I = 0.5 I_0$；当 $t \gg \tau$ 时，$\Delta\sigma$ 与 I 均下降到零. 在强辐射停止时，光敏电阻的光电流下降到稳态值的 50% 所需要的时间 τ_f 定义为强辐射作用下的下降时间常数.

光敏电阻时间响应的测量需要用示波器同步测量脉冲光源的发光脉冲与光敏电阻电路输出信号脉冲的时间延迟.

常规的测量电路如图 4.4.3 所示. 由发光二极管及其驱动电路提供快速开关的

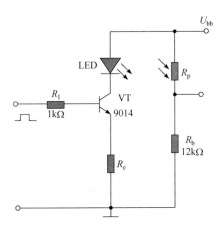

图 4.4.3　光敏电阻时间响应测量电路

辐射光源, 它将产生脉冲辐射. 在方波辐射的作用下, 光敏电阻的阻值将发生变化, 由偏置电阻 R_b 构成的变换电路将光敏电阻阻值的变化变成输出电压 U_0 的变化. 通过调整 R_e 的阻值可以调整 LED 发出光的强弱. 采用信号发生器或者手动的方式均能得到快速变化的脉冲, 或者采用 555 定时电路也能得到一定频率的脉冲信号.

2. 光控灯原理

利用光敏电阻在明亮和黑暗环境中阻值的变化控制三极管的开关状态(饱和和截止), 从而控制灯的亮和灭. 需要根据光敏电阻阻值的变化, 配合不同型号的三极管, 选用合适的分压电阻组成电路.

除了利用三极管的开关功能来控制灯的亮和灭外还可以利用电压比较器. 给光敏电阻添加一个比较器, 就构成了一个简单的光控开关. 如图 4.4.4 所示, 电路使用了比较器 LM339 来检测光敏电阻的输出电压值, 当输出值超过预设的阈值时, LM339 就改变输出 U_{OUT} 的状态.

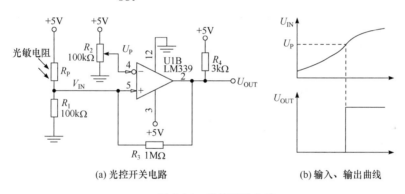

(a) 光控开关电路　　　　　　　　　　　　(b) 输入、输出曲线

图 4.4.4　光控开关电路

【实验仪器】

光敏电阻、三极管、电阻、电位器、LED、万用表、示波器、信号发生器、面包板、照度计.

【实验内容】

(1) 测量各色(红外、红、黄、绿、蓝、白)LED 点亮时的工作电压并记录, 画出表格并标明单位.

(2) 观察光敏电阻, 用万用表测量光敏电阻的亮电阻和暗电阻并记录.

(3) 根据测得的亮电阻、暗电阻和电源电压, 选用适当的电阻, 利用三极管和光敏电阻控制 LED, 外界环境亮时, LED 熄灭; 外界环境较暗时, LED 点亮. 按规范画出光控灯电路并标出电源电压、阻值等.

(4) 观测光敏电阻在不同频率(三个频率,至少相差十倍)方波照射下的上升和下降时间常数,调整信号源频率,观察其变化情况,画出波形图.

【注意事项】

(1) 轻拿轻放、不得随意扳动各种元器件,以免造成电路损坏,导致实验无法正常进行.

(2) 在熟悉实验原理后,按照电路图连接,检查无误后再进行实验.

【数据处理】

(1) 测量各色 LED 点亮时的工作电压,并记录在表 4.4.1 中.

表 4.4.1　各色 LED 的开启电压

LED	红	绿	黄	蓝	白	红外
开启电压/V						

(2) 用万用表测量光敏电阻的亮电阻和暗电阻并记录.

(3) 按规范画出光控灯电路并标出电源电压、阻值等.

(4) 观测光敏电阻在不同频率(三个频率,至少相差十倍)方波照射下的上升和下降时间常数,调整信号源频率,观察其变化情况,画出波形图.

【思考题】

(1) 红色 LED 和蓝色 LED 的开启电压是否相同?为什么?

(2) 白光 LED 是如何发出白光的?

(3) 简述光控 LED 的原理.

实验 4.5　光干涉法测量压电陶瓷位移

压电陶瓷是一种压电材料,其长度会随施加的电压变化而伸长或缩短,伸缩量在微米至纳米量级,广泛应用于精密光学、微机械电子技术、纳米技术等领域.例如在光学领域,基于压电陶瓷可以制作变形镜或者类似的空间光调制器件,实现主动、快速的波前校正.实验中将制作简单电路驱动压电陶瓷产生高频、纳米量级的位移,然后利用激光干涉法,使用光电管以及数字示波器等对压电陶瓷位移特性进行测量.

【实验目的】

(1) 了解光干涉法测量位移的原理, 搭建迈克耳孙干涉仪.

(2) 制作简单推挽驱动电路, 驱动压电陶瓷产生位移.

(3) 会使用光电二极管以及数字示波器进行光电探测.

【实验原理】

1. 实验光路

实验中采用迈克耳孙干涉仪实现位移测量. 如图 4.5.1 所示, Ae-Ne 激光器发出的光经过分束镜分束后, 分别由上方反射镜以及压电陶瓷上粘贴的反射镜反射并产生干涉. 光电二极管把干涉光强度信号转换为电流信号, IV 放大器把电流信号转换为电压信号并放大, 在示波器上观察电压波形是否与驱动电压波形一致.

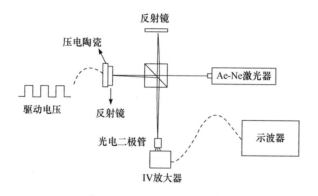

图 4.5.1　实验光路示意图

2. 驱动电路

压电陶瓷在位移变化时伴随充电与放电, 因此在电路中可以等效成一个电容. 如果需要产生低频位移, 可以直接使用信号发生器进行驱动. 如果需要压电陶瓷产生高频位移, 由于信号发生器的输出电流有限, 就可能影响压电陶瓷充电速度, 从而影响位移频率, 此时需要使用驱动电路来放大信号发生器的电流. 实验中驱动电路采用推挽输出结构, 主要由一个 NPN 型三极管以及一个 PNP 型三极管组成, 如图 4.5.2 所示. 一个三极管在上半周期打开, 此时直流电源对压电陶瓷充电; 另一个在下半周期打开, 此时压电陶瓷快速放电.

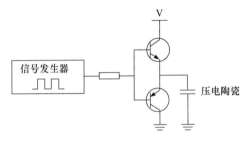

图 4.5.2　驱动电路原理示意图

3. 光电探测

实验中使用雪崩光电二极管窗口直径为 500um,可以将 400～1100nm 波长范围内的光强信号转换为电流信号,随后使用 IV 放大器将电流转换成电压信号并由电容耦合输出,因此需要输入交变频率大于 1kHz 的光强信号. IV 放大器输出的电压信号连接到示波器的一个通道上,可以观察光信号的波形,这个波形直接反映出压电陶瓷的位移;此外可以将信号发生器的驱动信号也分出并连接到示波器的另外一个通道上,可以同时观察两个波形,测量压电陶瓷位移对于其驱动信号的滞后性.

【实验内容】

1. 基本光路搭建

迈克耳孙干涉仪结构示意图如图 4.5.1 所示. 需要注意的是应尽量让两路光在出射后重合,具体而言,从分束镜出射到照射到雪崩光电二极管上为止都应该尽量保持重合,因此需要仔细调整放置分束镜以及压电陶瓷的载物台的反射角度以及俯仰角度. 两束光重合的程度可以从其干涉结果粗略判断:如果两束光同时照亮的区域出现细密的干涉条纹,说明重合程度较差,此时干涉条纹宽度大于或者接近雪崩光电二极管的窗口直径,对于强度测量是十分不利的,需要进一步调整使干涉条纹尽可能变粗.

2. 驱动电路制作

驱动电路的元器件连接如图 4.5.2 所示. 实验中可以借助面包板等,通过焊接的方式将各元器件连接在一起. 驱动电路工作时,连接压电陶瓷引线,打开信号发生器产生频率不等的方波,打开直流电源. 当直流电源和方波电压为 20V 左右,同时方波频率为几千赫兹时,可以听到压电陶瓷产生微小的蜂鸣声,意味着驱动电路可以正常工作.

3. 光电管测试光电测量系统

利用信号发生器直接连接发光二极管，电压设置为 5V，使发光二极管高频发光，同时靠近雪崩光电二极管. 打开 IV 放大器的电源，将输出信号连接至示波器，在示波器自动模式下可以观察到波形. 观察波形随驱动信号的频率增加是否会发生明显畸变，记录不同驱动频率下的波形.

4. 压电陶瓷位移驱动以及测量

综合实验内容 1～3，通过示波器观察干涉光强信号随驱动信号的频率增加是否会发生明显畸变，并记录不同驱动频率下的波形.

【思考题】

压电陶瓷的驱动频率有没有上限？受哪些因素影响？

实验 4.6　全息光栅的设计与制作

全息光学元件(HOE)是指采用全息方法(包括计算全息方法)制作，可以完成准直、聚焦、分束、成像、光束偏转、光束扫描等功能的元件. 在完成上述功能时，它不是基于光的反射和折射规律，而是基于光的衍射和干涉，所以全息光学元件也称为衍射元件. 常用的全息光学元件包括全息透镜、全息光栅和全息空间滤波器等.

全息光栅是一种重要的分光元件. 作为光谱分光元件，与传统的刻划光栅相比，具有以下优点：光谱中无鬼线、杂散光少、分辨率高、有效孔径大、生产效率高、价格便宜等，已广泛应用于各种光栅光谱仪中，供科研、教学、产品开发之用. 作为光束分束器件，在集成光学和光通信中用作光束分束器、光互连器、耦合器和偏转器等. 在光信号处理中，可作为滤波器，用于图像相减、边缘增强等. 本实验主要进行平面全息光栅的光路设计和光栅常数检测.

【实验目的】

(1) 掌握制作正弦型和矩形全息光栅的原理和方法.
(2) 掌握测量光栅常数的方法.

【实验原理】

全息光栅的制作原理：两束相干平行光成一定角度时，在两束光相交区域将形成等间距的亮暗相关的干涉条纹，被全息记录介质记录后，经特定处理就得到全息光栅.

　　全息光栅记录光路灵活多样，比如，迈克耳孙干涉仪、马赫-曾德尔干涉仪、菲涅耳双面镜、Sagnac 干涉仪等能形成两束相干平行光的光路都可以制作全息光栅. 图 4.6.1～图 4.6.3 都可以用于产生相干平行光束，其中图 4.6.3 两束平行光之间的夹角由 $\angle AOB$ 决定，通过选择透镜的直径和摆放位置来调节两束光的夹角. 图 4.6.1 是最常见的全息光栅制作光路，激光器发出的光被分束镜(BS)分为两束，一束经反射镜 M_1 反射、透镜 L_1 和 L_2 扩束准直后，直接射向全息干板 H；另一束经反射镜 M_2 反射、透镜 L_3 和 L_4 扩束准直后，也射向全息干板 H，两平行光束在全息干板上交叠干涉，形成平行等距直线干涉条纹，全息干板经曝光、显影、定影、烘干等处理后，就得到一个全息光栅. 图 4.6.1 中的 S 是电子快门，电子快门与曝光定时器相连，用于控制曝光时间.

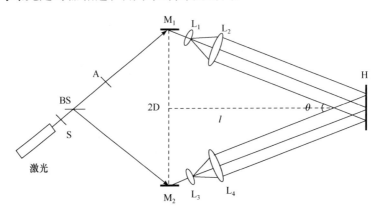

图 4.6.1　全息光栅记录光路之一

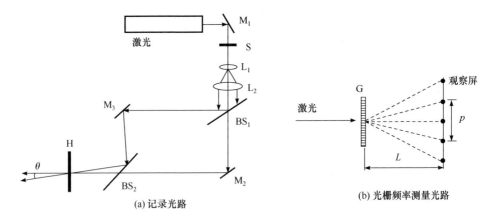

(a) 记录光路

(b) 光栅频率测量光路

图 4.6.2　全息光栅记录光路之二

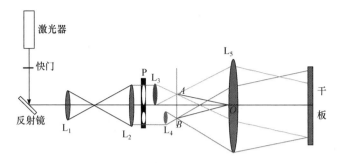

图 4.6.3　全息光栅记录光路之三

光栅常数或空间频率由下式决定(光程差决定)：

$$2d\sin\frac{\theta}{2} = \lambda \tag{4.6.1}$$

式中，d 称为光栅常数，其倒数即为光栅的空间频率 $f_0 = 1/d$；θ 是两束准直光之间的夹角；λ 为激光波长. 式(4.6.1)称为光栅方程.

由式(4.6.1) 可以看出，改变两束光之间夹角 θ，便可控制光栅条纹密度(d 的大小). 根据光栅方程，当 θ 值减少时，d 值将增大，从而 f_0 减少. 在低频光栅的情况下，θ 值很小，式(4.6.2)可简化为

$$d\theta = \lambda \tag{4.6.2}$$

从图 4.6.1 可知，θ 值很小时，$\tan(\theta/2) \approx \theta/2 = D/l$，将此式代入式(4.6.2)可得

$$f_0 = \frac{1}{d} = \frac{2D}{\lambda l} \tag{4.6.3}$$

式(4.6.3)就是估算低频全息光栅的空间频率公式.

随着国家对环保的重视以及《危险化学品安全管理条例》管控的实施，红光全息干板市面不易购得，绿光全息干板价格昂贵，实验室内不再进行全息光栅制备. 实验室搭建指定空间频率的全息光栅干涉光路，对已有机械刻划方法制作的一维光栅进行光栅常数的检测.

【实验仪器】

半导体激光器.

【实验内容】

1. 低频全息光栅制备

(1) 光路参数估计.

首先按照图 4.6.1 搭建实验光路，根据所要求制作 $f_0 = 100$ 线/mm 全息光栅，由式(4.6.1)和式(4.6.3)，估算出两光束之间的夹角 θ 和相应的光路参数 l 和 D.

(2) 光路的布置和调整.

调整分束镜(BS)，使两束光的光强相等，调节两光束相对于 BS 对称分布.

调整反射镜 M_1 和 M_2，使由它们反射的两个细光束在全息干板 H 的(用白屏代替全息干板)中心重合;

在两激光束未扩束前安装准直镜 L_2 和 L_4，使其中心位置与激光束中心重合，观察各透镜两表面反射的系列光点，如在同一条直线上就是中心重合.

再将扩束镜 L_1 和 L_3，分别置于 L_2 和 L_4 的前焦平面上，使两束光经扩束、准直后，形成两个等大的光斑在全息干板(白屏)面上重合.

(3) 曝光和显影、定影处理(全息干板到全息图制备的过程，本次实验无需使用).

光路安装、调整好后，关闭电子快门，取下白屏放上全息干板，静置 1min 后进行曝光，曝光时间视激光器功率大小选定，一般在 20~40s 之间，由曝光定时器控制，经显影、定影、漂白和烘干处理后便制得一正弦全息光栅. 为了得到正弦全息光栅，要求曝光正确，显影适当，否则所制得的光栅为非正弦型的.

曝光一次，经过显影定影漂白得到一维光栅，将同一块干板曝光后，旋转 90°，再次曝光，经显影、定影及漂白后得到正交光栅.

2. 光栅空间频率检测

用细光束直接照射光栅，在其后的白屏上观察衍射图样，如图 4.6.4 所示. 由于光栅至白屏的距离远大于光栅常数，此衍射图样为夫琅禾费衍射图样，或者频谱图. 如果其谱点只有三个亮点(0 级，±1 级)，则表明此光栅是正弦型的; 如果出现 ±2，±3，…级亮点，则表明此光栅是非正弦型的. 当亮点很多时，就表明该光栅接近矩形光栅. 当白光源照射光栅时，还可观察到彩色的光栅光谱.

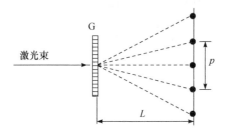

图 4.6.4　全息光栅衍射花样及空间频率检测

光栅 G 到屏的垂直距离为 L，±1 级两个谱点之间的距离为 p，λ 为图 4.6.4 中使用的激光波长，由光栅衍射公式 $d\sin\theta = \lambda$，可计算该光栅的实际空间频率为

$$f_0' = \frac{p}{2L\lambda} \tag{4.6.4}$$

此值应与设计值基本一致.

【注意事项】

(1) 半导体激光器开机顺序: 先打开电源开关, 再旋转 on 键, 停 1s 后, 出光.

(2) 关闭激光器, 先将旋钮转到 off, 再关闭电源开关.

(3) 不要直视激光光源, 整个实验过程中, 请不要坐在实验台附近.

(4) 调节光路前, 请摘除手表等具有反射功能的配饰, 使用反射元件时, 注意光线的方向, 勿将强光照射到人身上, 特别是眼睛.

(5) 不用手接触各光学元件的通过面, 随时用磁性底座把元器件固定在实验台上.

(6) 两束干涉光光程差应基本相等(从分束镜到记录平面中心的距离).

(7) 激光束与实验台面平行, 高度适中; 保证所有的光学元件的光轴都在同一个水平线上.

(8) 平行光的判断标准: 沿光线传播方向移动观察屏, 光斑尺寸保持不变. 可预先制作一个 10cm 直径的圆形十字靶, 作为观察屏.

【思考题】

(1) 制作全息光栅时, 两束相干光夹角变化与光栅衍射角什么关系?

(2) 光栅制作的常见方法? (至少提供 2 种)

实验 4.7　染料敏化太阳能电池的制备实验

自 21 世纪以来, 世界各地能源需求不断增加, 同时能源使用的速度也变得日益庞大. 而一次性能源枯竭, 环境恶化, 可再生能源成为现在的主流. 染料敏化太阳能电池(DSSC)光电转换效率高, 使用过程中无二次污染, 具有良好的应用前景.

【实验目的】

(1) 掌握 DSSC 的概念, 包括 DSSC 的特点和分类.

(2) 熟悉 DSSC 的制作原理及工艺流程.

(3) 了解制作 TiO_2 纳米管的几种方法.

【实验原理】

DSSC 大致分为四种, 其中包括含有电解液的染料敏化太阳能电池、有机薄膜染料敏化太阳能电池、固态电解质的染料敏化太阳能电池和钙钛矿染料敏化太阳能电池. 一个完整的 DSSC 由光阳极、半导体材料、敏化剂、电解液、对电极五部分组成. 光阳极上面搭载半导体材料, 是 DSSC 最主要的部分; 敏化剂主要用来拓宽光谱; 电解液和对电极可以提高电子的传输效率.

DSSC 的工作原理:

(1) 染料(S)受光激发由基态跃迁到激发态(S*):

$$S + h\nu \longrightarrow S^*$$

(2) 激发态染料分子将电子注入到半导体的导带中:

$$S^* \longrightarrow S^+ + e^-(CB)$$

(3) I^- 还原氧化态染料可以使染料再生:

$$3I^- + 2S^+ \longrightarrow I^{3-} + 2S$$

(4) 导带中的电子与氧化态染料之间的复合:

$$S^+ + e^-(CB) \longrightarrow S$$

(5) 导带中的电子在纳米晶网络中传输到后接触面(back contact, BC)后而流入到外电路中:

$$e^-(CB) \longrightarrow e^-(BC)$$

(6) 纳米晶膜中传输的电子与进入 TiO_2 膜的孔中的 I^{3-} 复合:

$$I^{3-} + 2e^-(CB) \longrightarrow 3I^-$$

(7) I^{3-} 扩散到对电极上得到电子使 I^- 再生:

$$I^{3-} + 2e^-(CE) \longrightarrow 3I^-$$

【实验仪器】

实验仪器: 匀胶机、氮气枪、超声波清洗机、玻璃仪器、扩散炉.

实验材料: C 纳米管、n719 染料、丙酮(分析纯)、盐酸(浓盐酸: 水=1: 50)乙醇、TiO_2 等.

【实验内容】

(1) 电池导电基底的选取.

采用氧化铟锡(俗称 ITO)导电玻璃, 它是在钠钙基或硅硼基基片玻璃的基础上, 利用磁控溅射的方法镀上一层 ITO 膜加工制作成的.

(2) 光阳极的制备.

将制备好的 TiO_2 纳米管, 采用匀胶机涂抹在导电玻璃的固定区域, 然后在扩散炉中用 450℃退火 30min. 退火后用染料敏化 24h 后用 N_2 吹干, 避光储存.

(3) 对电极的制备.

将 C 纳米管/Pt 电镀在导电玻璃上面, 加快电子的运动, 提高氧化还原的速率.

(4) DSSC 电解液的制备.

常用的电解质包括液态、准固态、全固态等. 采用电解质将碘和碘化钠溶于有机溶液中制备而成.

(5) 电池封装.

采用热膜封装技术, 将电池的四周用绝缘加热封装固定. 封装膜不宜太厚, 保证电池内部接触良好.

(6) DSSC 电解液注入.

将前面配制好的电解液用直径 $100\mu m$ 的针孔将电解液注入到封装好的 DSSC 中, 完成后即为成品.

【注意事项】

(1) 使用匀胶机将纳米管镀在导电玻璃时, 必须确保玻璃处于吸紧状态.

(2) 在注入电解液时, 电解液尽量不要溢出, 避免正负极短路.

(3) 使用绝缘胶带时, 尽量将胶带粘在边缘区域.

【数据处理】

光强			
电压			
电流			

绘制不同光强下的电压-电流曲线, 总结 DSSC 的性能随光强的变化规律.

【思考题】

(1) DSSC 的原理以及影响转化效果的因素有哪些?

(2) DSSC 有哪些? 分析不同种电池的区别.

实验 4.8　创意模型的 3D 打印实验

3D 打印(3D printing), 即快速成型技术的一种, 它是一种以数字模型文件为基础, 运用粉末状金属或塑料等可黏合材料, 通过逐层打印的方式来构造物体的技术. SolidWorks 是 Windows 原创的三维设计软件. 其易用和友好的界面,能够在整个产品设计的工作中,完全自动捕捉设计意图和引导设计修改. 不论设计用"自顶而下"的方法还是"自底而上"的方法进行装配设计,SolidWorks 都将以其易用的操作大幅度地提高设计的效率. SolidWorks 有全面的零件实体建模功能,其丰富程度有时会出乎设计者的期望. SolidWorks 软件提供完整的、免费的开发工具(API),用户可以用微软的 Visual Basic、Visual C++或其他支持 OLE 的编程语言建立自己的应用方案. 通过数据转换接口,SolidWorks 可以很容易地将目前市场几乎所有机械 CAD 软件集成到现在的设计环境来.

【实验目的】

(1) 了解 3D 打印原理,熟练使用 3D 打印设备.
(2) 熟练使用 SolidWorks 软件建立创意模型.

【实验原理】

3D 打印实物的成型方法,如图 4.8.1 所示,包括受迫成型、去除成型、离散/堆积成型和生长成型.

图 4.8.1　3D 打印实物的成型方法

受迫成型是成型材料压力的作用而成型的方法,其材料是靠模具成型的,所以叫受迫成型.

去除成型是通过刀具切割加工、磨削加工等,把一个毛坯上不要的部分切削掉,留下我们需要的部分,就是传统的去除成型.

离散/堆积成型是从零件的 CAD 实体模型出发,通过软件分层离散和数控成型系统,用层层加工的方法将成型材料堆积而形成实体零件. 它是一种从"0"到"1"的加工过程.

生长成型或仿生成型是指模仿自然界中生物生长方式而成型的方法. 根据生物体的生长信息、细胞分化来复制自身,以形成一个具有特定形状和功能的三维体.

3D 打印技术基于"离散/堆积成型"的成型思想,用层层加工的方法将成型材料"堆积"而形成实体零件,专业术语也称为"快速成型技术"或"叠加制造技术".

【实验仪器】

3D 打印机的系统参数和打印机构造如表 4.8.1 和图 4.8.2 所示.

表 4.8.1　3D 打印机的系统参数

型号	WEAVER-ED 系列
操作系统	Windows7、Windows10
上位机软件	Weaver Host
软件语言	中文
支持 3D 文件格式	STL、OBJ、3DS
框架	高刚度钣金及铝合金支架
喷头及数量	整体式×1
喷嘴直径/mm	0.2/0.3/0.4/0.5
电压/V	AC220
功率/W	350
打印材料	PLA、ABS、TPU、DOM、PETG、WOOD、HIPS、PA 等
推荐耗材	PLA
材料直径/mm	1.75
成型尺寸/mm	220×160×140
模型支撑功能	内部支撑/外部支撑
内存卡	双 SD 卡槽
USB 插口	有
网络功能	有
设备尺寸/mm	466×355×372
设备重量	约 18kg
使用环境温度/℃	10～30
使用环境湿度	30%～50%

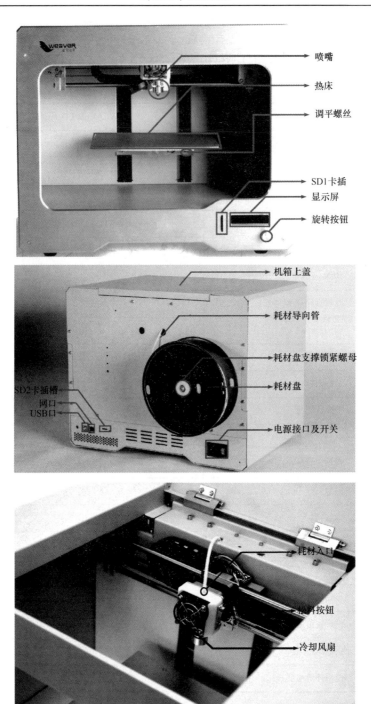

喷嘴

热床

调平螺丝

SD1卡插

显示屏

旋转按钮

机箱上盖

耗材导向管

耗材盘支撑锁紧螺母

耗材盘

SD2卡插槽

网口

USB口

电源接口及开关

耗材入口

喷料按钮

冷却风扇

图 4.8.2　3D 打印机的结构示意图

【实验内容】

1. 使用 SolidWorks 软件建立打印模型

SolidWorks 是美国 SolidWorks 公司开发的三维 CAD 产品，是实行数字化设计的造型软件，在国际上得到广泛的应用. 同时具有开放的系统，添加各种插件后，可实现产品的三维建模、装配校验、运动仿真、有限元分析、加工仿真、数控加工及加工工艺的制定，以保证产品从设计、工程分析、工艺分析、加工模拟、产品制造过程中的数据的一致性，从而真正实现产品的数字化设计和制造，并大幅度提高产品的设计效率和质量.

SolidWorks 操作步骤如下：

安装 SolidWorks 后，在 Windows 的操作环境下，选择【开始】→【程序】→【SolidWorks 2016】→【SolidWorks 2016】命令，或者在桌面双击 SolidWorks 2016 的快捷方式图标，就可以启动 SolidWorks 2016，也可以直接双击打开已经做好的 SolidWorks 文件，启动 SolidWorks 2016，如图 4.8.3 所示.

图 4.8.3　SolidWorks 界面

选择下拉菜单【文件】→【新建】命令，或单击标准工具栏中按钮，出现"新建 SolidWorks 文件"对话框，如图 4.8.4 所示.

这里提供了三类文件模板，每类模板有零件、装配体和工程图三种文件类型，可以根据自己的需要选择一种类型进行操作. 这里先选择零件，单击【确定】按钮，则出现图 4.8.5 所示的新建 SolidWorks 零件界面.

这里有下拉菜单和工具栏，整个界面分成两个区域，一个是控制区，另一个是图形区. 在控制区有三个管理器，分别是特征设计树、属性管理器和组态管理

图 4.8.4 "新建 SolidWorks 文件"对话框

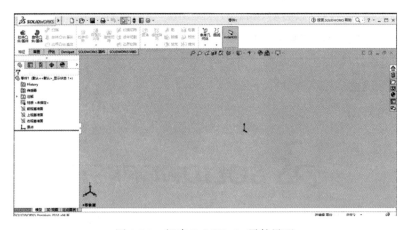

图 4.8.5 新建 SolidWorks 零件界面

器,可以进行编辑.在图形区显示造型,进行选择对象和绘制图形.特别是下拉菜单几乎包括了 SolidWorks 2016 所有的命令,如果在常用工具栏没有显示的不常用的命令,可以在菜单里找到;常用工具栏的命令按钮,可以自己根据实际使用的情况自己确定.

最后单击【文件】→【保存】命令,出现"另存为"对话框,就可以选择自己保存文件的类型进行保存.如果想把文件换成其他类型,只需单击【文件】→【另存为】命令,在出现的"另存为"对话框中选择新的文件类型进行保存.

2. 使用 3D 打印设备打印模型

1) 前期准备
3D 打印前期准备流程如图 4.8.6 所示.

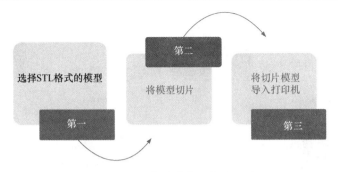

图 4.8.6　3D 打印前期准备流程图

(1) 将使用 SolidWorks 软件建好的模型保存为 STL 格式文件.

(2) 将保存的 STL 文件导入切片软件进行切片, 切好后的模型保存为 bin 格式文件.

(3) 将 bin 格式的切片模型导入 SD 卡.

将装有处理好的切片模型文件的 SD 卡插入前面板 SD 卡口中, 然后选择 SD Card——Print file——选择打印文件名——按下旋转按钮确认.

2) 3D 打印流程

(1) 打印机功能检查: 正确连接电源线, 按下电源开关按钮, 显示屏开始工作; 选择 Extruder->Temp 调节喷头温度, Bed Temp 调节热床温度(调节温度不用很高)返回主界面查看温度显示是否变化(上行为喷嘴温度, 下行为热床温度).

(2) 选择材质, 使打印机正常进丝: 设备选用 PLA 材料, 观察进丝管道是否有断裂丝料, 如有, 需清理后再开始打印.

(3) 热床调高调平: 选择 Configuration->Home Z 旋转旋钮(顺时针调节时显示数值就会变小也就是热床和喷头之间的距离变大. 反之逆时针调节时显示数值就会变大也就是热床和喷头之间的距离变小)就可以调节热床与喷头之间的距离了(调节时载板应固定在热床上). 载板到喷头之间的距离应该为一张 A4 纸的厚度.

(4) 开始和结束打印: 机器先自动加热热床, 达到温度后加热喷头, 然后开始打印, 打印前可能有大量丝料溢出, 属正常现象, 可用镊子拉住不要拖拽直至第一层已经开始打印. 此时观察第一层是否顺利打印, 如果第一层顺利打印则可以静静等待打印完成. 如果第一层打印效果不好则需要停止打印; 打印结束, 喷头自动归位, 为方便取下打印好的模型, 可以先将打印平台拆下来, 然后用刮板轻轻地将模型从平台上刮下来. 如果时间充足, 也可以在模型冷却后再将其从平台上拿下来(有些打印机的平台是固定的无法拆下). 3D 打印流程如图 4.8.7 所示.

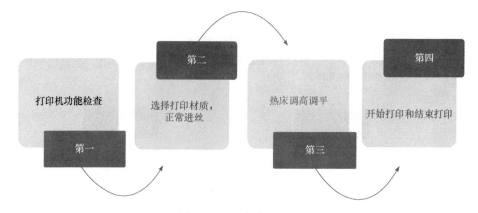

图 4.8.7 3D 打印流程图

【注意事项】

(1) 打印过程中不要触碰热床和喷嘴.

(2) 打印结束后用小铲子沿底板平行铲下打印物品.

【数据处理】

(1) 使用 SolidWorks 软件建立模型, 记录建模步骤.

(2) 使用 WeaverHost 切片软件建立切片模型, 记录切片设置参数.

(3) 使用 3D 打印设备打印出模型实物.

【思考题】

(1) 3D 打印与喷墨打印机有哪些区别和联系?

(2) 3D 打印机都可以打印哪些东西? (不局限于实验室设备)

第5章 开放性实验

物理实验是物理学的基础，大学物理实验反映了理工科及各个学科科学实验共性和普遍性的问题. 在培养学生严谨的科学思维、创新能力，培养学生理论联系实际，特别是与科学技术发展相适应的综合能力，以适应科技发展与社会进步对人才的需求方面有着不可替代的作用. 当前我国高等教育已进入全面提高教育质量的新阶段，进一步更新教育理念、积极创造条件在教学实践中实质性地实施"以教师为主导，以学生为主体"的实验教学是进一步深化改革的重要内容，也是巩固十多年来的教学成果、提高教学质量、实现实验教学目标的重要保证.

20 世纪末以数字化为核心的信息技术的高度发展，预示人类在 21 世纪又将经历一次重大变革. 在全面实施"以教师为主导，以学生为主体"的实验教学中，必须充分利用和发挥信息化技术.

物理实验开放性教学紧扣"以教师为主导，以学生为主体"的实验教学指导思想，利用先进的信息化技术和手段，为实验教学改革和发展提供强有力的支持，开放性实验主要包括仿真实验和演示实验.

5.1 仿 真 实 验

大学物理仿真实验是通过计算机把实验设备、教学内容、教师指导和学生的操作有机地融合为一体，形成了一部活的、可操作的物理实验系统. 通过仿真物理实验，学生对实验的物理思想和方法、仪器的结构及原理的理解，可以达到实际实验难以实现的效果，实现培养学生动手能力，学习实验技能，深化物理知识的目的，同时增强了学生对物理实验的兴趣，大大提高了物理实验的教学水平，是物理实验教学改革的有力工具.

仿真实验有以下几个特点：

(1) 通过实验环境的模拟，使未做过实验的学生通过仿真软件对实验的整体环境、所用仪器的整体结构建立起直观的认识. 仪器的关键部位可拆卸、可解剖、可进行调整并实时观察仪器的各种指标和内部结构的动作，增强了熟悉仪器功能和使用方法的训练.

(2) 在实验中仪器实现了模块化，学生可对提供的仪器进行选择和组合，用不同的方法完成同一实验目标，培养学生的设计思考能力和对不同实验方法的优劣、误差大小的比较和判断能力.

(3) 通过深入解剖教学过程，设计上充分体现教学思想的指导，使学生必须在理解的基础上认真思考才能正确操作，克服了实际实验中出现的盲目操作和实验"走过场"现象的缺点，使学生切实受益，大大提高了物理实验教学的质量和水平.

(4) 对实验的相关理论进行了演示和讲解，对实验的历史背景和意义、现代应用等方面都做了介绍，使仿真实验成为连接理论教学与实验教学，培养学生理论与实践相结合思维的一种崭新的教学模式.

(5) 实验中待测的物理量可以随机产生，以适应同时实验的不同学生和同一学生的不同次操作. 对实验误差也进行了模拟，以评价实验质量的优劣. 对学生的实验报告进行数据库管理，可以存储、评阅、查看和打印.

(6) 具有多媒体配音解说和操作指导，易于使用.

利用仿真实验进行教学，在物理实验教学模式创新上发挥了巨大作用. 它利用软件建模设计虚拟仪器，建立虚拟实验环境，学生可在这个环境中自行设计实验方案、拟定实验参数、操作仪器，模拟真实的实验过程，深化理解物理知识. 大学物理仿真实验可用于学生预习、复习以及自学物理实验，营造了学生自主学习的环境和与真实实验相结合的二段式、三段式教学模式，并使实验教学在空间和时间上得到延伸；解决了对大面积学生开设设计性、研究性、开放性实验教学资源不足的困扰.

5.1.1　Windows 系统大学物理仿真实验 V2.0 的基本操作方法

在仿真实验中几乎所有的操作都要使用鼠标. 如果您的计算机安装了鼠标，启动 Windows 后，屏幕上就会出现鼠标指针光标. 移动鼠标，屏幕上的指针光标随之移动. 下面是本书中鼠标操作的名词约定.

单击：按下鼠标左键再放开.

双击：快速连续地按两次鼠标左键.

拖动：按下鼠标左键并移动.

右键单击：按下鼠标右键再放开.

1. 系统的启动

在 Windows 系统的文件管理器(或 Windows 的"开始"菜单)里双击"大学物理仿真实验 V2.0"图标，启动仿真实验系统. 进入系统后出现主界面(图 5.1.1)，单击"上一页""下一页"按钮可前后翻页. 用鼠标单击各实验项目文字按钮(不是图标)即可进入相应的仿真实验平台. 结束仿真实验后回到主界面，单击"退出"按钮即可退出本系统. 如果某个仿真实验还在运行，则在主界面单击"退出"按钮无效，待关闭所有正在运行的仿真实验后，系统会自动退出.

图 5.1.1　仿真实验主界面

2. 仿真实验的操作方法

仿真实验平台采用窗口式的图形化界面，形象生动，使用方便.

由仿真系统主界面进入仿真实验平台后，首先显示该平台的主窗口——实验室场景(图 5.1.2)，该窗口大小一般为全屏或 640 像素×480 像素. 实验室场景内一

图 5.1.2　实验室场景(凯特摆实验)

般都包括实验台、实验仪器和主菜单. 用鼠标在实验室场景内移动，当鼠标指向某件仪器时，鼠标指针处会显示相应的提示信息(仪器名称或如何操作)，如图 5.1.3 所示. 有些仪器位置可以调节，可以按住鼠标左键进行拖动.

主菜单一般为弹出式，隐藏在主窗口里，在实验室场景上单击右键即可显示(图 5.1.4). 菜单项一般包括：实验背景知识、实验原理的演示、实验内容、实验步骤和仪器说明文档、开始实验或进行仪器调节、预习思考题和实验报告、退出实验等.

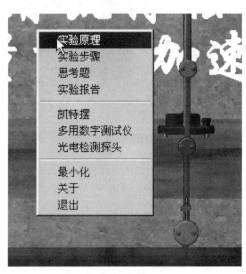

图 5.1.3　提示信息　　　　　　　　　图 5.1.4　主菜单

1) 开始实验

有些仿真实验启动后就处于"开始实验"状态，有些需要在主菜单上选择，具体可见本书中相应章节.

2) 控制仪器调节窗口

调节仪器一般要在仪器调节窗口内进行.

打开窗口：双击主窗口上的仪器或从主菜单上选择，即可进入仪器调节窗口.

移动窗口：用鼠标拖动仪器调节窗口上端的细条.

关闭窗口：

方法(1)，右键单击仪器调节窗口上端的细条，在弹出的菜单中选择"返回"或"关闭".

方法(2)，双击仪器调节窗口上端的细条.

方法(3)，激活仪器调节窗口，按 Alt+F4 键.

3) 选择操作对象

激活对象(仪器图标、按钮、开关、旋钮等)所在窗口，当鼠标指向此对象时，系统会给出下列提示中的至少一种：

(1) 鼠标指针提示. 鼠标指针光标由箭头变为其他形状（如手形）.

(2) 光标跟随提示. 鼠标指针光标旁边出现一个黄色的提示框,提示对象名称或如何操作.

(3) 状态条提示. 状态条一般位于屏幕下方，提示对象名称或如何操作.

(4) 语音提示. 朗读提示框或状态条内的文字说明.

(5) 颜色提示. 对象的颜色变为高亮度(或发光)，显得突出而醒目.

出现上述提示即表明选中该对象，可以用鼠标进行仿真操作.

4) 进行仿真操作

(1) 移动对象. 如果选中的对象可以移动，就用鼠标拖动选中的对象.

(2) 按钮、开关、旋钮的操作.

① 按钮：选定按钮，单击鼠标即可(图 5.1.5).

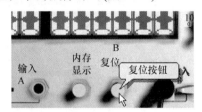

图 5.1.5　按钮

② 开关：对于两挡开关，在选定的开关上单击鼠标切换其状态. 多挡开关，在选定的开关上单击左键或右键切换其状态(图 5.1.6 和图 5.1.7).

图 5.1.6　两挡开关　　　　　图 5.1.7　多挡开关

③ 旋钮：选定旋钮，单击鼠标左键，旋钮逆时针旋转；单击右键，旋钮顺时针旋转(图 5.1.8).

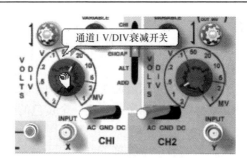

图 5.1.8　旋钮

(3) 连接电路.

连接两个接线柱：选定一个接线柱，按住鼠标左键不放拖动，一根直导线即从接线柱引出. 将导线末端拖至另一个接线柱释放鼠标，就完成了两个接线柱的连接(图 5.1.9).

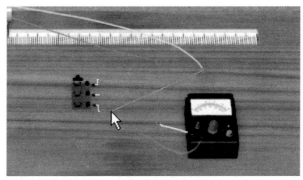

图 5.1.9　连线

删除两个接线柱的连线：将这两个接线柱重新连接一次(如果面板上有"拆线"按钮，则应先选择此按钮).

(4) Windows 标准控件的调节.

仿真实验中也使用了一些 Windows 标准控件, 调节方法请参阅有关 Windows 操作的书籍或 Windows 的联机帮助.

5.1.2　分光计实验

1. 主窗口

在系统主界面上选择"分光计"并单击, 即可进入本仿真实验平台, 播放一段动画后, 显示平台主窗口——实验室场景. 主窗口左方是汞灯光源(双击开关可以打开或关闭电源), 右方为分光计. 在主窗口上单击鼠标右键, 显示出实验主菜单(图 5.1.10).

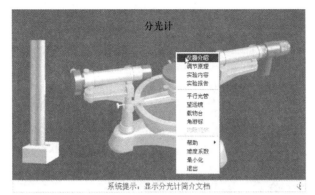

图 5.1.10 实验主菜单

2. 主菜单

(1) 选择"仪器介绍"菜单项,显示介绍分光计的有关文档.

(2) 选择"调节原理"菜单项,显示介绍分光计调节的有关文档.

(3) 选择"实验内容"菜单项,显示介绍分光计实验内容的有关文档.

(4) 选择"实验报告"菜单项,调用"实验报告处理系统",用户可以建立、查看实验报告,将实验结果存档,以备教师评阅(具体使用方法请参看本书中"实验报告处理系统"的有关内容).

(5) 选择"平行光管"菜单项,显示平行光管调节窗口(图 5.1.11). 拖动标题条可以移动窗口;双击标题条,可以关闭窗口.

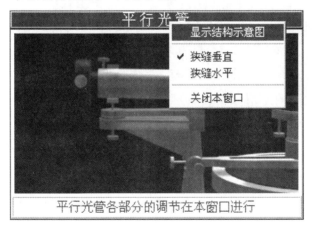

图 5.1.11 平行光管调节窗口

在窗口上端标题条上单击鼠标右键,弹出该窗口的控制菜单,选择"显示结构示意图",窗口变为图 5.1.12.

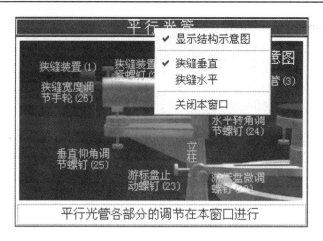

图 5.1.12 仪器结构示意图

窗口中紫色的文字注明了平行光管的各个组成部分，这些部件在本仿真实验中都可以调节. 再次选择"显示结构示意图"，窗口复原，可以开始调节平行光管. "狭缝垂直""狭缝水平"菜单项用来设置平行光管狭缝的状态.

(6) 选择"望远镜"菜单项，显示望远镜调节窗口，使用方法与平行光管调节窗口类似.

(7) 选择"载物台"菜单项，显示载物台调节窗口(图 5.1.13).

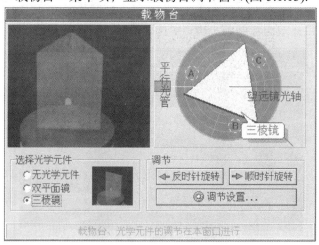

图 5.1.13 载物台调节窗口

单击"选择光学元件"框中的单选钮，可以选择载物台上放置的光学元件. 单击"调节设置"按钮，弹出"调节设置"对话框(图 5.1.14)，进行调节设置，单击"OK"按钮关闭. 单击"反时针旋转"或"顺时针旋转"按钮调节转角.

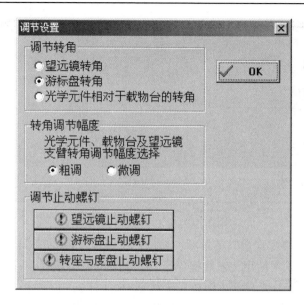

图 5.1.14　"调节设置"对话框

(8) 选择"角游标"菜单项，显示角游标读数窗口（图 5.1.15），游标一和游标二是两个相对的角游标.

(9) 当分光计没有调平时，望远镜内可能看不到像. 这时可以选择"肉眼观察"菜单项，打开"肉眼观察"窗口（图 5.1.16）. 此窗口只能在用双平面镜调节分光计水平时打开.

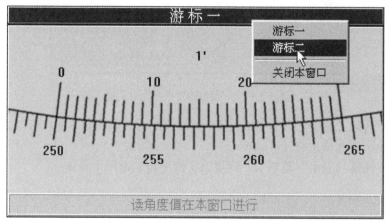

图 5.1.15　角游标读数窗口

(10) 选择"帮助"菜单项，显示联机帮助"实验指导". 具体方法请参看【提示信息】中的"实验指导"部分.

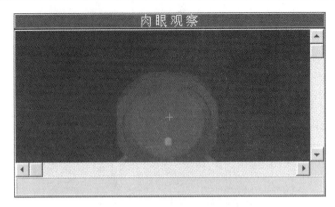

图 5.1.16　"肉眼观察"窗口

(11) 选择"难度系数"菜单项，弹出"设置难度系数"对话框(图 5.1.17).

为方便学生学习使用，系统提供了三个级别的调节难度——简单、中等、真实. 其中"简单"分光计处于调整完毕状态，可以供学生学习分光计的调节和测量的原理. "中等"分光计处于离调平状态不远的位置，可以供学生进行操作练习. "真实"难度比较大，供学生最后测量使用，测量结果可记入实验报告，由教师评分.

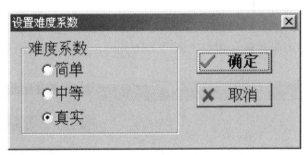

图 5.1.17　"设置难度系数"对话框

(12) 选择"最小化"菜单项，整个程序将缩为一个图标，用户可以方便地查看 Windows 桌面或进行任务切换.

(13) 选择"退出"菜单项，将退出实验平台，返回主界面.

3. 提示和帮助

分光计仿真实验提供了详细的提示信息，用户只需参考提示即可完成本实验. 提示和帮助信息分为系统提示、操作提示和实验指导三种类型.

(1) 系统提示. 在主窗口上单击鼠标右键，弹出主菜单. 在仪器窗口标题条上单击右键，可弹出该窗口的控制菜单. 当鼠标移动到窗口标题条或菜单项上时，主窗口下方的状态条显示系统提示信息，提示用户如何完成菜单操作和鼠标操作(图 5.1.18).

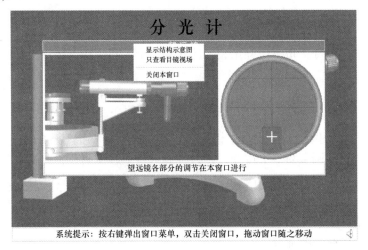

图 5.1.18　系统提示

(2) 操作提示. 在任一窗口内，当鼠标移动到任一仪器的可调节部分时，鼠标指针光标变为其他形状，旁边出现一个黄色的光标跟随提示框，显示此部分的名称(如果安装了声卡，还会有语音提示)；同时主窗口下方的状态条显示操作提示信息，提示用户如何进行仿真操作. 对于无效的操作，系统给出声音提示(无需声卡，使用 Windows 控制面板中的"声音"配置)，如图 5.1.19 所示.

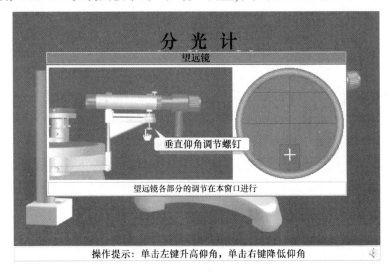

图 5.1.19　文字与声音提示

(3) 实验指导. 指导您如何完成实验. 打开某一窗口，按 F1 键，即可显示关于该窗口的操作指导. 在主窗口上按 F1 键，或在主菜单中选择"帮助—帮助内容"，显示实验指导的内容目录(图 5.1.20).

实验指导是一个 Help 文件，共分为 23 个主题, 各主题间建立超文本链接. 主题可以按顺序阅读，也可以利用超链接在相关主题间跳转，还可以利用搜索功能按关键字查找所需主题. 一些比较重要的主题还配有声音，可以自动朗读(也可关闭声音). 每个主题除了文字和图片，还可以进行调节演示、原理演示和多媒体播放.

为了使实验指南和实验操作相配合，各个主题与其相对应的窗口建立关联. 例如，在望远镜调节窗口上按 F1 键，将显示与望远镜调节有关的主题；在平行光管调节窗口上按 F1 键，将显示与平行光管调节有关的主题，等等. 各主题内容包括分光计实验的全部指导信息，并可以通过添加批注的形式进行扩充.

实验指导的具体用法可以参看 Windows 帮助中的"如何使用帮助". 这里只简述与本平台有关的部分.

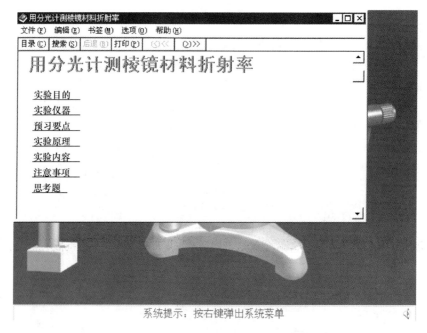

图 5.1.20　实验指导的内容目录

(1) 单击"目录"键，可以查看实验指导的内容目录.

(2) 单击"搜索"键，弹出一个对话框，显示可以查看的实验指导的主题. 选择所要查看的主题，即可得到相应的实验指导.

(3) 单击"后退"键，可以返回上次显示的实验指导.

(4) 单击"打印"键，可以将当前显示的实验指导打印下来.

(5) 单击"▶"键，可以向后翻页查看.

(6) 单击"◀"键，可以向前翻页查看.

(7) 单击绿色带实下划线的文字，可以切换到相关主题.

(8) 单击绿色带虚下划线的文字，弹出一个窗口，显示与它有关的解释或说明.

4. 实验内容

本平台仿真了"用分光计测棱镜折射率"实验的全部操作. 使用者可以像在真实实验中一样任意地操作仪器，而没有任何顺序上的限制. 下面给出此实验的一般过程，具体方法可参看"实验指导"(FGJ.HLP 文件).

(1) 调整分光计：

① 目镜调焦；

② 调整望远镜，对平行光聚焦；

③ 调整望远镜光轴垂直于仪器公共轴；

④ 使平行光管发出平行光；

⑤ 使平行光管光轴垂直于仪器公共轴.

(2) 调整三棱镜侧面垂直望远镜光轴.

(3) 测棱镜顶角 A.

(4) 用最小偏向角法测棱镜材料的折射率.

(5) 做实验报告.

5.2　演 示 实 验

当孩提时抽得陀螺高速旋转，看似倾斜欲坠，却欢快游动，绝不倒地；当节日向夜空放飞"孔明灯"时，你可曾问过为什么会这样？你可曾思考过它演示出的物理原理？你可曾联想利用这些原理还能做些什么更有意义的事？

根据《现代汉语词典》，"演示"即利用实验或实物、图表把事物的发展过程显示出来，使人有所认识和理解. 物理演示实验就是为此而产生的，它虽不能得出精确的定量结果，但是其手段的开启式、组合式，使相应的物理现象及其过程、物理模型及其方法得以生动形象地展现；有利于认识平时难以观察到的物理现象、构建难以想象的物理模型、理解和记忆深奥的物理原理.

物理演示实验涉及科技领域的广泛性，其构思新颖、方法巧妙，使其不但成为物理教学的重要环节，也成为科技普及的重要手段.

在物理实验教学中使每个模块具有功能化、层次化，多元化的特色，利用演示实验生动形象及相对耗时短的特点，将其与具有类似性质和功能的操作实验组成一个层次化、多元化的实验模块，可实现同一应用功能，使学生在有限时间、空间和资源条件下获得更大的信息量和实践训练；同样将具有类似性质和功能的演示实验(如弦驻波、液体驻波、气体驻波等演示实验)甚至趣味物理玩具组成功能化演示实验模块，通过观察思考培养学生的发散思维和联想习惯，使其领悟同一物理现象有多种表现形式、可以用多种手段演示，同一物理问题又可以用多种方法解决，同一物理方法手段又可解决多种实际问题；培养学生面对实际问题产生多方联想，并能以多种方法及另辟蹊径处理的创新能力.

总之，形象生动、绚丽多彩的物理演示实验通过创新的教学模式，能使学生通过观察、分析、学习达到"激发兴趣、启发联想、诱发灵感、引发创新"的目的.

物理演示实验不仅可以对本科生开放，还可以同时向中小学生和社会各界开放，所以文字及讲授等方面都考虑了不同层次的受众需要.

5.2.1　锥体自动上滚

俗话说："人往高处走，水往低处流"，即地上的物体在重力作用下总是向低处运动，但是你眼前将出现一种"怪异现象"：当一个双锥体置于由两根金属管组成的八字形平面轨道低端时，它竟然沿着轨道向高端滚动. 是物理原理失效？还是有其他神秘因素的作用？

请反复实验、仔细观察、认真思考说明原因.

【实验目的】

(1) 通过观察思考拨开假象，加深对重力场中物体运动规律——降低重心，趋于稳定的理解.

(2) 加深学生对物体具有在势场力作用下从高势能位向低势能位运动的趋势，在此过程中势能将转换为动能，并且在转换过程中机械能守恒(在电磁场中有同样的情形).

【实验原理】

在重力场中可以自由运动的物体，其平衡位置是其重力势能极小的位置，重力的作用迫使物体向重力势能减小的方向运动，这就是本实验的基本原理(同样，电场中的带电体在电场力作用下也趋向于电势能降低). 本实验巧妙地利用了双锥体的形状，把双锥体上的支撑点对锥体质心的影响，以及锥体沿倾斜双轨道上滚时轨道高度对质心的影响结合起来. 在双锥体的锥体角不变时，调整两轨道间夹角及轨道倾角为特定数量关系，能使双锥体沿轨道向上滚动.

【实验仪器】

锥体上滚的实验演示装置如图 5.2.1 和图 5.2.2 所示.

图 5.2.1　锥体上滚的实验演示装置

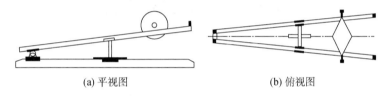

(a) 平视图　　　　　　　　　　　　(b) 俯视图

图 5.2.2　实验仪器结构的平视图和俯视图

【实验内容】

(1) 在设定条件下将双锥体置于轨道低处，松手后观察双锥体将如何运动，解释为什么？

(2) 在设定条件下将双锥体置于轨道高处，松手后观察双锥体将如何运动，解释为什么？

(3) 在可调支架上，通过可调支架改变轨道倾角和两轨道夹角的大小，观察双锥体的运动状态，解释为什么？

5.2.2　钢球对心碰撞演示实验

碰撞是最常见的有趣而有用的现象，有时需要利用它，有时需要避开它. 现代生活中碰撞概念已延伸到思想意识和情感方面，因而研究碰撞具有十分重要的实际意义.

你面前有七个质量和直径完全相同的钢球悬挂在同一高度上，静止时小球间恰好接触并且悬线平行，即小球的质心处于同一水平直线上. 拉动某一侧的一个或几个钢球使其偏离竖直方向一个角度，松手使其与其余钢球碰撞，观察碰撞前后各钢球运动状态的变化，解释其原因，说明其原理.

【实验目的】

通过演示等质量钢球之间的对心碰撞过程，加深对完全弹性碰撞和非弹性碰撞过程中动量和机械能变化规律的理解.

【实验原理】

最简单而基本的碰撞是两个物体之间的对心碰撞，即两者在碰撞前、后的运动方向在同一直线上.

设两者的质量分别为 m_1、m_2，碰撞前、后两者的速度分别是 v_{10}、v_{20} 和 v_1、v_2，并且速度的方向在同一直线上，若将两者视为一个系统，在无外力作用的情况下，碰撞前后系统的动量守恒，得

$$m_1 v_{10} + m_2 v_{20} = m_1 v_1 + m_2 v_2 \tag{5.2.1}$$

此外，实验表明：对于材料给定的两个物体，其碰撞后的分离速度与碰撞前的接近速度之比为常量，即

$$e = \frac{v_2 - v_1}{v_{10} - v_{20}} \tag{5.2.2}$$

式中，比例系数 e 称为恢复系数. $e=1$，称为完全弹性碰撞；$e=0$，称为完全非弹性碰撞；$0<e<1$，称为一般的非弹性碰撞. 对于完全弹性碰撞 $e=1$，上式变为

$$v_{10} - v_{20} = v_2 - v_1 \tag{5.2.3}$$

由式(5.2.1)和式(5.2.3)可以证明

$$\frac{1}{2} m_1 v_{10}^2 + \frac{1}{2} m_2 v_{20}^2 = \frac{1}{2} m_1 v_1^2 + \frac{1}{2} m_2 v_2^2 \tag{5.2.4}$$

式(5.2.3)和式(5.2.4)表明，对于完全弹性碰撞，碰撞前两物体的接近速度等于碰撞后两物体的分离速度，并且碰撞前后两物体的总动能不变.

由式(5.2.1)和式(5.2.3)还可以求得

$$v_1 = \frac{m_1 - m_2}{m_1 + m_2} v_{10} + \frac{2m_2}{m_1 + m_2} v_{20} \tag{5.2.5}$$

$$v_2 = \frac{2m_1}{m_1 + m_2} v_{10} + \frac{m_2 - m_1}{m_1 + m_2} v_{20} \tag{5.2.6}$$

下面讨论几种特殊情况：

(1) 若 $m_1 = m_2$，则 $v_1 = v_{20}$，$v_2 = v_{10}$，即碰撞后两物体交换速度.

(2) 若 $m_1 \ll m_2$ 且 $v_{20} = 0$ ，则 $v_1 \approx -v_{10}$ ， $v_2 \approx 0$ ，这相当于乒乓球去碰静止的铅球，乒乓球以原速率弹回，而铅球静止不动.

(3) 若 $m_1 \gg m_2$ 且 $v_{20} = 0$ ，则 $v_1 \approx v_{10}$ ， $v_2 \approx 2v_{10}$. 这相当于铅球去碰静止的乒乓球，铅球仍以原速率运动，而乒乓球以 2 倍于铅球的速率运动.

图 5.2.3　钢球碰撞演示仪

【实验仪器】

钢球碰撞演示仪如图 5.2.3 所示.

【实验内容】

(1) 使仪器的悬球横杆处于水平，调整固定摆球悬线的螺丝，使悬挂摆球的两根悬线长度相等，且所有摆球的球心都处于同一水平直线上.

(2) 拉动任一侧的一个球使其偏离竖直方向一个角度，松手使其与其余球碰撞，观察并定性记录碰撞过程.

(3) 仿照过程(2)，一次拉动两球，三球，…，松手后使其与其余球相碰，观察并定性记录碰撞过程.

(4) 用双面泡沫胶将被碰撞的钢球全部或部分相互粘连后，观察碰撞过程，并解释其原因.

(5) 设法移去 5 个钢球，只留下两个相邻钢球，拉动一侧钢球后，在受碰钢球的迎碰点贴上双面泡沫胶，观察碰撞过程，并解释其原因.

【提示与思考】

(1) 仪器调整时，要尽量使摆球的球心处于同一水平直线上，否则达不到预期效果.

(2) 不要用力拉球以免悬线被拉断.

(3) 拉动小球时应保持悬线伸直，以保证发生碰撞时小球球心在原来的球心连线上.

(4) 试由式(5.2.1)和式(5.2.3)证明式(5.2.4)，以加深对完全弹性碰撞过程中总动能守恒的理解.

(5) 拉起两球与其余球碰撞，将使另外一侧的两球同时弹起，试用逐球分析的方法解释这一结果.

(6) 如何粗略判断碰撞前后钢球速度的大小是相等或不相等？

5.2.3　茹科夫斯基转椅

你常常为体操及跳水运动员高难度的多周空翻动作折服，但你可曾想过他们为什么有时必须"团身"，有时必须"伸展"；舞蹈演员和花样滑冰运动员在单脚直立旋转时，有时要伸开双臂，有时要收回双臂和另一只腿，又是为什么？

【实验目的】

让学生亲身体验在角动量守恒时发生的有趣现象，以加深对角动量与转动惯量和角速度的关系的理解.

【实验原理】

当刚体或非刚体绕定轴转动时，若所受的合外力矩 $M = 0$，由角动量定理 $M = \dfrac{\mathrm{d}L}{\mathrm{d}t}$ 可知，L = 恒量，即系统的角动量守恒. 这称为系统的角动量守恒定律.

质点系统定轴转动时的角动量为

$$L = J\omega = \left(\sum_i m_i r_i^2 \right) \omega$$

式中，$J = \sum_I m_i r_i^2$，称为系统绕定轴转动的转动惯量；m_i 为系统中第 i 个质量元的质量；r_i 为该质量元到定轴的垂直距离. 由 J 的定义式可知，对于总质量一定的质点系，改变系统内的质量分布，即可改变系统绕定轴的转动惯量 J. 所以，在系统角动量守恒的条件下，通过内力作用改变系统的质量分布(即改变 J)，系统转动的角速度 ω 也将随之而变. J 增大时，ω 必减小；J 减小时，ω 必增大.

【实验仪器】

茹科夫斯基转椅如图 5.2.4 所示.

【实验内容】

(1) 体验者两手紧握哑铃收拢置于胸前(或小腹)，坐在可绕竖直轴自由转动的茹科夫斯基转椅上.

(2) 在同伴的协助下，体验者开始以一定的角速度自由旋转.

(3) 体验者两臂(或任一臂)伸开侧平举，体验和观察转速的变化.

图 5.2.4　茹科夫斯基转椅

(4) 体验者再次将手握哑铃的两臂(或一臂)收回，观察和体验转速的变化.

(5) 重复步骤(3)和(4)，进行多次观察或体验，解释发生有关现象的原因.

【提示与思考】

(1) 体验者入座前需认真检查茹科夫斯基转椅的稳定性及安全性，而且必须坐稳，启动不能太快，转速不宜太大，以避免座椅翻倒、散落造成事故.

(2) 体验者手持哑铃一臂或两臂伸直(或收回胸前)后，应停留几秒后再做下一个动作，以便于观察和体验. 比较三种状态下速度的不同.

(3) 在整个变换过程中，坐在转椅上的体验者以及哑铃和转椅的总角动量是否发生变化？总角动能是否发生变化？

(4) 花样滑冰运动员的原地旋转速度、跳水或体操运动员在空中的旋转速度是否都可以用伸缩肢体来改变？

5.2.4　车轮和陀螺的进动

【实验目的】

直观演示车轮式回转(进动)仪和玩具陀螺的回转(进动)效应.

【实验原理】

“杠杆式”车轮回转(进动)仪由车轮、杠杆、平衡锤和基座四部分组成. 杠杆可绕光滑支点 O 在水平面内自由转动，也可以偏离水平方向而倾斜，即可调整平衡锤在杠杆上的位置，使杠杆在水平方向上处于平衡或不平衡状态. 当车轮以较大的角速度 ω 转动时，其角动量 L 沿转轴方向，如果系统的重心恰好在支点 O 处(即杠杆处于平衡状态)，则系统所受的合外力矩为零，角动量 $L=$ 恒矢量，转轴(即杠杆)方向恒定不变，此时系统不发生回转(进动).

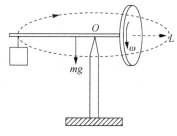

如果系统的重心不在支点 O，如图 5.2.5 所示，则系统的重力对支点 O 的力矩 $M \neq 0$，由角动量定理

图 5.2.5　“杠杆式”车轮回转(进动)
力学示意图

$$M\mathrm{d}t = \mathrm{d}L$$

可知，在 $\mathrm{d}t$ 时间内，重力矩的作用将使系统的角动量增加 $\mathrm{d}L = M\mathrm{d}t$，方向与 M 的方向相同，又由于 $M \perp L$(因为 L 总是沿车轮的轴线方向)，所以 $\mathrm{d}L \perp L$. 由此可

以推出，在重力矩的作用下，系统绕 O 点角动量的大小不变，但方向将在水平面内绕 O 点旋转，即发生进动.

【实验仪器】

"杠杆式"车轮回转(进动)仪如图 5.2.6 所示.

【实验内容】

1. "杠杆式"车轮的进动

(1) 调节平衡锤的位置，使系统的重心通过支点 O，轮的自转轴(杠杆)处于水平位置，整个系统处于平衡状态.

(2) 车轮快速转动，可以看到不管怎样旋转支架，车轮转轴(即杠杆)的方向始终保持不变，即系统的角动量守恒.

(3) 重新调节平衡锤的位置，使系统的重心在不通过支点 O，且位于平衡锤的一侧，如图 5.2.5 所示，则车轮不转动时，系统将向平衡锤一侧倾倒，即系统对 O 点有外力矩作用.

(4) 让车轮快速转动，观察此时车轮及杠杆的运动状态，并且解释其原因.

(5) 再次调节平衡锤的位置，使系统的重心位于支点 O 的另一侧，重复进行观察此时车轮及杠杆的运动状态有何变化，并且解释其原因.

图 5.2.6　"杠杆式"车轮回转(进动)仪

2. "陀螺"式进动

将塑料齿条插进玩具陀螺轴的齿轮缝中，与其齿合后，迅速拉动齿条，使陀螺高速旋转. 然后将其自转轴倾斜地放在支架的圆槽上或水平桌面上，观察陀螺的运动状态，并且解释其原因. 重复上述过程，但改变陀螺的转动方向，观察陀螺的运动状态，并且解释其原因.

【提示与思考】

(1) 玩陀螺时，抽一鞭后陀螺高速旋转，则不会倒地，但过一会速度降低则欲倒地时，再抽一鞭又会直立，为什么？

(2) 骑自行车的人在行驶时是靠车把的微小转动来调节平衡的，例如，当车有向右倾倒的趋势时，只需将车把向右方略微转动一下，即可使车子恢复平衡；又如当骑车人想转弯时，无需有意识地转动车把，只需将自己的重心略微侧倾，车子便自动转弯了. 试说明其中的道理.

5.2.5　角动量守恒

【实验目的】

利用离心节速装置演示角动量守恒.

【实验原理】

当刚体或非刚体绕定轴转动时，若所受的合外力矩 $M=0$，由角动量定理 $M=\dfrac{\mathrm{d}L}{\mathrm{d}t}$ 可知，$L=$ 恒量，即系统的角动量守恒. 这称为系统的角动量守恒定律. 质点系绕定轴转动时的角动量为

$$L=J\omega=\left(\sum_i m_i r_i^2\right)\omega$$

式中，$J=\sum_I m_i r_i^2$，称为系统绕定轴转动的转动惯量；m_i 为系统中第 i 个质量元的质量；r_i 为该质量元到定轴的垂直距离. 由 J 的定义式可知，对于总质量一定的质点系，改变系统内的质量分布，即可改变系统绕定轴的转动惯量 J. 所以，在系统角动量守恒的条件下，通过内力作用改变系统的质量分布(即改变 J)，系统转动的角速度 ω 也将随之而变. J 增大时，ω 必减小；J 减小时，ω 必增大.

【实验仪器】

离心节速装置如图 5.2.7 所示.

【实验内容】

本实验仪器中由两对称小球与一铰链四杆机构组成可变形刚体系统，可绕其中心轴旋转. 用手动迫使其转动后，再用手上下推动转轴侧面的升降把手，使内转轴上升或下降，以改变两小球与转轴的间距，观察小球转速的变化，并分析其原因.

图 5.2.7　离心节速装置

【提示与思考】

(1) 因为整个机构体积小，质量轻，在手动使其转动和拨动升降把手时，应用一只手将底座紧压固定，以免其倾倒.

(2) 本实验中我们用改变小球间距来改变其转速. 反过来,如果用改变转速来带动小球间距的变化,在工农业生产中有何实际价值?

5.2.6　简谐运动的合成演示

【实验目的】

(1) 演示同方向、同频率的两个简谐运动的合成.

(2) 演示同方向、不同频率的两个简谐运动的合成，了解拍现象及其产生的条件.

(3) 演示互相垂直的、同频率与不同频率的两个简谐运动的合成，了解李萨如图形产生的条件.

【实验原理】

1. 同方向、同频率的两个简谐运动的合成

如图 5.2.8 所示，设有两个同方向、同频率的简谐振动

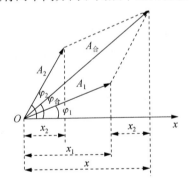

图 5.2.8　同方向、同频率的两个简谐运动的合成

$$x_1 = A_1 \cos(\omega t + \varphi_1)$$
$$x_2 = A_2 \cos(\omega t + \varphi_2)$$

式中，ω 为简谐振动的圆频率；A_1, A_2 和 φ_1, φ_2 分别为两个分振动的振幅和初相.不难证明这两个简谐振动的合成振动的一般表达式为

$$x = x_1 + x_2 = A_{合} \cos(\omega t + \varphi_{合})$$

式中

$$A_{合} = \sqrt{A_1^2 + A_2^2 + 2A_1 A_2 \cos(\varphi_1 - \varphi_2)}$$

是合成振动的振幅，$\varphi_{合}$ 是合成振动的初相，其初值由下式确定：

$$\tan\varphi_{合} = \frac{A_1 \sin\varphi_1 + A_2 \sin\varphi_2}{A_1 \cos\varphi_1 + A_2 \cos\varphi_2}$$

由此可见合振动仍为简谐振动，其振动方向及频率与两分振动相同，合振幅大小与两分振动的初相差 $(\varphi_2 - \varphi_1)$ 有关.

2. 同方向、不同频率的两个简谐运动的合成

设有两个同方向、不同频率的简谐运动

$$x_1 = A\cos(\omega_1 t + \varphi_1)$$

$$x_2 = A\cos(\omega_2 t + \varphi_2)$$

由三角函数的和差化积公式，可得和运动的方程

$$x = x_1 + x_2 = 2A\cos\left(\frac{\omega_2 - \omega_1}{2}t + \frac{\varphi_2 - \varphi_1}{2}\right)\cos\left(\frac{\omega_2 + \omega_1}{2} + \frac{\varphi_2 + \varphi_1}{2}\right)$$

在 $|\omega_1 - \omega_2|$ 远小于 ω_1 或 ω_2 的情况下，上式中第一项余弦函数比第二项余弦函数随时间的变化缓慢得多，因此可把 $\left|2A\cos\left(\frac{\omega_2 - \omega_1}{2}t + \frac{\varphi_2 - \varphi_1}{2}\right)\right|$ 看作是随时间缓慢变化的振幅. 显然，此合振动非简谐振动. 由于合振动的振幅是随时间做缓慢的周期性变化，所以会出现时强时弱的现象，此现象称为拍. 单位时间内合振幅强弱的变化次数称为拍频，常用 $v_{拍}$ 表示，不难理解

$$v_{拍} = \frac{|\omega_1 - \omega_2|}{2} = |v_1 - v_2|$$

3. 互相垂直的两个简谐运动的合成

设有两个互相垂直的、同频率的简谐运动

$$x = A_1 \cos(\omega t + \varphi_1), \quad y = A_2 \cos(\omega t + \varphi_2)$$

当一个质点同时参与这两个简谐运动时，其合振动的轨迹方程为

$$\frac{x^2}{A_1^2} + \frac{y^2}{A_2^2} - 2\frac{xy}{A_1A_2}\cos(\varphi_2 - \varphi_1) = \sin^2(\varphi_2 - \varphi_1)$$

这是一个椭圆方程,即两个同频率互相垂直的简谐振动的合振动轨迹是椭圆.

如果两个振动的频率不同,它们的合成运动比较复杂,而且轨迹也是不稳定的,但是如果两振动的频率成简单的整数比关系,则合成运动的轨迹构成一个稳定的闭合曲线,这种闭合曲线称为李萨如图形,如图 5.2.9 所示,图形的形状与两个振动的频率之比、两个振动的初始相位及相位差有关.

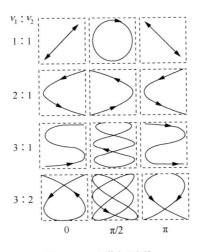

图 5.2.9　李萨如图形

本演示仪的简谐振动发生器是利用旋转矢量在轴上的投影表示简谐振动的原理制作. 实验仪器中的第一简谐振动能产生水平方向的分运动,第二简谐振动既可产生水平方向,也可产生竖直方向的分运动. 第一个简谐振动发生器的滑板同时作为第二简谐振动发生器的副基板,这样就把两个简谐振动合成起来了. 仪器的记录部分,通过走纸机的运动,能够使振动在时间轴上展开. 改变调速机构中齿轮的结合方式,就可以改变两个简谐振动的频率比.

【实验仪器】

振动合成演示仪如图 5.2.10 所示.

图 5.2.10　振动合成演示仪

【实验内容】

1. 同方向、同频率的两个简谐运动的合成

旋松位于第二振动副基板背后的振动方向定位螺丝，调整第二振动方向使之与第一振动方向一致(调整后可先用手转动两振动机构的连杆，可见其振动方向是否一致)；然后打开第一振动，使其在记录纸上画出一条直线；再打开第二振动，使其在记录纸上画出另一条直线. 若两条线重合或构成一条更长的直线，则达到要求，旋紧第二振动方向的定位螺丝.

调整第一振动变速齿轮的齿数比，使两齿轮的转速比为 1 : 1.

打开第一振动和走纸机的开关，然后再打开电源总开关，绘出第一振动曲线.

关闭第一振动，打开第二振动和走纸机的开关，然后再打开电源总开关，绘出第二振动曲线.

调整两个振动的初始位置(即两个振动的初相)，先打开第一、第二振动和走纸机的开关，然后再打开电源总开关，即可绘出同方向、同频率的合成振动曲线. 改变两振动机构的初始状态的差异(即振动的初相位差，特别是 $\Delta\varphi = 0, \pi$ 时)，观察运动轨迹有何不同，并说明其原因.

2. 同方向、不同频率的两个简谐运动的合成

实验步骤与实验内容 1 相同，只是第一齿轮按不等于 1 的最小的转速比齿合，观察其运动轨迹并说明其原因.

3. 互相垂直的两个简谐运动的合成——李萨如图形

用前述方法调整第二振动方向使其与第一振动方向垂直；然后打开第一振动，使第一振动在记录纸上画出一条水平线；再关闭第一振动，打开第二振动，使第二振动在记录纸上画一条垂直线. 如两条直线的夹角成 $90°$，则达到要求，最后旋紧第二振动的定位螺丝.

依次调整第一振动变速齿轮的齿合比，调整两振动的初始位置，先开启第一、第二振动开关，关闭走纸机开关，最后打开总电源开关，就能在记录纸上得到各种不同初相、不同频率比的李萨如图形.

【提示与思考】

(1) 注意观察整个机械结构如何通过相互连接配合，实现将转动变为简谐振动. 又通过何种手段改变两振动的振幅和初相位等.

(2) 回忆在示波器上所做类似的两电信号简谐振动合成的实验, 观察比较两者的异同.

5.2.7　窥视无穷

【演示目的】

光的透射和反射, 多次反射和光强减弱形成纵深感.

【操作方法】

将左侧面的电源开关打开, 将观察到转动的无穷深远的光点, 且其颜色也在不断变化.

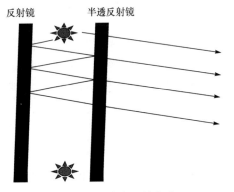

图 5.2.11　多次反射光路

【实验原理】

观察窗口的一侧镶有半透半反玻璃 (图 5.2.11), 另一侧镶有反射镜, 这样, 二者都会对一个光点进行多次反射,在观察者看来,就会有许多个光点由近及远地排开. 光点的颜色和运动受到电路的控制, 增加了趣味性.

【提示与思考】

(1) 为什么装置外面的人或物体不形成多次反射?

(2) 多次反射在家居生活中有什么应用?

(3) 请画出一侧虚像分布图, 估算它们的亮度.

5.2.8　喷水鱼洗

【实验目的】

通过亲自操作和观察金属盆中的水驻波引发水喷射的有趣物理现象, 激发学生学习、探索自然科学奥秘的兴趣.

【实验原理】

当用双手有规律地摩擦铜耳时, 它将做受迫振动, 其振动在铜盆内壁形成入射波和反射波并叠加产生干涉, 形成横驻波. 当摩擦的振动频率与铜盆的某个振动模式的固有频率相同或相近时, 铜盆里的水波就会产生横驻波共振. 对圆盘状空间，其驻波的波节和波腹均为 $2n$ 个(n 为自然数)，它们等距离地沿圆周分布，盆壁上振幅最大的地方(即波腹)会形成辐条状棱波，如果振动较大，随着铜盆发出的"嗡嗡"之声，会有成串的水珠从 4 个(或 6 个)波腹区域喷射出来，珠光四溅，蔚为壮观.

【实验仪器】

喷水鱼洗如图 5.2.12 所示. 鱼洗(铜盆洗、龙洗)由青铜铸成，汉已有之，形如洗面盆，盆底有四尾浮雕的鱼(或龙)，栩栩如生，四尾鱼嘴处的喷水装饰线沿盆壁辐射而上，盆壁自然倾斜外翻，盆沿上有两个对称的铜耳(洗耳、提把)，通体呈青铜古绿，纹饰典雅，古色古香.

图 5.2.12 喷水鱼洗

【实验内容】

在鱼洗盆中注入半盆清水，用肥皂清洁双手和盆沿上的双耳后，用双掌内侧摩擦双耳，鱼洗就会振动起来，并发出"嗡嗡"声，水波荡漾，随着振动和声音的增大，水面喷出很高水花，而且水花呈 4 瓣(或 6 瓣、8 瓣)，珠光四溅，蔚为壮观，如图 5.2.13 所示.

图 5.2.13 鱼洗演示

【提示与思考】

(1) 在鱼洗盆与其放置的桌面之间垫上结实的软垫，以保证鱼洗盆位置稳定.

(2) 用手顺铜耳方向来回摩擦时必须感觉到手与铜耳间有较强的摩擦力存在，如果感觉光滑，则因为手或耳上有油、汗等，需洗干净再操作.

(3) 用手顺铜耳方向来回摩擦时应逐渐加快，并有一定力度，观察喷水状态的变化.

(4) 为什么会有 4 瓣、6 瓣等不同水花的呈现，与何因素有关?

(5) 为什么水中出现驻波时，位于铜耳部位正下方的盆壁处总是波节?

5.2.9 雅各布天梯——气体弧光放电演示

霓虹灯、日光灯、闪电、电焊弧光等五光十色的现象都因气体放电而产生，它丰富了我们的生活，满足了我们某些实际需要，但在某些场合下又必须采取措施来阻止气体放电现象的发生.

气体放电分为辉光放电、弧光放电、火花放电，它们均与气体电离有关，但其产生机制和表现形式各不相同.

【实验目的】

演示弧光放电及弧光放电随天梯逐级向上爬行的有趣现象.

【实验原理】

在有一定距离的两电极之间加上直流高电压，当两极间的电场强度达到空气的击穿电场时，两电极间的空气被击穿，产生大量的正、负离子，同时产生光和热，形成气体的弧光放电.

雅各布天梯的两电极构成倒梯形状，间距上宽下窄，电极之间电压高达 2 万～5 万伏. 因两电极底部相距近，两者间的场强最大，故底部的空气首先被击穿，产生大量的正、负离子，同时产生光和热，即首先在两电极底部形成弧光放电. 由于电极间的离子随着热空气上升，而且有离子的空气更容易电离，所以弧光放电现象在两电极间随着离子和热空气一起上升，直到电源提供的能量不足以补充声、光、热等能量的损耗为止. 此时，高电压将再次把底部击穿，发生第二轮弧光放电现象，如此周而复始.

图 5.2.14　雅各布天梯演示仪

【实验仪器】

雅各布天梯演示仪如图 5.2.14 所示.

【实验内容】

打开电源开关,面板上红色指示灯亮,说明电源接通. 按下触发按键，红色指示灯灭，同时可观察到放电弧光上爬现象；弧光上升到顶部后，又从底部开始向上爬. 该设备有自动延时装置，弧光第三次爬上后自动断电，电源指示灯再次变亮. 如需重新观察，必须间隔几分钟再按下触发按键.

【提示与思考】

(1) 注意封闭仪器电极的有机玻璃罩是否破损，仪器通电时不可触及电极，以保证操作者的安全.

(2) 仪器工作的时间不能过长，两次启动的时间最好间隔几分钟.

(3) 两电极的夹角对弧光上爬的速度和高度有何影响？如果将天梯倒置，弧光会不会下降？

(4) 为什么必须间隔一段时间启动，才能产生弧光？

(5) 弧光放电有哪些应用？在哪些场所必须采取灭弧措施？

5.2.10　魔灯——气体辉光放电演示

【实验目的】

演示气体辉光放电表现出的神奇有趣的现象.

【实验原理】

魔灯——又称辉光球、等离子球. 球体内充有多种不同的低压惰性气体，中心是一个球形电极. 通常在宇宙射线、紫外线等作用下，气体中有少量分子被电离，以正、负离子的形式存在于空气中. 辉光球通电后，球形电极的电压高达数千伏，在其周围产生强电场，气体中的自由电子和离子在强电场的作用下加速运动，由于气体比较稀薄，电子和离子在相邻两次碰撞之间平均飞行距离较大，它们被电场加速后能够获得足够的动能去碰撞并电离其他的中性分子，这一过程的连锁反应形成电子簇射，同时正离子动能较大轰击阴极时，可产生二次电子发射，于是在供电电源的控制下，两极间的气体将出现高电压(数千伏)、小电流(数十毫安)特征的自持放电现象. 在这种持续放电过程中，电子与分子碰撞时，还常常会引起分子的能级跃迁并发出美丽的辉光，所以称为辉光放电.

【实验仪器】

辉光球演示仪如图 5.2.15 所示.

【实验内容】

接通电源即可看见辉光球内发出绚丽多彩的辉光，如图 5.2.16 所示.

【提示与思考】

(1) 不可用手或物体重压或敲击玻璃球体，以免倾倒破损而造成危险.

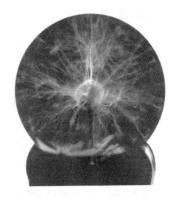

图 5.2.15　辉光球演示仪　　　　　　　　　　图 5.2.16　气体辉光

(2) 用手指或手掌触摸玻璃球侧面，观察球内辉光会发生什么变化，解释为什么会如此变化？

(3) 为什么球内辉光会有各种颜色？

(4) 常用的氢灯、钠灯、氖灯、高低压水银灯及试电笔中的氖泡均系气体放电光源，它们各属于何种放电——辉光、弧光、火花放电？

5.2.11　电磁波的发射与接收演示实验

电磁炉、微波炉、电视、手机等现代日常生活离不开的东西都与电磁波有关，但是电磁波看不见摸不着，神秘莫测. 通过下面的演示实验，你不但能直观感知它的存在，而且能较深入地了解它的特性.

【实验目的】

通过电磁波的发射与接收等现象的演示，使学生对现代生活非常熟悉但又不能直接感知的电磁波有更形象的了解，加深对电磁波基本特性的理解，提高学习兴趣.

【实验原理】

麦克斯韦电磁场理论指出：变化电场(或变化磁场)能在邻近空间激发变化磁场(或变化电场)，这个变化磁场(或变化电场)又在较远区域激发变化电场(或变化磁场)，并在更远区域激发新的变化磁场(或变化电场)，变化电场和变化磁场不断交替产生，由近及远以有限速度在空间传播就形成了电磁波. 通常，人工发射的电磁波是由振荡电路产生的，然后通过天线辐射出来的. 最常见的辐射天线就是电偶极子天线，如无线通信基站上一根直立的导体棒就是电偶极子天线.

电磁波的基本特性:

(1) 电磁波是横波,即电磁波的传播方向与波场中任意一点处的电场 E 方向和磁感应强度 B 的方向总是互相垂直的,如图 5.2.17 所示.

图 5.2.17　平面电磁波传播示意图

(2) 在空间同一点上的 E 和 B 的大小总是同步变化的,它们同时增大、同时减小,且互呈正比关系.

(3) 在真空中,电磁波的传播速度与光速相同.

【实验仪器】

电磁波发射与接收演示实验仪器如图 5.2.18 所示.

电磁波发射与接收演示实验仪器的主要部件有:主机、可调长度半波振子接收天线 1 个、固定长度半波振子接收天线(具有表面和中心连线的小电珠)1 个、圆环振子接收天线 1 个、铜质发射天线振子及反射天线各 1 根、引导软金属线 2 条、发射机支架 1 个、引导线支架 1 个.

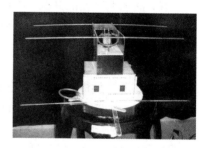

图 5.2.18　电磁波发射与接收演示实验仪器

【实验演示步骤及演示效果】

(1) 首先检查设备状态:发射机上的电子管管脚与插座的接触是否良好;接收天线上的小电珠是否已烧毁;与拉杆天线接头处的螺钉是否拧紧. 然后,将发射机安放在支架上,发射及反射天线放在发射机上,关闭连线上的高压开关,接上电源线,开启电源预热 3min(可见灯丝发亮),待发射管烧热后,即可进行演示实验.

(2) 演示电磁波的发射与接收:调节可调半波振子接收天线(即伸缩式接收天线)与发射天线同长度,接通连线上的高压开关,手持半波振子接收天线,将它放到发射天线的正前方,并与发射天线平行. 由距发射天线 1.0m 处逐渐靠近发射天线,观察小电珠的亮暗情况.

(3) 演示电磁波的电场方向:在以上实验的基础上,并将半波振子接收天线放在发射天线正前方约 1.0m 远处,并与发射天线平行. 将接收天线绕其中心轴在水平面内转动 360°,观察灯泡的亮暗变化;然后将接收天线在竖直平面内绕其中心轴转动 360°,观察灯泡的亮暗变化,思考并说明变化的原因.

演示完毕,关闭高压开关.

(4) 演示电磁波的磁场方向:接通高压开关,(可拿掉半波振子发射天线)手持环形接收天线,使其水平放置,并由远及近靠近环形发射天线,在离发射天线适当位置处,环形接收天线上的灯泡发光,调整环形接收天线上的微调电容器,使环形接收天线上的灯泡达到最亮. 然后转动环形天线的平面,观察小电珠的亮暗变化,思考并说明变化的原因.

演示完毕,关闭高压开关.

(5) 演示天线辐射的角分布:用接收天线在水平面内绕发射天线转一周,由接收天线上灯泡的亮暗变化演示天线辐射的角分布.

演示完毕,关闭高压开关.

(6) 演示电磁波的共振:将接收天线移到发射天线正前方 1.0m 远处,并使接收天线与发射天线平行,接通高压开关,接收天线上的小电珠发光. 将接收天线拉长或缩短,观察接收天线上的小电珠的亮暗情况,思考并说明变化的原因.

演示完毕,关闭高压开关.

(7) 演示开放电路:接收天线与发射天线同长并与发射天线平行,放在发射天线正前方,并与之相距 0.5m 远处. 接通高压开关,接收天线上的小电珠发光. 将发射天线从发射机上取下,然后再放上、再取下,观察小电珠发光情况,思考并说明变化的原因. 如果将发射机上的发射天线取下,并将半波振子接收天线平移靠近发射机,当逐渐靠近时,观察小电珠的发光情况,思考并说明变化的原因.

演示完毕,关闭高压开关.

(8) 演示电磁波的趋肤效应:将具有表面和中心连线的两只小电珠的固定长度的接收天线平行靠近发射天线,观察两只小电珠的明暗状况,思考并说明变化的原因.

(9) 演示电磁波驻波:将两条金属引导软线一端的小钩挂在发射天线两端,软线的另一端小钩则挂在发射天线正前方的引导支架顶端与发射天线平行的横梁两端,使两条金属引导软线平行. 打开发射机,将接收天线长度调节至与发射天线等长,并将两端分别靠近两条引导线,其轴向与引导线垂直,然后在发射天线与引导支架间平行移动,观察小电珠发光的变化情况,思考并说明变化的原因.

【提示与思考】

(1) 注意：实验开始前，一定要认真做好实验的准备工作，否则实验容易失败. 仪器预热时，连线上的高压开关必须要断开. 小电珠是否烧坏可以用 3V 的直流电源来检验.

(2) 开机时先打开低压(~220V)开关，预热 3min（可见灯丝发亮）后才可打开高压开关，然后开始工作. 关机时应先关闭高压开关，后关闭低压开关. 注意，电子管工作时由高压供电，温度也很高，不得靠近或触摸.

(3) 小电珠移近发射天线的过程中，如果发亮且亮度越来越高，则不要靠得太近，以免烧坏电珠.

(4) 电磁波有哪些基本性质?

(5) 如何根据实验判断电磁波中电场与磁场的方向?

(6) 在本实验中产生电磁驻波有哪些条件，与哪些因素有关?

(7) 如何由本实验中的某些因素判断该发射机发射的电磁波的频率和波长?

参 考 文 献

高立模. 2006. 近代物理实验. 天津: 南开大学出版社.

黄建群, 胡险峰, 雍志华. 2005. 大学物理实验. 成都: 四川大学出版社.

霍剑青, 吴泳华, 刘鸿图, 等. 2002. 大学物理实验(第一册~第四册). 北京: 高等教育出版社.

李金海. 2003. 误差理论与测量不确定度评定. 北京: 中国计量出版社.

廖延彪. 2003. 偏振光学. 北京: 科学出版社.

刘沐宇, 李倩, 黄岳斌, 等. 2016. 港珠澳大桥钢-混组合连续梁桥超长时间收缩徐变效应. 中国公路学报, 29(12): 60-69.

罗浩. 2014. 电位差计测热电偶电动势实验的拓展与应用. 大学物理实验, 27(2): 60-63.

罗浩. 2015. 霍尔效应法测磁场实验误差研究. 大学物理实验, 28(4): 99-102.

罗浩. 2015. 驻波法在功能模块化物理实验教学中的应用. 大学物理实验, 28(6): 43-46.

罗晓琴. 2014. 模块化教学在电位差计实验中的应用. 大学物理实验, 27(5): 44-47.

罗晓琴, 罗浩. 2019. 新编大学物理实验. 3 版. 北京: 科学出版社.

沈元华. 2004. 设计性研究性物理实验教程. 上海: 复旦大学出版社.

搜狐网. 2021. 国士无双 | 叶企孙: 心甘情愿当人梯, 鞠躬尽瘁育英才. [2024-1-19]. https://history.sohu.com/a/447137849_753299.

万伟. 2014. 分光计调节方法的修正. 大学物理实验, 27(4): 70-72.

万伟. 2015. 物理实验层次化教学对创新能力培养的探讨. 大学物理实验, 28(3): 128-130.

万伟, 林洪文. 2005. 大学物理实验. 成都: 四川大学出版社.

谢英英. 2015. 有关电位差计测表头内阻的探讨. 大学物理实验, 28(2): 83-85.

新华社. 2022. "天宫课堂"第二课 | 水的表面张力有多大? 看液桥演示实验. [2024-1-19]. https://www.ixigua.com/7078231177181528606.

中国科技网. 2019. 我国高测速多轴高分辨力激光干涉测量技术与仪器取得重大突破. [2024-1-19]. https://www.toutiao.com/article/6698850125965427204.

周殿清. 2005. 大学物理实验教程. 武汉: 武汉大学出版社.

周自刚, 杨振萍. 2010. 新编大学物理实验. 北京: 科学出版社.

周自刚, 赵福海. 2013. 新编大学物理实验. 2 版. 北京: 科学出版社.

朱鹤年. 2003. 基础物理实验教程: 物理测量的数据处理与实验设计. 北京: 高等教育出版社.

左恒, 张茜, 张勇. 2021. 基于等厚干涉的拼接镜面边缘传感器研究. Acta Optica Sinica, 41(12): 1212002.

Chang C Z, Zhang J, Feng X, et al. 2013. Experimental observation of the quantum anomalous Hall effect in a magnetic topological insulator. Science, 340(6129): 167-170.

附录1　中华人民共和国法定计量单位

(1984 年 2 月 27 日国务院公布)

表1　国际单位制的基本单位

量的名称	单位名称	单位符号
长度	米	m
质量	千克(公斤)	kg
时间	秒	s
电流	安[培]	A
热力学温度	开[尔文]	K
物质的量	摩[尔]	mol
发光强度	坎[德拉]	cd

表2　国际单位制的辅助单位

量的名称	单位名称	单位符号
平面角	弧度	rad
立体角	球面度	sr

表3　国际单位制中具有专门名称的导出单位

量的名称	单位名称	单位符号	其他表示实例
频率	赫[兹]	Hz	s^{-1}
力；重力	牛[顿]	N	$kg \cdot m/s^2$
压力，压强；应力	帕[斯卡]	Pa	N/m^2
能量；功；热量	焦[尔]	J	$N \cdot m$
功率；辐射通量	瓦[特]	W	J/s
电荷量	库[仑]	C	$A \cdot s$
电位；电压；电动势	伏[特]	V	W/A
电容	法[拉]	F	C/V
电阻	欧[姆]	Ω	V/A
电导	西[门子]	S	A/V

量的名称	单位名称	单位符号	其他表示实例
磁通量	韦[伯]	Wb	V·s
磁通量密度；磁感应强度	特[斯拉]	T	Wb/m^2
电感	亨[利]	H	Wb/A
摄氏温度	摄氏度	℃	
光通量	流[明]	lm	cd·sr
光照度	勒[克斯]	lx	lm/m^2
放射性活度	贝可[勒尔]	Bq	S^{-1}
吸收剂量	戈[瑞]	Gy	J/kg
剂量当量	希[沃特]	Sv	J/kg

表 4　国际选定的非国际单位制单位

量的名称	单位名称	单位符号	换算关系和说明
时间	分 [小]时 天(日)	min h d	1min = 60s 1h = 60min = 3 600s 1d = 24h = 86 400s
平面角	[角]秒 [角]分 度	(″) (′) (°)	1″ = (π/648 000)rad(π 为圆周率) 1′ = 60″ = (π/10 800)rad 1° = 60′ = (π/180)rad
旋转速度	转每分	r/min	1 r/min = (1/60)s^{-1}
长度	海里	n mile	1 n mile　= 1 852m(只用于航程)
速度	节	kn	1 kn = 1 n mile/h = (1 852/3 600)m/s (只用于航程)
质量	吨 原子质量单位	t u	1t = 10^{3}kg 1u≈1.660 565 5×10^{-27}kg
体积	升	L,(l)	1L = 1dm^3 = 10^{-3}m^3
能	电子伏	eV	1eV≈1.602 189 2×10^{-19}J
级差	分贝	dB	
线密度	特[克斯]	tex	1tex = 1g/km

表 5　用于构成十进倍数和分数单位的词头

所表示的因数	词头名称	词头符号
10^{18}	艾[可萨]	E
10^{15}	拍[它]	P
10^{12}	太[拉]	T
10^9	吉[咖]	G
10^6	兆	M

续表

所表示的因数	词头名称	词头符号
10^3	千	k
10^2	百	h
10^1	十	da
10^{-1}	分	d
10^{-2}	厘	c
10^{-3}	毫	m
10^{-6}	微	μ
10^{-9}	纳[诺]	n
10^{-12}	皮[可]	p
10^{-15}	飞[母托]	f
10^{-18}	阿[托]	a

附录 2 物理实验常数表

1. 基本物理常量

名称	符号	数值及单位
真空中的光速	c	$2.997\ 924\ 58 \times 10^8 \text{m/s}$
电子的电荷	e	$1.602\ 189\ 2 \times 10^{-19} \text{C}$
普朗克常量	h	$6.626\ 176 \times 10^{-34} \text{J} \cdot \text{s}$
阿伏伽德罗常量	N_A	$6.022\ 045 \times 10^{23} \text{mol}^{-1}$
原子质量单位	u	$1.660\ 565\ 5 \times 10^{-27} \text{kg}$
电子的静止质量	m_e	$9.109\ 534 \times 10^{-31} \text{kg}$
电子的荷质比	e/m_e	$1.758\ 804\ 7 \times 10^{11} \text{C/kg}$
法拉第常数	F	$9.648\ 456 \times 10^4 \text{C/mol}$
氢原子的里德伯常量	R_H	$1.096\ 776 \times 10^7 \text{m}^{-1}$
摩尔气体常数	R	$8.314\ 41 \text{J/(mol} \cdot \text{K)}$
玻尔兹曼常量	k	$1.380\ 662 \times 10^{-23} \text{J/K}$
洛喜密德常数	n	$2.687\ 19 \times 10^{25} \text{m}^{-1}$
万有引力常数	G	$6.672\ 0 \times 10^{-11} \text{N} \cdot \text{m}^2/\text{kg}^2$
标准大气压	p_0	$101\ 325 \text{Pa}$
冰点的绝对温度	T_0	273.15K
标准状态下声音在空气中的速度	$v_{声}$	331.46m/s
标准状态下干燥空气的密度	$\rho_{空气}$	1.293kg/m^3
标准状态下水银的密度	$\rho_{水银}$	$13\ 595.04 \text{kg/m}^3$
标准状态下理想气体的摩尔体积	V_m	$22.413\ 83 \times 10^{-3} \text{m}^3/\text{mol}$
真空的介电系数(电容率)	ε_0	$8.854\ 188 \times 10^{-12} \text{F/m}$
真空的磁导率	μ_0	$12.566\ 371 \times 10^{-7} \text{H/m}$
钠光谱中黄线的波长	D	$589.3 \times 10^{-9} \text{m}$
在 15℃、101 325Pa 时镉光谱中红线的波长	λ_{cd}	$643.846\ 96 \times 10^{-9} \text{m}$

2. 在20℃时常用固体和液体的密度

物质	密度ρ /(kg/m³)	物质	密度ρ/(kg/m³)
铝	26989	水晶玻璃	2900～3000
铜	8960	窗玻璃	2400～2700
铁	7874	冰(0℃)	880～920
银	10500	甲醇	792
金	19320	乙醇	789.4
钨	19300	乙醚	714
铂	21450	汽车用汽油	710～720
铅	11350	弗利昂-12	1329
锡	7298	变压器油	840～890
水银	13546.2	甘油	1260
钢	7600～7900	蜂蜜	1435
石英	2500～2800		

3. 在20℃时某些金属的杨氏弹性模量

金属	杨氏模量 E(平均值)	
	$\bar{E}$ /GPa	$\bar{E}$ /(kg/mm²)
铝	69～70	7000～7100
钨	407	41 500
铁	186～206	19000～21000
铜	103～107	10500～13000
金	77	7900
银	69～80	7000～8200
锌	78	8000
镍	203	20500
铬	235～245	24000～25000
合金钢	206～216	21000～22000
碳钢	196～206	20000～21000
康铜	160	16300

4. 在20℃时与空气接触的表面张力系数

液体	$\alpha/(mN/m)$	液体	$\alpha/(mN/m)$
航空汽油(在10℃时)	21	甘油	63
石油	30	水银	513
煤油	24	甲醇	22.6
松节油	28.8	在0℃时	24.5
水	72.75	乙醇	22.0
肥皂溶液	40	在60℃时	18.4
弗利昂-12	9.0	在0℃时	24.1
蓖麻油	36.4		

5. 在不同温度下与空气接触的水的表面张力系数

温度/℃	$\alpha/(mN/m)$	温度/℃	$\alpha/(mN/m)$	温度/℃	$\alpha/(mN/m)$
0	75.62	16	73.34	30	71.15
5	74.90	17	73.20	40	69.55
6	74.76	18	73.05	50	67.90
8	74.48	19	72.89	60	66.17
10	74.20	20	72.75	70	64.41
11	74.07	21	72.60	80	62.60
12	73.92	22	72.44	90	60.74
13	73.78	23	72.28	100	58.84
14	73.64	24	72.12		
15	73.48	25	71.96		

6. 液体的黏性系数

液体	温度/℃	$\eta/(\mu Pa \cdot s)$	液体	温度/℃	$\eta/(\mu Pa \cdot s)$
汽油	0 18	1788 530	甘油	-20 0 20 100	1340×10^5 1210×10^5 1499×10^3 12945
甲醇	0 20	817 584			
乙醇	-20 0 20	2780 1780 1190	蜂蜜	20 80	3000×10^3 100×10^3
			鱼肝油	20 80	45600 4600

续表

液体	温度/℃	$\eta/(\mu Pa \cdot s)$	液体	温度/℃	$\eta/(\mu Pa \cdot s)$
乙醚	0 20	296 243	水银	−20 0 20 100	1855 1685 1554 1224
变压器油	20	19800			
蓖麻油	10	2.42×10^6			
葵花籽油	20	50000			

7. 在常温下某些物质对于空气的光的折射率

波长 物质	H_α线 (656.3nm)	D 线 (589.3nm)	H_β线 (486.1nm)
水(18℃)	1.3314	1.3332	1.3373
乙醇(18℃)	1.3609	1.3625	1.3365
二硫化碳(18℃)	1.6199	1.6291	1.6541
冕玻璃(轻)	1.5127	1.5153	1.5214
冕玻璃(重)	1.6126	1.6152	1.6213
燧石玻璃(轻)	1.6038	1.6085	1.6200
燧石玻璃(重)	1.7434	1.7515	1.7723
方解石(寻常光)	1.6545	1.6585	1.6679
方解石(非常光)	1.4846	1.4864	1.4908
水晶(寻常光)	1.5418	1.5442	1.5496

8. 常用光源的谱线波长

(单位：nm)

光源	红	橙	黄	绿	蓝	蓝紫	绿蓝
H(氢)	656.28	—	—	—	434.05	410.7 397.01	486.13
He(氦)	706.52 567.82	—	587.56(D_3)	501.57	471.31 447.15	402.62 388.87	492.19
Ne(氖)	650.65	640.23 638.39 626.65 621.73 614.31	588.19 585.25	—	—	—	
Na(钠)	—	—	589.529(D_1) 588.995(D_2)	—	—	—	
Hg(汞)	—	623.44	579.07 576.96	546.07	435.83	407.78 404.66	491.60
He-Ne 激光	—	632.8	—	—	—	—	—

模拟练习试题一

一、填空题(26 分)

1. 根据获得测量结果的不同方法,测量可分为_____测量和_____测量;根据测量条件的不同,测量可分为_____测量和_____测量.

2._____之比称为相对误差,实际计算中一般是用_____与_____之比. 相对不确定度是_____与_____之比.

3. 测一物体质量 $m = (10.49 \pm 0.03)$g,相对不确定度 $E_m =$ _____,体积 $V = (3.887 \pm 0.002)$cm^3,相对不确定度 $E_V =$ _____,由此比较得出测_____比测_____的测量更可靠.

4. 计算 A 类不确定度的公式 $S =$ _____. 只讨论因仪器不准对应的 B 类不确定度 $u =$ _____,则合成标准不确定度 $\sigma =$ _____.

5. 实验中,随机误差具有的特性为_____.

6. 将以下错误的结果表达式改正:

a. $\alpha = (0.07053 \pm 0.00219)$n / m,改正为_____

b. $\eta = (1.78250 \pm 0.01123)$pa·s,改正为_____

c. $g = (979.49 \pm 20)$cm / s^2,改正为_____

7. 下图为示波器荧光屏上看到的两个李萨如图形,请写出它们的频率比.

$f_x : f_y =$ _____ $f_x : f_y =$ _____

8. 对分光计调整,应达到_____ 与 _____ 共轴,而且与分光计中心轴_____,载物台面应与分光计中心轴_____,而且与望远镜转动平面_____.

二、进行如下测量时,按有效数字的要求,判别对的打"√"、错的打"×" (24 分)

1. 用分度值为 0.01mm 的螺旋测微器测物体的长度.

0.46cm(   )   0.5cm(   )   0.317cm(   )

0.0236cm(   )   0.90000cm(   )

2. 用精度(最小分度值)为 0.02mm 的游标卡尺测物体长度.

40mm(　　)　　　　71.05mm(　　)　　　52.6mm(　　)

23.44mm(　　)　　　32.678mm(　　)

3. 用精度为 0.05mm 的游标卡尺测物体长度.

40mm(　　)　　　　71.01mm(　　)　　　　52.64mm(　　)

23.46mm(　　)　　　32.60mm(　　)　　　　32.677mm(　　)

4. 用最小分格为 0.5℃的温度计测量温度.

47.45℃(　　)　　　10.00℃(　　)　　　　26.05℃(　　)

13.73℃(　　)　　　25℃(　　)

5. 大量的随机误差服从正态分布,一般说来增加测量次数求平均可以减小随机误差. (　　)

6. 利用逐差法处理实验数据最基本的条件和优点是可变换成等差级数的数据序列,充分利用数据,减少随机误差. (　　)

7. 由于系统误差在测量条件不变时有确定的大小和正负号,因此在同一测量条件下多次测量求平均值能够减少误差或消除它. (　　)

三、按有效数字运算规则,计算下列各式的值(写出中间运算步骤)(20 分)

1. $\dfrac{100.0\times(5.6+4.412)}{(78.00-77.0)\times10.000}+110.0$　　2. $\dfrac{101.0\times(4.6+4.402)}{(89.00-88.0)\times10.000}+210.00$

3. $99.3\div2.000^3$　　4. $\dfrac{76.000}{40.00-2.0}$

四、(15 分)若用最小分度值为 0.01mm 的螺旋测微器($\Delta_仪=0.004$mm)测某个钢球的直径 D 分别为:2.001,2.004,2.000,1.999,1.996,1.998(单位:mm). 试求:

(1) 钢球直径的平均值、合成标准不确定度和相对不确定度;

(2) 计算钢球的体积、体积的总合成标准不确定度、相对不确定度及结果表达.

五、(15 分)已知某空心圆柱体的外径 $D=(2.995\pm0.006)$cm,内径 $d=(0.997\pm0.003)$cm,高 $H=(0.9516\pm0.0005)$cm,已知体积 $V=\dfrac{\pi}{4}(D^2-d^2)H$,计算体积 V,并用不确定度表示测量结果.

模拟练习试题二

一、填空题(22 分)

1. 表示测量结果的三要素是_____、_____和_____.

2. 牛顿环实验中，在旋转读数显微镜读数鼓轮时，应注意消除_____差，具体做法是_____.

3. 在分光计调整过程中

(1) 要看清分光计望远镜中分划板刻线，要调节_____.

(2) 要看清分光计望远镜中反射十字像，要调节_____.

4. 分光计实验中采用双游标读数的目的是消除_____和_____的误差.

5. 使用组装的惠斯通电桥测电阻时，桥臂电阻线不均匀的误差属于_____误差，可以通过_____方法加以消除.

6. 用共振法测声速时，首先要进行谐振调节，系统已达谐振状态的判据是：_____. 如果两探头 S_1 和 S_2 间距为 X，那么入射波与反射波形成驻波的条件是：_____，相邻两波节间距_____.

7. 用量程为 1.5/3.0/7.5/15(V) 的电压表和 250/500/1000(mA) 的电流表测量额定电压为 6.3V. 额定电流为 300mA 的小电珠的伏安特性，电压表和电流表应选量程分别是_____ V 和_____ mA.

8. 惠斯通电桥的平衡条件是_____.

9. 霍尔效应的现象是_____.

10. 用统计方法估算的不确定度分量称为不确定度的_____类分量，用非统计方法求出的不确定度分量称为不确定度的_____类分量,总不确定度应是它们的_____合成.

11. 某同学计算得某一体积的最佳值为 $\overline{V} = 3.415678\text{cm}^3$，通过某一关系式计算得到不确定度为 $\varDelta_V = 0.064352\text{cm}^3$，则应将结果表述为_____.

二、选择题(20 分)

1. 下列测量结果表达正确的是(　　)

A. $S = (2560 \pm 100)\text{mm}$　　　　B. $A = 8.32 \pm 0.02$

C. $R = (82.3 \pm 0.3)\Omega$　　　　D. $f = (2.485 \times 10^4 \pm 0.09 \times 10^3)\text{Hz}$

2. 下列说法中正确的是(　　)

A. 间接测量结果有效位数的多少,只取决于与之有关的直接测量量经有效数字运算规则运算的结果

B. 间接测量结果的有效数字应根据与之有关的直接测量量经不确定度传递公式求出的标准合成不确定度而定

C. 不论是直接测量量还是间接测量量,只要知道其标准合成不确定度,就可定出其结果的有效数字位数

D. 某量小数点前有几位数,它就有几位有效数字

3. 用伏安法测约 200Ω 的电阻,已知电压表内阻 $5\text{k}\Omega$,电流表内阻 10Ω,其电表内阻引起的系统误差最小的接法是(　　)

A. 电流表内接　　　　　　B. 电压表内接

C. 电压表外接　　　　　　D. 任意

4. 拉伸法测杨氏模量实验中,叉丝清楚而标尺刻度像不清楚,则应调节(　　)

A. 望远镜目镜　　　　　　B. 望远镜物镜

C. 平面镜的位置　　　　　D. 刻度尺的高度

5. 求 $X = \dfrac{m}{n} y$,其中 $m = (1.00 \pm 0.02)\text{cm}$,$n = (10.00 \pm 0.03)\text{cm}$,$y = (5.00 \pm 0.01)\text{cm}$,其结果表达式为(　　)

A. $(0.50 \pm 0.02)\text{cm}$　　　　B. $(0.50 \pm 0.03)\text{cm}$

C. $(0.50 \pm 0.01)\text{cm}$　　　　D. $(0.50 \pm 0.04)\text{cm}$

6. 对分光计进行平面镜自准,若反射回的亮十字像不清晰,则应调节(　　)

A. 望远镜倾斜　　　　　　B. 望远镜目镜

C. 望远镜的目镜和叉丝镜筒　D. 平面镜倾斜

7. 用自准直法调整分光计的望远镜工作状态时,若从望远镜的视场中所看到的三棱镜的两个面的反射十字像如下图所示,其中表明望远镜工作状态已经调好的是(　　)

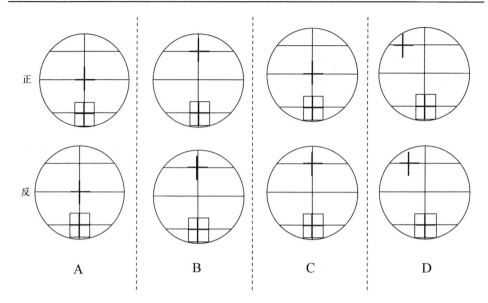

正				
	A	B	C	D

8. 在示波器实验中，用李萨如图形校正低频发生器的频率，如果 y 轴输入一个 50Hz 的信号，低频信号发生器的信号从 x 轴输入，经调整后得到下图所示图形，那么，低频信号发生器这时的频率应当是(　　)

A. 25Hz　　　　　B. 50Hz　　　　　C. 75Hz　　　　　D. 100Hz

9. 杨氏模量实验中，如望远镜叉丝不清楚，则应调节望远镜的部位或状态是(　　)

A. 目镜　　　　　B. 物镜　　　　　C. 水平　　　　　D. 高度

10. 在测金属丝的杨氏模量实验中，通常需预加一定负荷，其目的是(　　)

A. 消除摩擦力

B. 使系统稳定，金属丝铅直

C. 拉直金属丝，避免将拉直过程当作伸长过程进行测量

D. 减小初读数，消除零误差

三、判断题(20 分)

1. 偶然误差(随机误差)与系统误差的关系，系统误差的特征是它的确定性，而偶然误差的特征是它的随机性. (　　)

2. 误差是指测量值与量的真值之差，即误差 = 测量值–真值，上式定义的误差反映的是测量值偏离真值的大小和方向，其误差有符号，不应该将它与误差的

绝对值相混淆. (　　)

3. 残差(偏差)是指测量值与其算术平均值之差，它与误差定义差不多. (　　)

4. 精密度是指重复测量所得结果相互接近的程度，反映的是偶然误差(随机误差)大小的程度. (　　)

5. 标准偏差的计算有两种类型：$\sigma = \sqrt{\dfrac{\sum(x_i - \bar{x})^2}{K-1}}$ 和 $\bar{\sigma} = \sqrt{\dfrac{\sum(x_i - \bar{x})^2}{K(K-1)}}$. 如果对某一物体测量 $K=10$ 次，计算结果 $\sigma = 2/3$ 和 $\bar{\sigma} = \dfrac{2}{\sqrt{90}}$，有人说 $\bar{\sigma}$ 比 σ 精度高，计算标准偏差应该用 $\bar{\sigma}$. (　　)

6. 用 50 分度游标卡尺单次测量某一个工件长度，测量值 $N = 10.00$mm，试用不确定度表示结果为 $N_{真} = (10.00 \pm 0.02)$mm，但有人说不对，因为不确定度包含 A 类分量和 B 类分量，其测量结果中少了 A 类不确定度. (　　)

7. 大量的随机误差服从正态分布，一般说来增加测量次数求平均可以减小随机误差. (　　)

8. 利用逐差法处理实验数据最基本的条件和优点是可变换成等差级数的数据序列，充分利用数据，减少随机误差. (　　)

9. 有一个 0.5 级的电流表，其量程数为 10μA，单次测量某一电流值为 6.00μA，试用不确定度表示测量结果为 $I_{真} = (6.00 \pm 0.05)$μA. (　　)

10. 由于系统误差在测量条件不变时有确定的大小和正负号，因此在同一测量条件下多次测量求平均值能够减少误差或消除它. (　　)

四、简答题(18 分)

1. 实验中如何避免读数显微镜存在的空回误差?(9 分)

2. 说明霍尔效应测量磁场的原理和方法. (9 分)

五、计算题(20 分)

用螺旋测微器测量小钢球的直径，5 次的测量值分别为 d(mm) = 11.922、11.923、11.922、11.922、11.922，螺旋测微器的最小分度值为 0.01mm，试写出测量结果的标准表达式.

模拟练习试题三

一、选择题(每题 3 分，共 42 分)

  1. 请选择出正确的表达式(   )

  A. $\rho = (7.600 \pm 0.05)\text{kg/m}^3$ B. $\rho = (7.60 \times 10^4 \pm 0.41 \times 10^3)\text{kg/m}^3$

  C. $\rho = (7.600 \pm 0.140)\text{kg/m}^3$ D. $\rho = (7.60 \pm 0.08) \times 10^3 \text{kg/m}^3$

  2. 等厚干涉实验中测量牛顿环两个暗纹直径的平方差是为了(   )

  A. 消除空回误差   B. 消除干涉级次的不确定性

  C. 消除视差   D. 消除暗纹半径测量的不确定性

  3. 关于牛顿环干涉条纹，下面说法正确的是(   )

  A. 是光的等倾干涉条纹   B. 是光的等厚干涉条纹

  C. 条纹从内到外间距不变   D. 条纹由内到外逐渐变疏

  4. 声速测量实验中声波波长的测量采用(   )

  A. 模拟法和感应法   B. 补偿法和共振干涉法

  C. 共振干涉法和相位比较法   D. 相位比较法和补偿法

  5. 要把加在示波器 y 偏转板上的正弦信号显示在示波屏上，则 x 偏转板必须加(   )

  A. 方波信号   B. 锯齿波信号   C. 正弦信号   D. 非线性信号

  6. 被测量量的真值是一个理想概念，一般来说真值是不知道的(否则就不必进行测量了). 为了对测量结果的误差进行估算，我们用约定真值来代替真值求误差. 不能被视为真值的是(   )

  A. 算术平均值   B. 相对真值   C. 理论值   D. 某次测量值

  7. 单、双臂电桥测量电阻值的适用范围是(   )

  A. 单、双臂电桥都可以测量任何阻值的电阻

  B. 单臂电桥适用于测量中值电阻，而双臂电桥适用于测量低值电阻

  C. 双臂电桥只适用于测量低值电阻，而单臂电桥测量电阻的范围不受限制

  D. 单臂电桥适用于测量中值电阻，而双臂电桥测量电阻的范围不受限制

  8. 选出下列说法中的正确者(   )

  A. 用电势差计测量微小电动势时必须先修正标准电池的电动势值

  B. 标定(校准)电势差计的工作电流时发现检流计光标始终向一边偏，其原因

是待测电动势的极性接反了

C. 用校准好的电位差计测量微小电动势时发现光标始终偏向一边,其原因是检流计极性接反了

D. 工作电源的极性对测量没有影响

9. 选出下列说法中的不正确者(　　)

A. 标定(校准)电势差计的工作电流时,发现检流计光标始终向一边偏,其原因可能是工作电路的电源没接上

B. 标定(校准)电势差计的工作电流时,发现检流计光标始终向一边偏,其原因可能是待测电动势的极性接反了

C. 标定(校准)电势差计的工作电流时,发现检流计光标始终向一边偏,其原因可能是标准电池极性接反了

D. 电势差计工作电流标定完成后,在测量待测电动势时,发现检流计光标始终向一边偏,其原因可能是待测电动势极性接反了

10. 请选出下列说法中的正确者(　　)

A. 一般来说,测量结果的有效数字多少与测量结果的准确度无关

B. 可用仪器最小分度值或最小分度值的一半作为该仪器的单次测量误差

C. 直接测量一个约 1mm 的钢球,要求测量结果的相对误差不超过 5%,可选用最小分度为 1mm 的米尺来测量

D. 单位换算影响测量结果的有效数字

11. 测量误差可分为系统误差和偶然误差,属于偶然误差的有(　　)

A. 由于电表存在零点读数而产生的误差

B. 由于多次测量结果的随机性而产生的误差

C. 由于量具没有调整到理想状态,如没有调到垂直而引起的测量误差

D. 由于实验测量公式的近似而产生的误差

12. 用霍尔法测直流磁场的磁感应强度时,霍尔电压的大小(　　)

A. 与霍尔片上的工作电流 I_s 的大小成反比

B. 与霍尔片的厚度 d 成正比

C. 与霍尔材料的性质无关

D. 与外加磁场的磁感应强度的大小成正比

13. 测量误差可分为系统误差和偶然误差,属于系统误差的有(　　)

A. 由多次测量结果的随机性而产生的误差

B. 由测量对象的自身涨落所引起的误差

C. 由实验者在判断和估计读数上的变动性而产生的误差

D. 由实验所依据的理论和公式的近似性引起的测量误差

14. 对于一定温度下金属的杨氏模量，下列说法正确的是( )

A. 只与材料的物理性质有关而与材料的大小及形状无关

B. 与材料的大小有关，而与形状无关

C. 与材料的形状有关，而与大小无关

D. 与材料的形状有关，与大小也有关

二、多项选择题(每小题全部选对得 3 分；部分正确得 1 分；有错得 0 分，共 18 分)

1. 请选出下列说法中的正确者( )

A. 当被测量可以进行重复测量时,常用重复测量的方法来减少测量结果的系统误差

B. 对某一长度进行两次测量，其测量结果为 10cm 和 10.0cm，则两次测量结果是一样的

C. 已知测量某电阻结果为 $R = (85.32 \pm 0.05)\Omega$, 表明测量电阻的真值位于区间 85.27～85.37 之外的可能性很小

D. 测量结果的三要素是测量量的最佳值(平均值),测量结果的不确定度和单位

E. 单次测量结果不确定度往往用仪器误差 $\Delta_仪$ 来表示，而不计 Δ_A

2. 测量误差可分为系统误差和偶然误差，属于系统误差的有( )

A. 由电表存在零点读数而产生的误差

B. 由测量对象的自身涨落所引起的误差

C. 由实验者在判断和估计读数上的变动性而产生的误差

D. 由实验所依据的理论和公式的近似性引起的测量误差

3. 在测量金属丝的杨氏模量实验中，常需预加 2kg 的负荷，其目的是( )

A. 消除摩擦力

B. 使测量系统稳定，金属丝铅直

C. 拉直金属丝，避免将拉直过程当作伸长过程进行测量

D. 消除零误差

4. 等厚干涉实验中测量牛顿环两个暗纹直径的平方差是为了( )

A. 消除回程差   B. 消除干涉级次的不确定性

C. 消除视差   D. 消除暗纹半径测量的不确定性

5. 电势差计测电动势时若检流计光始终偏向一边，可能的原因是( )

A. 检流计极性接反了   B. 检流计机械调零不准

C. 工作电源极性接反了   D. 被测电动势极性接反了

6. 在调节分光计望远镜光轴与载物台转轴垂直时,若从望远镜视场中看到自准直反射镜正、反二面反射回来的自准直像如下图(   )所示,则说明望远镜光轴与载物台转轴垂直.

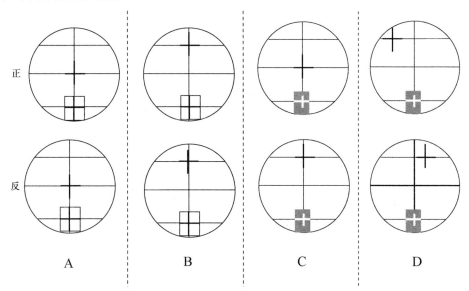

正

反

A   B   C   D

三、填空题(每空 2 分,共 18 分)

1. 在自检好的示波器荧光屏上观察到稳定的正弦波,如左图所示. 当 y 电压增益(衰减)选择开关置于 2V/div 时, U_y 的峰-峰电压为_____, 其有效值为_____.

利用李萨如图形校准频率时,若 x 轴输入信号的频率为 50Hz,现观察到如右所示的图形,则 y 轴输入的信号频率为_____.

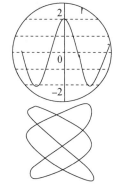

2. 分光计调整的任务是_____能够接收平行光,使_____能够发射平行光,望远镜的主光轴与_____的主光轴达到_____, 并与载物台的法线方向_____. 分光计用圆刻度盘测量角度时,为了消除圆度盘的_____,必须由相差180°的两个游标分别读数.

四、解答题(共 22 分,其中 1 题 6 分; 2、3 题各 8 分)

1. 有一个角度∠AOB,用最小分度值为 30″ 的分光计测得其 OA 边和 OB 边的左、右游标读数如下,求该角度的值.

OA 边		OB 边	
$\theta_{左}$	$\theta_{右}$	$\theta'_{左}$	$\theta'_{右}$
348°43′	168°41′	329°51′	149°50′

2. 用最小分度为 0.01g 的物理天平称某物体的质量 5 次,结果分别为 3.127g、3.126g、3.128g、3.127g、3.125g. 求质量的平均值和标准不确定度,并写出标准表达式.

3. 迈克耳孙干涉仪测 He-Ne 激光波长时,测出屏上每冒出 50 个条纹平面镜 M_1 的位置读数依次如下(单位:mm):54.19906、54.21564、54.23223、54.24881、54.26242、54.27902. 求激光的波长(不要求计算波长的不确定度).